Radiumdosimetrie

Von

Dr. phil. **Walter Minder**

Technischer Leiter des Institutes der Bernischen Radiumstiftung
in Bern

Mit 97 Abbildungen im Text

Springer-Verlag Wien GmbH 1941

ISBN 978-3-7091-5192-1 ISBN 978-3-7091-5340-6 (eBook)
DOI 10.1007/978-3-7091-5340-6

Ursprünglich erschienen bei Julius Springer in Vienna 1941

Vorwort.

Vor etwa zwölf Jahren ist erstmals eine Messung der Gammastrahlendosis in absoluten Einheiten gelungen. Damit wurde eine größere Reihe von Untersuchungen eingeleitet, die das Ziel verfolgten, die Dosismessung und die Dosierung der Röntgen- und Gammastrahlen in der Praxis zu vereinheitlichen. Nachdem in allerletzter Zeit nun auch noch eine erfolgreiche Absolutmessung der Gammastrahlung mit der Faßkammer durchgeführt werden konnte, darf die Arbeit zur Vereinheitlichung der Dosis als ziemlich abgeschlossen angesehen werden.

Neben der Dosismessung umfaßt aber die Dosimetrie der Strahlungen noch ein zweites, und wohl weit wichtigeres Gebiet, nämlich die Bestimmung der durch die strahlentherapeutische Maßnahme am Orte der Wirkung einverleibten Dosis.

Die *Dosismessung* ist eine Aufgabe der reinen Experimentalphysik, während bei der *Dosisbestimmung* wesentlich auch die therapeutische Absicht mitberücksichtigt werden muß. Die Dosisbestimmung ihrerseits zerfällt wieder in einen methodisch physikalischen Teil, der die Frage nach der zahlenmäßigen Größe der Dosis am Orte der Wirkung beantworten soll und in einen rein medizinischen Teil, der Umfang und Inhalt der beabsichtigten Wirkung zu bestimmen hat.

Es ist in der vorliegenden Schrift der Versuch unternommen worden, unter dem Titel „Radiumdosimetrie" eine kurze Zusammenfassung der als gesichert geltenden Tatsachen der Dosismessung und der numerischen Dosisbestimmung der Strahlungen der radioaktiven Substanzen zu geben, wobei eine Berührung der rein medizinischen Fragen vermieden worden ist. Dabei mußten die wichtigsten Tatsachen der allgemeinen Radioaktivität sowie die Gesetze der Strahlenschwächung in kurzer Form dem eigentlichen Hauptteil vorangestellt werden. Ich hoffe, daß dadurch das Buch nach außen eine gewisse Geschlossenheit erhalten hat.

Manchem Leser wird wohl das etwas starke Hervortreten des Zahlenmäßigen und Physikalischen auffallen. Die Dosisbestimmung ist aber ohne diese Hilfsmittel nicht durchzuführen und es war mein Bestreben, darin nur soweit zu gehen, als es für das tiefere Verständnis der oftmals nicht ganz einfachen Fragestellungen unumgänglich notwendig ist.

Besonders im Abschnitt über die mathematische Dosierung sind alle Ableitungen in der einfachsten Form wiedergegeben und durch speziell ausgewählte Beispiele ergänzt, und so weit unmittelbar möglich, auch durch Graphika dargestellt worden. Dieser Teil ist in der Praxis brauchbar, ohne die Funktionen im einzelnen durchzugehen.

Auf eine vollständige Quellenangabe wurde bewußt verzichtet. Dagegen ist die hauptsächlichste neuere Literatur (seit 1930) in ihrer Gesamtheit berücksichtigt, und so weit sie mit dem Gegenstand in engerer Beziehung steht, auch aufgeführt worden. Das Verzeichnis soll dem in der Materie Tätigen einige Dienste leisten.

Zur raschen Berechnung einfacher Zahlenbeispiele über die Schwächung und über Vorgänge des radioaktiven Zerfalles ist im Anhang eine Tabelle der Funktion e^{-x} für Argumente von $x = 0$ bis $x = 10$ beigegeben worden.

Das vorliegende Büchlein ist in schwerer Zeit entstanden. Die Arbeit daran mußte oft durch Dienst für meine Heimat unterbrochen werden. Meine zivilen und militärischen Vorgesetzten haben meine Bestrebungen nach Möglichkeit unterstützt. Ich bin ihnen dafür zu Dank verpflichtet.

Herr Professor Dr. Adolf Liechti hat das Manuskript und die Korrekturen einer kritischen Durchsicht unterzogen. Ferner hat er mir in zuvorkommender Weise manchen wertvollen Rat erteilt. Ich möchte es nicht unterlassen, ihm dafür meine große Dankbarkeit auszudrücken.

Schließlich ist es mir auch ein Bedürfnis, dem Verlag Julius Springer in Wien für das Entgegenkommen bei allen meinen Wünschen bestens zu danken.

Bern, Pfingsten 1941.

Walter Minder.

Inhaltsverzeichnis.

Erster Abschnitt.

Die Radioaktivität.

Fünfter Abschnitt.

Die in der Praxis verwendeten radioaktiven Substanzen.

Anhang.

Erster Abschnitt.

Die Radioaktivität.

I. Historisches.

Die Entdeckung der mit dem Sammelbegriff der Radioaktivität bezeichneten Erscheinungsformen der Materie fällt in das Ende des vorigen Jahrhunderts. Dessen zweite Hälfte hatte über das Wesen und den Aufbau der Materie mancherlei grundlegende Tatsachen gebracht. So hatte man sich von der Vorstellung, daß das „Atom" (das Unteilbare) den letzten unveränderlichen und in sich abgeschlossenen Elementarbaustein der verschiedenen bekannten Grundstoffe darstelle, infolge der verwickelten Erscheinungen der Lichtemission befreien müssen.

In dieser Richtung hatte auch schon 1869 die Aufstellung des „periodischen Systems" der Elemente, dessen „homologe Reihen" verschiedenartige Elemente ähnlicher chemischer Eigenschaften zusammenfaßten, Einblicke in das Wesen dieser Elemente vermittelt. Bereits zu Beginn des 19. Jahrhunderts war von W. Prout (1807) die Vermutung ausgesprochen worden, daß im Hinblick auf die Ganzzahligkeit des Atomgewichtes vieler Elemente der Aufbau der schwereren Atome wahrscheinlich aus einer dem Atomgewicht entsprechenden Anzahl von Wasserstoffatomen bestehe.

Wir wissen heute, daß diese Hypothese dem Wesen des Atombaues sehr nahe kam, trotzdem es nicht gelang, zu deren Stützung sichere Zahlenverhältnisse zu errechnen.

Über das Verhältnis zwischen „Kraft und Stoff" von „Materie und Energie" waren die besonders von W. Crookes, P. Lenard und vielen anderen Forschern ausgeführten Experimente über elektrische Entladungen in Gasen von ungewöhnlicher Bedeutung. Sie zeigten, daß zwischen Elektrizität, Stoff und Licht ein tieferer Zusammenhang besteht und daß die Atome unter gewissen Bedingungen auch außerhalb des gelösten Zustandes Träger der elektrischen Ladung, deren Größe sich durch einfache Zahlenverhältnisse wiedergeben ließ, sein konnten. Als wichtigstes Ergebnis dieser Versuche resultierte (1895) die Entdeckung der nach K. W. Röntgen benannten Strahlung.

Die Entdeckung der Röntgenstrahlung leitete in der Physik das Zeitalter der Strahlung ein und gab teilweise auch den Impuls zur Entdeckung der Radioaktivität.

Schon ein Jahr später (1986) machte nämlich H. BECQUEREL die Beobachtung, daß die Verbindungen des Urans eine im Dunkeln aufbewahrte Photoplatte schwärzten. Diese Erscheinung wurde auch dann beobachtet, wenn die Salze mit der Platte nicht in direkte Berührung kamen, sondern auch wenn die Platte in schwarzes Papier eingehüllt war, ja selbst wenn dünnere Al-Bleche dazwischen lagen. Alle Uranverbindungen zeigten den Effekt, jedoch in sehr verschiedenem Maße.

Quantitativ ließ sich aber über die Erscheinung erst etwas aussagen, als man feststellen konnte, daß die von Uran und seinen Verbindungen ausgesandten Strahlen, ähnlich wie die Röntgenstrahlen, die Luft elektrisch leitend machten, ionisierten. Mit Hilfe des Elektroskops war es nun möglich, diese Strahlungen quantitativ zu kontrollieren.

Bald wurde von dem Ehepaar P. und M. CURIE gefunden, daß gewisse Derivate der natürlichen Uranmineralien eine viel höhere Radioaktivität aufwiesen, als sie nach ihrem Urangehalt haben sollten, ja sogar Lösungen, aus denen das Uran quantitativ entfernt worden war, blieben höher aktiv als das ausgefällte Uran.

Die Aktivität ließ sich durch Fällungen mit Sulfat oder Carbonat besonders anreichen. Langwierige analytische Operationen führten im Jahre 1898 zur Entdeckung von zwei neuen Elementen mit ganz ungeheuren Strahlenaktivitäten, von denen das eine von Mme. CURIE Radium „das Strahlende“, das andere zu Ehren ihrer Heimat Polonium genannt wurde.

Heute wissen wir, daß fast alle Elemente unter gewissen Bedingungen radioaktiv sein können. Zu dieser Kenntnis haben in ganz besonderem Maße die Forschungen der letzten Jahre über die künstliche Radioaktivität beigetragen.

In rascher Folge wurden nach der Entdeckung des Radiums zahlreiche radioaktive Elemente gefunden, so daß 1905 E. RUTHERFORD zur Aufstellung der Gesetzmäßigkeiten, der sog. Zerfallstheorie, schreiten konnte.

Die nächsten Jahre waren gekennzeichnet durch die Präzisierung der gefundenen Erscheinungen, ohne daß wesentliche neue Gesichtspunkte oder Tatsachen dazugekommen wären.

In den letzten Jahren lernte man die Erscheinungen verstehen, und zwar lieferten dieses Verständnis besonders die theoretischen Überlegungen von FERMI, PAULI, GAMOW, die zur genaueren Formulierung der Zerfalls- und Strahlungsvorgänge führten.

Diese theoretischen Überlegungen fanden ihre glanzvolle Bestätigung durch die Entdeckung der künstlichen Radioaktivität durch E. JOLIOT und J. CURIE, durch die ein ganz neuer Forschungszweig eröffnet worden ist, in welchem wir gegenwärtig erst am Anfang stehen.

II. Radioaktive Strahlungen.

Schon sehr früh ist erkannt worden, daß die von den radioaktiven Elementen ausgesandten Strahlungen sehr verschiedene Eigenschaften aufwiesen. Während einige Elemente Strahlen mit außerordentlicher Durchdringungsfähigkeit aussandten, waren die Strahlungen anderer Elemente beispielsweise photographisch sehr wirksam, wurden aber schon durch ein Blatt Papier vollständig von der Photoplatte abgehalten.

Das Experiment, welches diese verwickelten Strahlungen auf einmal aufzuklären vermochte, war die Untersuchung derselben in einem starken magnetischen Feld. Es zeigte sich dabei (Abb. 1), daß die von einem Gemisch radioaktiver Substanzen ausgesandten Strahlungen im magnetischen Feld in drei Komponenten zerfielen. Die erste dieser Komponenten, welche fast die ganze Energie der Strahlung mit sich führte, wurde dabei schwach nach links abgelenkt. Sie führte also eine positive elektrische Ladung mit sich. Man nannte sie zunächst α-Strahlen. Eine zweite Komponente wurde sehr stark nach rechts abgelenkt, zum Teil sogar kreisförmig umgebogen. Ihre Energie war wesentlich geringer, dafür ihre Durchdringungsfähigkeit sehr viel größer, ihre Ladung negativ. Man nannte sie β-Strahlen. Die dritte Komponente endlich wurde durch das Magnetfeld überhaupt nicht abgelenkt, sie besaß eine außerordentliche Durchdringungsfähigkeit. Man nannte sie γ-Strahlen. Diese Bezeichnungen wurden von E. RUTHERFORD eingeführt.

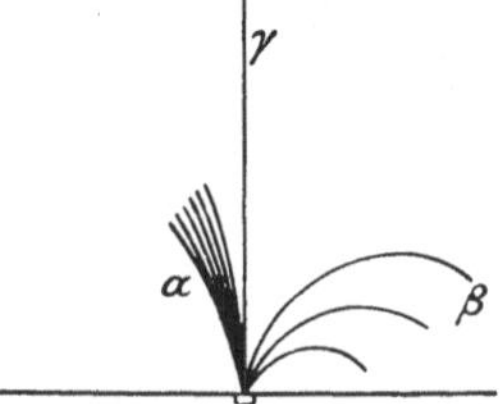

Abb. 1. Trennung der α-, β- und γ-Strahlen im magnetischen Feld.

1. Die α-Strahlen.

a) Allgemeines.

Ausgedehnte Versuche ließen bald die besondere Natur der verschiedenen Strahlenarten erkennen. Die Ablenkungsversuche im magnetischen Feld zeigten, daß die α-Strahlen eine positive elektrische Ladung tragen. Die Größe dieser Ladung, bzw. das Verhältnis von Ladung zu Masse ließ sich bestimmen aus dem Krümmungsradius der Ablenkung. Dieses Verhältnis ergab sich zu

$$\frac{E}{m_\alpha} = 1{,}447 \cdot 10^{14}\,\mathrm{ESE/g}.$$

Unter der Voraussetzung, daß die Ladung eine elektrostatische Elementarladung von $4{,}80 \cdot 10^{-10}$ ESE beträgt, berechnet sich die Masse zu

$$m = 3{,}31 \cdot 10^{-24}\,\mathrm{g}.$$

Dieser Wert ist genau doppelt so groß wie die Masse des Wasserstoffatoms von $m_H = 1{,}65 \cdot 10^{-24}$ g. Eine Substanz mit dieser Masse (Deuterium) war zur Zeit der Entdeckung der α-Strahlen noch nicht bekannt. Trotzdem wurde aber das zweite Bestimmungsstück, die elektrische Ladung des α-Teilchens, auch bestimmt. Die Bestimmung geschah durch E. RUTHERFORD und H. GEIGER mit Ra C sowie durch E. REGENER mit Po auf folgende Weise:

Die α-Strahlen führen so starke Energien mit sich, daß jeder einzelne Strahl befähigt ist, auf einem Fluoreszenzschirm eine kleine punktförmige, kurze Fluoreszenz zu erregen. Diese Erscheinung bietet die Möglichkeit, die α-Strahlen zu zählen. Den Apparat, der zu diesen Zählungen dient, zeigt Abb. 2. Ein solches *Spintariskop* besteht aus einem Mikroskop, welches scharf auf die Ebene des Leuchtschirmes eingestellt ist. Vor dem Schirm befindet sich ein schwach α-strahlendes Präparat. Der ganze Innenraum des Apparats ist dunkel. Blickt man bei guter Adaption in das Mikroskop, so sieht man bei jedem auf den Schirm treffenden α-Strahl einen kurzen, punktförmigen Lichtblitz. Aus der sekundlichen Anzahl dieser Blitze und dem Verhältnis der Größe des Schirmes zu der Kugelfläche mit dem Radius des Abstandes läßt sich die Zahl der von 1 g Radium in der Zeiteinheit ausgesandten α-Strahlen berechnen. Diese Zahl beträgt

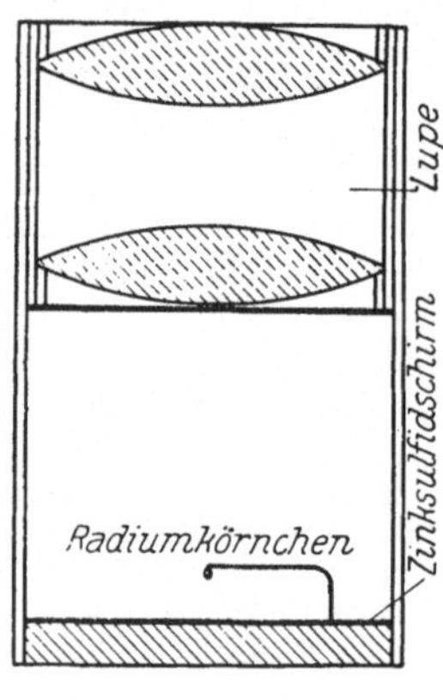

Abb. 2. Spintariskop.

$$C = 3{,}72 \cdot 10^{10} \ \alpha\text{-Strahlen/sec.}$$

Aus dem Ladungstransport von Ra C- bzw. Po-Präparaten mit bekanntem Gewicht ergab sich die Ladung von einem α-Teilchen zu

$$E_\alpha = 9{,}54 \cdot 10^{-10} \text{ ESE.}$$

Dieser Wert ist sehr genau die doppelte Elementarladung. So berechnet sich die Masse des α-Teilchens zu

$$m_\alpha = \frac{9{,}54 \cdot 10^{-10}}{1{,}447 \cdot 10^{14}} = 6{,}60 \cdot 10^{-24} \text{ g.}$$

Das ist aber genau die vierfache Masse des Wasserstoffatoms und entspricht der Masse des Heliumatoms.

Die α-Strahlen sind demnach Heliumatome mit zwei positiven Elementarladungen, oder Heliumatome, die zwei negative Ladungen verloren haben. Das letztere trifft zu. α-Strahlen sind vollständig (doppelt) ionisierte Heliumkerne.

Es ist im Jahre 1913 E. RUTHERFORD und S. RODYS gelungen, das

Helium beim radioaktiven Zerfall direkt nachzuweisen. Darnach ergab sich, daß 1 g Ra mit Zerfallsprodukten pro Jahr 0,167 cm³ He produziert. Den dazu verwendeten Apparat zeigt Abb. 3 im Schema.

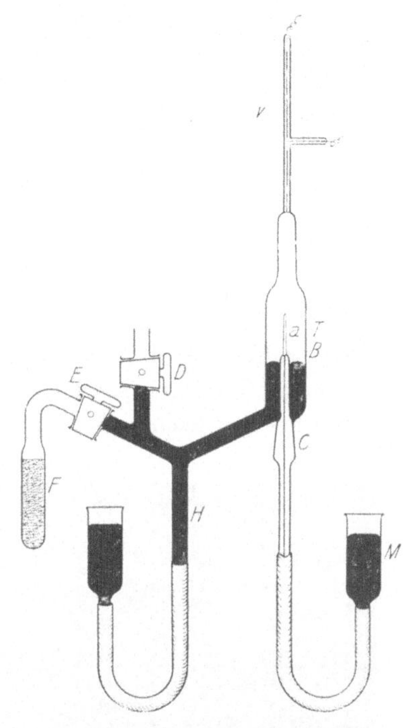

Abb. 3. Apparat zum Nachweis des Heliums beim radioaktiven Zerfall. Die aus der dünnen Kapillare a austretenden He-Kerne neutralisieren sich im Rohr T zu He-Gas und können durch das Hg-Pumpensystem nach dem Entladungsrohr V getrieben werden (nach RUTHERFORD und RODYS).

Diese beiden experimentell gewonnenen wichtigen Zahlen, nämlich die Anzahl der in der Zeiteinheit ausgesandten α-Strahlen ($3{,}72 \cdot 10^{10}$) und die pro Jahr von 1 g Ra mit den drei Zerfallsprodukten Em, Ra A und Ra C (die übrigen α-Strahler der Reihe können für die Überschlagsrechnung vernachlässigt werden) produzierte He-Menge, gestatten, in das Wesen der α-Strahlung einen noch tieferen Einblick zu gewinnen.

Man weiß aus den Überlegungen der kinetischen Gastheorie (LOSCHMIDTsche Zahl), daß 1 cm³ eines idealen Gases bei Normalzustand $2{,}69 \cdot 10^{19}$ Atome enthält. Da Helium dem idealen Gas sehr nahekommt, darf diese Zahl für He als sehr genau angenommen werden. Das Radium allein produziert pro Jahr $\frac{0{,}167}{4}$ cm³ $= 0{,}042$ cm³ He, also $0{,}042 \cdot 2{,}69 \cdot 10^{19} = 1{,}16 \cdot 10^{18}$ Heliumatome. Die Zahl der α-Strahlen pro Jahr beträgt $365 \cdot 86400 \cdot 3{,}72 \cdot 10^{10} = 1{,}17 \cdot 10^{18}$ α-Strahlen. Diese vorzügliche Übereinstimmung ist somit ein direkter Beweis sowohl für die Richtigkeit der Gastheorie als auch der Auffassung über die α-Strahlung. Jeder α-Strahl ist somit ein He-Kern und jedes α-strahlende Ra-Atom sendet einen He-Kern aus.

Eine Methode, die von C. T. R. WILSON eingeführt wurde, ist für die Strahlenphysik außerordentlich fruchtbar geworden. Sie gestattet, die von einem Strahl durchlaufene Bahn in ihrem gesamten Verlauf unmittelbar sichtbar zu machen. Die Methode beruht auf der Tatsache, daß in einem an Wasserdampf übersättigten Raum Luftionen Anlaß zur Bildung von feinen Nebeltröpfchen geben, indem sie als Kondensationskerne wirken. Die von C. T. R. WILSON erfundene und nach ihm benannte Nebelkammer besteht, wie Abb. 4 zeigt, aus einem zylindrischen Expansionsraum, in welchem die Luft durch das rasche Zurückziehen eines

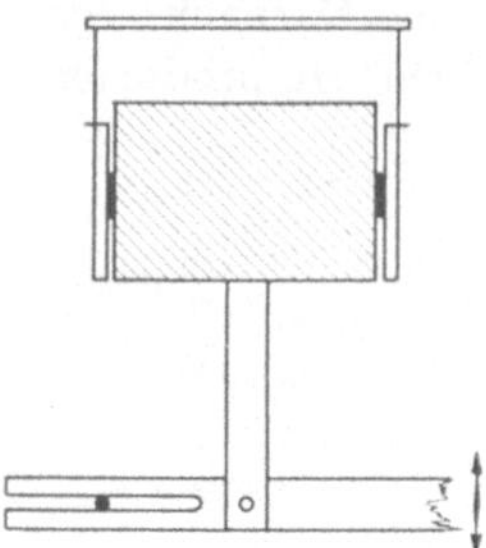

Abb. 4. Nebelkammer nach Wilson, schematisch.

Kolbens verdünnt werden kann. Vor der Expansion ist die Luft mit Wasserdampf gesättigt. Nach der Expansion bildet sich in der Kammer Nebel, und zwar an den Punkten zuerst, an denen sich Kondensationskerne (Ionen) befinden. Wird die Luft durch Strahlen ionisiert, so kann der Verlauf eines einzelnen Strahles dann als scharfe Linie sichtbar gemacht werden, wenn die Expansion sehr kurze Zeit auf den Strahl erfolgt. Es sind in den letzten Jahren sehr zahlreiche Abarten der Wilsonschen Nebelkammer gebaut worden, auf die nicht eingegangen werden soll. Die Methode ist auch in der künstlichen Radioaktivität und in der Ultrastrahlenforschung außerordentlich wichtig geworden.

Durch Kombination der Nebelkammer mit einem Magnetfeld lassen sich die spezifischen Ladungen bestimmen. Auch die neuentdeckten Teilchen, das Positron und das Neutron, sind mit Hilfe der Wilson-Kammer sichergestellt orden.

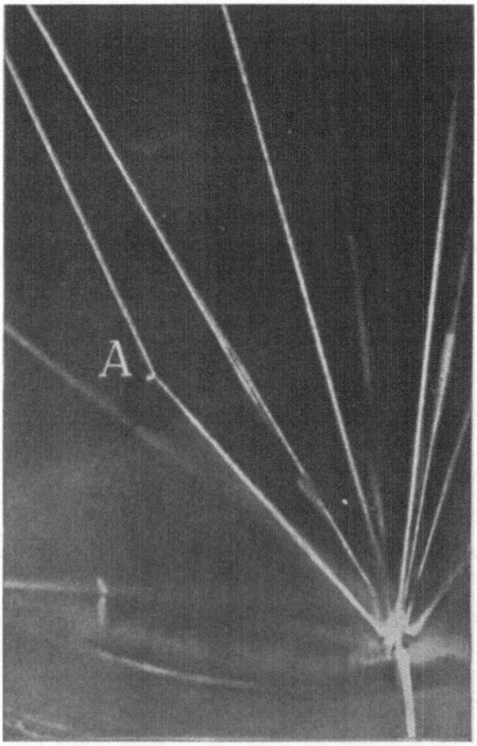

Eine besonders schöne Wilson-Aufnahme von α-Strahlen zeigt Abb. 5. In der Aufnahme ist die Ablenkung des α-Strahles an einem Atomkern zu erkennen.

Abb. 5. Wilson-Aufnahme von α-Strahlen. Bei A ist die Bahn eines α-Strahls durch Zusammenstoß mit einem Atomkern geknickt.

b) Geschwindigkeit der α-Strahlen.

Aus der magnetischen Ablenkung der α-Strahlen läßt sich bei Kenntnis von deren Masse (4) und Ladung (2) die Geschwindigkeit bestimmen. Andere Methoden zeigen, daß alle α-Strahlen beim Durchgang durch Materie (z. B. Luft) ganz bestimmte Reichweiten aufweisen. In Tab. 1 sind einige Reichweiten und Geschwindigkeiten von α-Strahlen zusammengestellt.

Die α-Strahlen haben demnach Geschwindigkeiten von 0,05—0,07 c ($c = 3 \cdot 10^{10}$ cm/sec = Lichtgeschwindigkeit).

Die α-Strahlung eines bestimmten radioaktiven Elements besteht im magnetischen Spektrum aus einer oder wenigen scharfen Linien. Die Geschwindigkeiten sind also sehr genau definiert. Das ist der Grund für die definierte Reichweite in Luft. Abb. 6 zeigt das magnetische und elektrische Spektrum der α-Strahlung von Ra + Folgeprodukten.

Tabelle 1. Reichweiten und Geschwindigkeiten der wichtigsten α-Strahlen.

Element	Reichweite R_0 in Luft cm	Geschwindigkeit in cm/sec
U_I	2,67	$1{,}40 \cdot 10^9$
Th	2,90	1.44
U_{II}	3,07	1,46
Jo	3,19	1,48
Ra	3,39	1,52
Po......	3,93	1,59
Rn	4,12	1,61
Th A ...	5,86	1,80
Th C′ ...	8,62	2,06

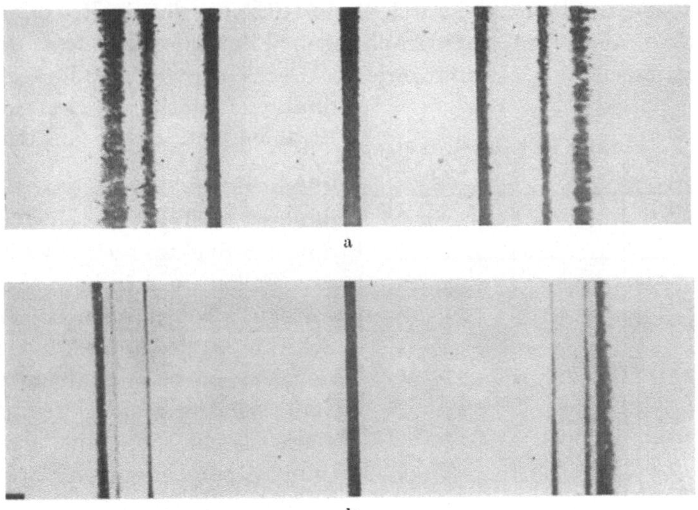

Abb. 6. Elektrostatische (a) und magnetische (b) Ablenkung der α-Strahlen. Die unabgelenkte Linie befindet sich in der Mitte. Die Ablenkung nach beiden Seiten erfolgte durch Umpolen des Feldes (nach PHILIPP).

2. Die β-Strahlen.

a) Allgemeines.

Die Ablenkungsversuche im magnetischen Feld zeigen, daß die Ladung der β-Strahlen negativ ist. Der Krümmungsradius der Ablenkung der β-Strahlen ist nun viel kleiner als der der α-Strahlen, somit muß die spezifische Ladung $\frac{e}{m}$ sehr viel größer sein. Genauere Messungen liefern

$$\frac{e}{m} = 5{,}275 \cdot 10^{17} \text{ ESE/g},$$

also einen Wert, der zirka 4000mal größer ist, als der für α-Strahlen gefundene. Die β-Strahlen müssen demnach entweder eine etwa 4000mal größere Ladung oder aber eine entsprechend kleinere Masse aufweisen, als die α-Strahlen. Unter der Voraussetzung, daß die Ladung der Elementarladung des Elektrons von $4{,}80 \cdot 10^{-10}$ ESE entspricht, berechnet sich die Masse zu $m = 9{,}109 \cdot 10^{-28}$ g.

Das ist aber genau die Masse, die man aus der Ablenkung der Kathodenstrahlen ermittelt hatte. Demnach sind die β-Strahlen sehr rasche Kathodenstrahlen, also sehr rasch bewegte, freie Elektronen.

b) Geschwindigkeit der β-Strahlen.

Die magnetische Ablenkung der β-Strahlen liefert bei Kenntnis von deren Masse und Ladung als weiteres Bestimmungsstück ihre Geschwindigkeit. Zu diesem Zweck wird ein durch einen feinen Spalt ausgeblendetes β-Strahlenbündel durch ein in Richtung des Spaltes orientiertes Magnetfeld auf einen photographischen Film geworfen und dabei in ein magnetisches Spektrum zerlegt. Der Krümmungsradius gibt ein direktes Maß für die Energie der β-Strahlen und damit aus der Beziehung, daß $E = \frac{m}{2} v^2$ ist, auch ein direktes Maß der Geschwindigkeit. Solche β-Spektren zeigen in den meisten Fällen einen recht verwickelten Aufbau. Neben einer allgemeinen Schwärzung des Untergrundes findet sich eine mehr oder weniger große Zahl scharfer Linien. Das β-Spektrum besteht somit aus einem kontinuierlichen Untergrund und einem darüber liegenden Linienspektrum. Die Entstehungsweise der beiden Anteile ist, wie besonders durch L. Meitner und C. D. Ellis gezeigt worden ist, verschiedener Natur. Es wurde gefunden, daß die β-Strahlung, die das kontinuierliche Spektrum bildet, dem radioaktiven Atomkern entstammt, während das Linienspektrum sekundär durch die Absorption der γ-Strahlung in der Atomhülle des radioaktiven Atoms entsteht.

Tabelle 2. Geschwindigkeiten und Energien der β-Strahlen.

Element	$\beta = \frac{v}{c}$	U in Volt
$U\,X_1$	0,479	$7{,}09 \cdot 10^4$
	0,595	$1{,}24 \cdot 10^5$
$U\,X_2$	0,82	$3{,}80 \cdot 10^5$
	0,96	$1{,}31 \cdot 10^6$
Ra	0,521	$8{,}74 \cdot 10^4$
	0,680	$1{,}85 \cdot 10^5$
Ra B	0,363	$3{,}72 \cdot 10^4$
	0,825	$3{,}94 \cdot 10^5$
Ra C.....	0,382	$4{,}18 \cdot 10^4$
	$0{,}998_1$	$7{,}67 \cdot 10^6$
Ra D	0,330	$3{,}03 \cdot 10^4$
	0,401	$4{,}61 \cdot 10^4$
Ra E	0,508	$8{,}20 \cdot 10^4$
	0,995	$4{,}59 \cdot 10^6$
M Th_2 ...	0,106	$2{,}89 \cdot 10^3$
	$0{,}998_3$	$8{,}17 \cdot 10^6$
Th B	0,442	$5{,}83 \cdot 10^4$
	0,777	$3{,}00 \cdot 10^5$
Th C + C″	0,304	$2{,}52 \cdot 10^4$
	0,987	$2{,}64 \cdot 10^6$

Die Geschwindigkeiten, die den einzelnen Linien zukommen, aber auch die Geschwindigkeiten der einzelnen Abschnitte des kontinuierlichen Bandes, sind sehr verschieden. Es sind in Tab. 2 die unteren und oberen Grenzen der β-Spektren der wichtigsten β-strahlenden Elemente wiedergegeben.

Die Geschwindigkeiten der Tab. 2 sind in Bruchteilen der Lichtgeschwindigkeit $c = 3 \cdot 10^{10}$ cm/sec, also $\beta = \frac{v}{c}$ wiedergegeben. Die III. Kolonne enthält die Spannungen U in Volt, die notwendig wären,

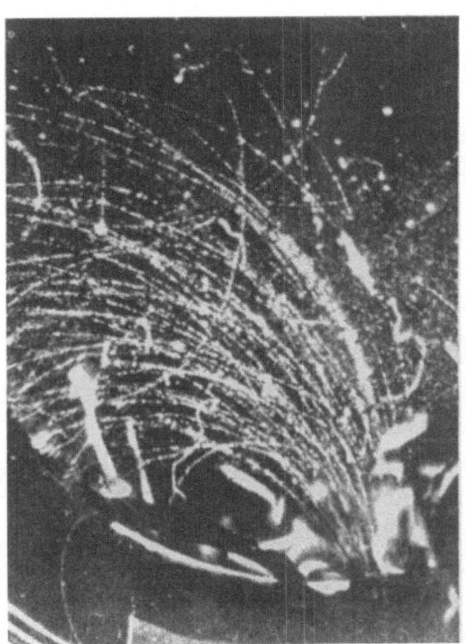

a

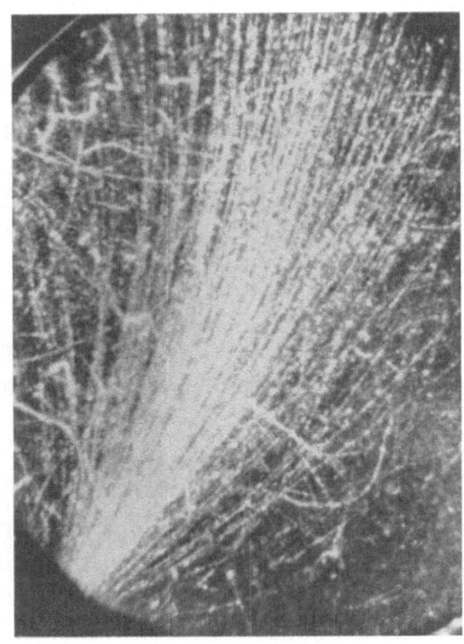

b

Abb. 7. Nebelkammeraufnahme von β-Strahlen im magnetischen Feld. a: β-Spektrum von Ra E; b: homogenisierte β-Strahlen von Ra C.

um ein Elektron im Vakuum auf die Geschwindigkeit β zu beschleunigen. Umgekehrt zeigt β die maximale Geschwindigkeit von sekundären Elektronen an, die durch eine Röntgen- oder γ-Strahlung entsprechend einer Spannung U ausgelöst werden können.

Wie die Tabelle zeigt, schwanken die Geschwindigkeiten fast im Verhältnis von 1:10. Die entsprechenden Spannungen verhalten sich etwa wie 1:3000. Bei einigen Elementen (UX_2, Ra C, Ra E, M Th_2, Th C) wird die Lichtgeschwindigkeit durch die obere Grenze des β-Spektrums nahezu erreicht. Bei diesen extrem harten Spektralbereichen muß bei der Bestimmung des Krümmungsradius im magnetischen Feld die Massenänderung bei hohen Geschwindigkeiten, wie sie die Relativitätstheorie fordert, berücksichtigt werden. Die Massegeschwindigkeitsbeziehung lautet:

$$m = \frac{m_0}{\sqrt{1-\beta^2}}.$$

So zeigt sich, daß die Masse der β-Strahlen, die beispielsweise an der oberen Grenze des Spektrums von Ra C ($\beta = 0{,}998$) ausgesandt werden, etwa 16mal so groß ist wie die Ruhemasse m_0 des Elektrons, während diejenige der unteren Grenze des Spektrums von Ra D ($\beta = 0{,}330$) nur um etwa 5% größer ist, als m_0. Dieser Umstand ist einer der Hauptgründe für das verschieden rasche Ansteigen von Kolonne II und Kolonne III in Tab. 2.

Für die β-Strahlengeschwindigkeit $\beta = 1$ müßte nämlich $U = \infty$ werden, da dann auch die Masse des Elektrons ∞ groß würde.

In Abb. 7a und b sind die Bahnen von β-Strahlen in Luft im Magnetfeld wiedergegeben. Diese WILSON-Aufnahme zeigt besonders eindringlich den Unterschied zwischen β-Strahlen und α-Strahlen. Ferner ist sehr schön die spektrale Zerlegung durch das Magnetfeld zu sehen.

3. Die γ-Strahlen.

a) Grundlegende Versuche.

Die dritte Strahlenart der radioaktiven Stoffe, die von E. RUTHERFORD γ-Strahlen genannt worden sind, lassen sich durch ein elektrisches oder magnetisches Feld nicht ablenken. Sie verhalten sich dabei ähnlich wie die Röntgenstrahlen. Mit dieser Strahlenart haben sie ferner die große Durchdringungsfähigkeit gemeinsam. Theoretische Überlegungen, besonders von A. SOMMERFELD, bestätigten die Annahme, daß den γ-Strahlen, ähnlich wie den Röntgenstrahlen und dem Licht, Wellennatur zugeordnet werden müsse. Diese Auffassung fand ihre glänzende Bestätigung, als von A. N. SHAW und besonders von E. RUTHERFORD die inzwischen an den Röntgenstrahlen entdeckten Interferenzerscheinungen auch bei γ-Strahlen nachgewiesen werden konnten.

Durch M. v. LAUE, W. FRIEDRICH und P. KNIPPING war im Jahre 1912 gefunden worden, daß Röntgenstrahlen am gitterartigen Bau eines Kristalls gebeugt werden, ähnlich wie das Licht an den Linien eines optischen Gitters.

Die Beziehung zwischen Wellenlänge der Röntgenstrahlung, absolutem Abstand im Kristallgitter und dem Winkel, unter dem der Strahl nach dem Durchgang durch den Kristall denselben verläßt, lautet in ihrer einfachsten Form (BRAGGsche Beziehung):

$$n\,\lambda = 2\,d \sin\varphi.$$

Darin bedeutet λ die Wellenlänge, d den Gitterabstand, φ den „Glanzwinkel" und n eine ganze Zahl (1, 2, 3,...).

Als Einheit der Wellenlänge verwendet man im Gebiet der γ-Strahlen den tausendsten Teil der Ångström-Einheit, also 1 Å = 1000 XE, 1 Å = $= 10^{-8}$ cm, 1 XE $= 10^{-11}$ cm. Die zu den Interferenzversuchen mit γ-Strahlen verwendeten Kristalle sind Steinsalz mit $d = 2814$ XE und Calcit mit $d = 3028$ XE. Mit diesem Verfahren war es möglich, die Wellennatur der γ-Strahlung sicherzustellen und die Wellenlängen derselben bis zu etwa 50 XE hinunter direkt zu messen.

b) Quantentheoretische Hinweise.

Das Plank-Einsteinsche Gesetz, welches die Beziehung zwischen der verwendeten Röhrenspannung und der kürzesten damit erzeugten Röntgenstrahlung regelt, läßt erwarten, daß zwischen der Bewegung eines Elektrons, also z. B. eines β-Strahles, und der durch die Bremsung entstehenden Wellenstrahlung ein genetischer Zusammenhang besteht. Dieses Gesetz lautet:

$$E = e\,V = \frac{m}{2}\,v^2 = h\,\nu.$$

Die Energie E des bewegten Elektrons ist also gleich seiner kinetischen Energie $\frac{m}{2}\,v^2$, wobei sich seine Masse m mit der Geschwindigkeit v bewegt. Es kann diese kinetische Energie dem Elektron mit der Ladung $e = 4{,}80 \cdot 10^{-10}$ ESE durch ein elektrisches Feld mit der Spannung V erteilt werden. Wenn das so bewegte Elektron durch ein Atom auf die Geschwindigkeit 0 abgebremst wird, so entsteht eine Strahlung mit der Energie $h\,\nu$. Dabei ist $h = 6{,}62 \cdot 10^{-27}$ Erg. sec eine Konstante, das Planksche Wirkungsquantum und ν ist die Frequenz der Strahlung. Mit der Wellenlänge hängt die Frequenz so zusammen, daß das Produkt aus Wellenlänge und Frequenz die Lichtgeschwindigkeit ergibt.

$$\nu\lambda = c; \quad \nu = \frac{c}{\lambda}; \quad \lambda = \frac{c}{\nu}.$$

Wie in einem späteren Abschnitt gezeigt werden soll, entstehen bei der Schwächung der γ-Strahlung sekundäre β-Strahlen. Diese haben bestimmte Geschwindigkeiten und deshalb auch bestimmte Energien. Die Energien lassen sich auf verhältnismäßig einfache Weise durch die magnetische Ablenkung bestimmen. Nun besteht zwischen der Energie der sekundären β-Strahlung E_β und der Energie der sie induzierenden γ-Strahlung E_γ eine einfache Beziehung

$$E_\beta = E_\gamma - A,$$

worin A die Arbeit bedeutet, die notwendig ist, um das Elektron aus seiner Bahn wegzunehmen (Ablösearbeit). Diese läßt sich quantentheoretisch auf die folgende Weise berechnen (Abb. 8):

Es soll angenommen werden, das Elektron mit der Masse m und der Ladung e befinde sich im Atom auf einer geschlossenen Bahn mit dem

Radius a. Es bewege sich auf der Bahn mit der Geschwindigkeit v. Der Atomkern habe die Kernladungszahl Z, also die Ladung $Z\,e$.

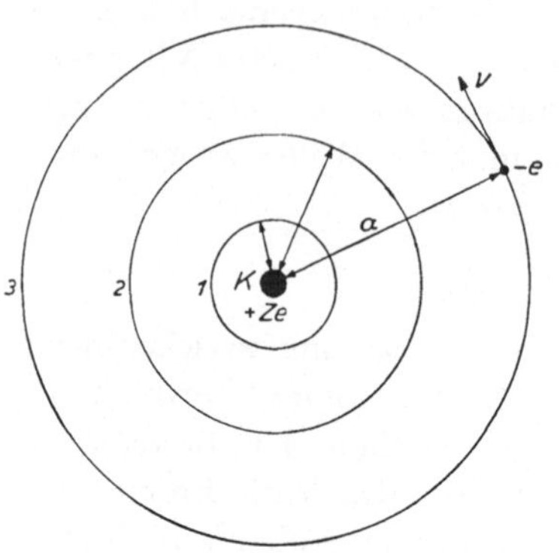

Abb. 8. Schematisches Modell eines Atoms mit Kern K und drei Elektronenbahnen.

Zwischen dem Elektron und dem Kern herrscht dann nach dem COULOMBschen Gesetz eine elektrostatische Anziehung von der Größe

$$K_p = \frac{Z e^2}{a^2}.$$

Auf das Elektron wirkt ferner infolge seiner Geschwindigkeit die Zentrifugalkraft

$$K_z = \frac{m v^2}{a}.$$

Die Bahn ist dann stabil, wenn die beiden Kräfte in jedem Moment gleich groß sind.

$$\frac{Ze^2}{a^2} = \frac{m v^2}{a}.$$

Nun stellt die Quantentheorie die Forderung auf, daß der Drehimpuls (Produkt von Impuls $m\,v$ und Abstand a) nur um ganzzahlige Beträge eines „Grundimpulsmomentes" von der Größe $\frac{h}{2\pi}$ sich ändern könne, also:

$$m\,v\,a = n\,\frac{h}{2\pi}.$$

Berechnet man aus der obigen Gleichung die Geschwindigkeit, so erhält man $v = \frac{n\,h}{2\pi\,m\,a}$. Setzt man diesen Wert oben ein, so resultiert

$$\frac{Z e^2}{a^2} = \frac{n^2 h^2}{4\pi^2 m\,a^3}.$$

Kürzt man auf beiden Seiten im Nenner a^2 weg und löst die Gleichung nach a auf, so resultiert der Abstand des Elektrons vom Kern zu

$$a = \frac{n^2 h^2}{4\pi^2 m\,Z\,e^2}.$$

Berechnet man jetzt aus der PLANCKschen Beziehung $m\,v\,a = n\,\frac{h}{2\pi}$ die Geschwindigkeit v, so bekommt man leicht

$$v = \frac{2\pi\,Z\,e^2}{n\,h}.$$

Es ist das die Geschwindigkeit, die das Elektron auf seiner Bahn haben kann.

Lösen wir das Elektron aus seiner Bahn ab und erteilen ihm eine Geschwindigkeit v, so ist dazu notwendig die Energie

$$U = \frac{Z\,e^2}{a} - \frac{m}{2}\,v^2.$$

Der erste Teil des Ausdruckes ist dabei die potentielle Energie und entspricht der Ablösearbeit, die aufgewendet werden muß, *um das Elektron* vom Abstand a nach dem Unendlichen zu bringen. Der zweite Teil entspricht der kinetischen Energie.

Setzt man nun noch die oben berechneten Werte für v und a ein, so erhält man

$$U = \frac{2\pi^2 m Z^2 e^4}{n^2 h^2}.$$

Bewegt sich das Elektron nur von Bahn 1 nach Bahn 2, so lautet die Energiebeziehung

$$h\nu = U_1 - U_2 = \frac{2\pi^2 m Z^2 e^4}{h^2}\left(\frac{1}{n_1^2} - \frac{1}{n_2^2}\right).$$

Das ist aber das Gesetz für die Linienspektra. Man sieht daraus z. B. sofort, weswegen bei den Röntgenstrahlen das MOSELEYsche Gesetz $Z = \sqrt{\nu}$ Gültigkeit hat. Die Energie der Strahlung $h\nu$ ist bei gleichen Quantenbahnen, aber verschiedener Kernladungszahl dieser im Quadrat proportional. Das MOSELEYsche Gesetz ist damit der direkte Beweis der Gültigkeit der gemachten Annahmen.

Die Ablösearbeit beträgt $A = \frac{Z e^2}{a}$. Aus der Beziehung $E_\beta = E_\gamma - A$ berechnet sich E_γ zu

$$E_\gamma = E_\beta + A = h\nu$$

$$E_\gamma = h\nu = \frac{hc}{\lambda} = \frac{2\pi^2 m Z^2 e^4}{n^2 h^2}$$

und daraus

$$\lambda = n^2 \frac{h^3 c}{2\pi^2 m Z^2 e^4}.$$

Mit dieser Formel ist es möglich, die Wellenlängen der γ-Strahlung zu berechnen.

Schließlich existiert noch eine dritte Möglichkeit zur Berechnung von λ. Wie in einem späteren Abschnitt gezeigt werden soll, ist der Schwächungsvorgang der γ-Strahlung wesentlich von deren Wellenlänge abhängig. Es ist auf theoretischem Wege gelungen, den Zusammenhang zwischen Schwächung und Wellenlänge angenähert aufzuklären. Die Beziehungen, die daraus resultieren, lassen sich an den Wellenlängen, die auf andere Weise (Interferenz oder sekundäre β-Strahlen) gemessen werden können, kontrollieren.

c) Wellenlängen der γ-Strahlen.

Die γ-Strahlen der radioaktiven Elemente umfassen einen weiten Spektralbereich. Es sind in Tab. 3 die wichtigsten Spektralgruppen der Radiumreihe mit den dazugehörigen Spannungen (U) und den entsprechenden β-Strahlengeschwindigkeiten wiedergegeben. U gibt an, mit welcher Spannung eine Röntgenröhre betrieben werden müßte, um die entsprechende Wellenlänge zu liefern, entsprechend dem DOUANE-HUNTschen Gesetz:

$$\lambda_0 = \frac{12,35}{\text{kV}}\ \text{Å}.$$

Tabelle 3. Wellenlängen, sekundäre β-Geschwindigkeiten und Spannungen in Volt für die wichtigsten γ-Strahlenlinien der Radiumreihe.

Bezeichnung	λ in XE	Linien mit großer Int. XE	β	U in Volt
Sehr weiche	1365—793	1175	0,210	$1{,}05\cdot 10^4$
		982	0,219	$1{,}24\cdot 10^4$
Weiche	428—196	—	—	—
Mittelharte	169—58	169	0,492	$7{,}25\cdot 10^4$
		159	0,501	$7{,}70\cdot 10^4$
		99	0,594	$1{,}24\cdot 10^5$
Harte	52,1—20,3	51,3	0,734	$2{,}40\cdot 10^5$
		42,0	0,770	$2{,}94\cdot 10^5$
		35,2	0,806	$3{,}51\cdot 10^5$
		20,4	0,890	$6{,}05\cdot 10^5$
Sehr harte	16,2—5,56	10,93	0,950	$1{,}13\cdot 10^6$
		9,93	0,957	$1{,}24\cdot 10^6$
		6,94	0,975	$1{,}77\cdot 10^6$
		5,56	0,983	$2{,}22\cdot 10^6$

Die vom Radium und seinen Folgeprodukten ausgesandten γ-Strahlen lassen sich, wie die Tab. 3 zeigt, deutlich in fünf Gruppen gliedern. Die weichste Gruppe entspricht etwa der Qualität der in der Oberflächentherapie verwendeten Grenzstrahlen. Die zweite Gruppe umfaßt weiche Strahlen von zirka 50 kV und weist keine großen Intensitäten auf. Die mittelharte Gruppe entspricht der Strahlung, wie sie in der Oberflächenröntgentherapie verwendet wird. Sie entspricht der sog. K-Serie der radioaktiven Elemente. Bedeutend wichtiger sind die harte und besonders die sehr harte Gruppe, die Röntgenstrahlen mit Spannungen zwischen 250 kV und 2500 kV entsprechen. In der praktischen Anwendung kommen, abgesehen von Spezialfällen, fast nur diese beiden Gruppen in Betracht. Diese Strahlungen stammen aus den Kernen der radioaktiven Atome und entstehen durch Quantenübergänge innerhalb des Kernes. Ihre teilweise Absorption in der Elektronenhülle des strahlenden Atoms führt zur Entstehung der weichen γ-Strahlengruppen, K-, L-, M-Serien und zur Emission des Linienspektrums der β-Strahlen.

4. Sekundärstrahlen.

Wird ein fester, flüssiger oder gasförmiger Stoff durch die Strahlungen der radioaktiven Elemente getroffen, so sendet dieser Stoff selber auch Strahlen aus. Man bezeichnet diese als Sekundärstrahlen. Die Ursache der Sekundärstrahlen liegt im Schwächungsvorgang (vgl. 2. Abschn., III).

Durch α-Strahlen werden gelegentlich Protonen aus dem absorbierenden Material herausgeworfen. Dieser Vorgang entspricht einer Atomumwandlung (vgl. 1. Abschn., V, 1). Die Protonen haben Reichweiten von mehreren Zentimetern in Luft, so daß sie durch WILSON-Aufnahmen leicht als solche erkannt werden können.

β-Strahlen rufen sowohl sekundäre γ-Strahlen als auch sekundäre β-Strahlen hervor. Der erstere Vorgang entspricht der Erzeugung von Röntgenstrahlen auf der Anode der Röntgenröhre und es gelten dafür die entsprechenden Gesetzmäßigkeiten. Die Entstehung der sekundären β-Strahlung beruht auf dem Ionisationsvorgang, bei dem Hüllelektronen aus dem Verband abgerissen und auf verschiedene Geschwindigkeiten

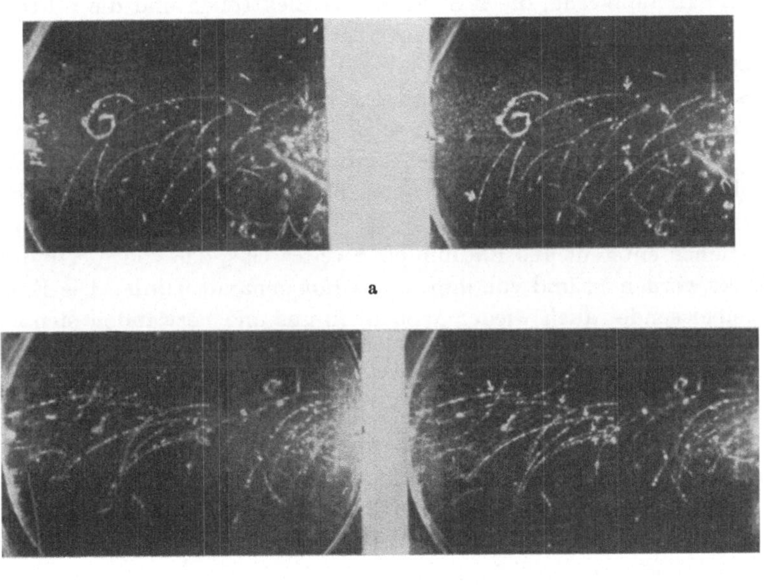

a

b

Abb. 9. Streuelektronen der γ-Strahlung von Ra B und Ra C, ausgelöst im Gas der Nebelkammer im magnetischen Feld.

beschleunigt werden. Die Energie des primären β-Strahles findet sich quantitativ in der Energie der sekundären Strahlungen wieder.

Ebenfalls γ-Strahlen erzeugen sowohl sekundäre β- als γ-Strahlen. Beim ersteren Vorgang handelt es sich um Ionisation, wobei ein Hüllelektron losgelöst und beschleunigt wird. Dieser Vorgang ist in Abschnitt 1, II, 3 für den einfachsten Fall rechnerisch behandelt. Bei Auslösung einer sekundären γ-Strahlung ist die Erzeugung der Fluoreszenz von wesentlicher Bedeutung, bei der Elektronen verschiedener Schalen des Atoms zu Quantensprüngen angeregt werden. Die Rückbildung des Grundzustandes ist dann von der Emission der entsprechenden Strahlung, deren Frequenz sich aus der Energiedifferenz zwischen angeregtem Zustand und Grundzustand berechnet, begleitet.

Die Verhältnisse der sekundären Strahlungen müssen später im Abschnitt 2 über die Schwächung eingehender behandelt werden. Abb. 9a und b zeigen Wilson-Aufnahmen sekundärer β-Strahlen, die durch γ-Strahlen ausgelöst worden sind.

III. Die Zerfallsvorgänge.

1. Die radioaktiven Umwandlungen.

Im vorhergehenden Abschnitt sind die α-Strahlen als zweifach positiv geladene Heliumkerne, die β-Strahlen als Elektronen und die γ-Strahlen als Lichtstrahlen sehr kleiner Wellenlänge, bzw. sehr hoher Frequenz charakterisiert worden.

Es konnte gezeigt werden, daß 1 g Radium jede Sekunde $3{,}72 \cdot 10^{10}$ α-Strahlen, also Heliumkerne aussendet, und daß jährlich von einem Gramm Radium im Gleichgewicht mit seinen drei kurzlebigen Folgeprodukten 0,167 cm^3 He von Atmosphärendruck und 0° C gebildet werden.

Daneben entsteht aus Radium ein zweites Gas, das von A. Debierne entdeckt worden ist und von ihm *Emanation* genannt wurde. Die Emanation selber sendet auch wieder α-Strahlen aus und verwandelt sich dabei in ein Element der Sauerstoffgruppe des periodischen Systems. Aber auch dieses Element (Ra A) emittiert α-Strahlen, wobei ein Element, Ra B der Kohlenstoffgruppe entsteht.

Bei allen diesen Verwandlungen werden Energiemengen frei, wie sie nach theoretischen Überlegungen nur im Innern der Atomkerne vorhanden sein können. Ferner nimmt bei allen diesen α-Übergängen die Kernladung des strahlenden Elements um zwei Einheiten ab und das Atomgewicht verringert sich um vier Einheiten.

Präzisionsbestimmungen des Atomgewichts des Ra durch M. Curie haben einen Wert von $A = 226$ ergeben. Dabei gehört dieses Element der Gruppe der Erdalkalien an. Die Emanation ließ sich als ein Edelgas charakterisieren mit einem Atomgewicht von 222. Es ist somit naheliegend, die Zusammenhänge zwischen Ra und Em durch die folgende Reaktion wiederzugeben:

$$^{226}_{88}\mathrm{Ra} - ^{4}_{2}\alpha = ^{222}_{86}\mathrm{Em}.$$

Die obere Zahl entspricht dem Atomgewicht A, die untere der Kernladungszahl Z.

Auf ähnliche Art lassen sich auch die übrigen Vorgänge, bei denen α-Strahlen ausgesandt werden, formulieren. Das Folgeprodukt von Ra A, also Ra B, sendet nun β-Strahlen aus. Dabei wandelt es sich in Ra C um, und dieses Element gehört jetzt in die Stickstoffgruppe im periodischen System. Seine Ladung ist um eine Einheit angestiegen, während das Atomgewicht sich bei der Umwandlung nicht verändert hat. Die Reaktion läßt sich schreiben:

$$^{214}_{82}\text{Ra B} - \bar{e} = {}^{214}_{83}\text{Ra C}.$$

Es gelten also die folgenden *Verschiebungssätze*: Bei Emission eines α-Strahles entsteht ein Element, dessen Gewicht um vier Einheiten und dessen Ladung um zwei Einheiten geringer sind, als die des Ausgangselements. Bei Emission eines β-Strahles bleibt das Atomgewicht erhalten, während die Ladung um eine Einheit ansteigt. Dadurch ändert sich die Stellung der radioaktiven Elemente im periodischen System im entsprechenden Sinne.

2. Theorie des Zerfalls.

Aus den Zählungen der α-Strahlen ergab sich, daß von 1 g Ra pro sec $3{,}72 \cdot 10^{10}$ α-Strahlen ausgesandt werden. Nach der Umwandlungsgleichung entstehen ebenso viele Atome Emanation. Die Umwandlung ist *irreversibel.* Sämtliche Versuche mit noch so hohen oder tiefen Temperaturen oder Drücken haben keinen Einfluß auf die Zahl der α-Strahlen ergeben.

Von E. Rutherford wurde der Gedanke ausgesprochen, daß die gesamte Radioaktivität auf einem spontanen Zerfall der radioaktiven Atomkerne beruhe, wobei der Kern unter Aussendung eines Heliumkernes (α-Strahl) oder Elektrons (β-Strahl) in einen im periodischen System tiefer oder höher gelegenen Kern übergeführt wird. So zerfällt z. B. Ra eben in Em + He.

Unter diesen Voraussetzungen muß nun aber ein bestimmtes radioaktives Element eine bestimmte *Lebensdauer* haben. Diese läßt sich z. B. für Radium aus den oben angegebenen Zahlen unmittelbar berechnen.

Das Atomgewicht des Ra wurde von M. Curie bestimmt zu 226. Es sind also in 226 g Ra $6{,}03 \cdot 10^{23}$ Atome Ra enthalten. In 1 Sekunde zerfallen pro Gramm $3{,}72 \cdot 10^{10}$ Atome in einem Jahr von 226 g, somit $2{,}65 \cdot 10^{20}$ Atome Ra. Die mittlere Lebensdauer τ des Radiums beträgt somit $\frac{6{,}03 \cdot 10^{23}}{2{,}65 \cdot 10^{20}} = 2280$ Jahre.

Die allgemeine Formulierung des Zerfallsgesetzes resultiert aus dem

Axiom, daß die in der Zeiteinheit zerfallenden Atome in jedem Zeitpunkt der Anzahl der noch nicht zerfallenen Atome N proportional sei:

$$-\frac{dN}{dt} = \lambda N; \quad \frac{dN}{N} = -\lambda dt,$$

$$\int_{N_0}^{N} \frac{dN}{N} = -\int_0^t \lambda dt; \quad \lg\frac{N}{N_0} = -\lambda t; \quad \frac{N}{N_0} = e^{-\lambda t},$$

$$\underline{N = N_0 e^{-\lambda t}.}$$

Das ist das Zerfallsgesetz in der allgemeinen Formulierung. Darin bedeuten N die Zahl der zur Zeit t noch vorhandenen, nicht zerfallenen Atome, N_0 deren Zahl bei $t = 0$, e die natürliche Zahl (2,71828), t die Zeit und λ die *Zerfallskonstante*. $\frac{1}{\lambda} = \tau$ ist die *mittlere Lebensdauer*.

Von Bedeutung für den praktischen Gebrauch ist ferner die *Halbwertszeit* T, d. h. die Zeit, nach der die Hälfte einer Substanz zerfallen ist:

$$N = \frac{N_0}{2} = N_0 e^{-\lambda T},$$

$$e^{-\lambda T} = \frac{1}{2}; \quad \lambda T = \lg 2; \quad T = \frac{1}{\lambda}\lg 2,$$

$$\underline{T = \frac{0,693}{\lambda} = 0,693\,\tau.}$$

Aus der oben berechneten mittleren Lebensdauer des Radiums ist es somit möglich, sofort dessen Halbwertzeit zu berechnen.

$$T = 0,693\,\tau = 0,693 \cdot 2280 = 1580 \text{ Jahre}.$$

Die Zerfallskonstante berechnet sich zu

$$\lambda = \frac{1}{\tau} = \frac{1}{2280}\text{ Jahre}^{-1} = 4,38 \cdot 10^{-4}\,a^{-1} = 1,39 \cdot 10^{-11}\text{ sec}^{-1}.$$

Auf ähnliche Weise lassen sich auch die Zerfallskonstanten der übrigen radioaktiven Elemente bestimmen, wenn es möglich ist, durch eine Vorrichtung entweder die Zahl der ausgesandten Strahlen festzustellen oder den zeitlichen Verlauf der Wirkung ihrer Strahlen auf irgendeine Weise (am besten durch die Ionisation) zu verfolgen.

Ist das nicht möglich, sind die Zerfallszeiten zu groß oder zu klein, so führen oftmals andere Methoden zum Ziel. Besonders die Geiger-Nuttallsche Beziehung leistet sehr gute Dienste. Diese lautet

$$\log\lambda = A + B\log R_0.$$

Darin bedeutet λ die Zerfallskonstante, R_0 die Reichweite der α-Strahlen in Luft von Normalzustand, $A = -41,6$, $B = 60,04$ sind Konstanten, die sich an den meßbaren Elementen (z. B. Ra) einer Zerfallsreihe feststellen lassen.

Für die übrigen Zerfallsreihen, die Thoriumreihe und die Actiniumreihe gelten ähnliche Konstanten.

Es lassen sich somit durch direkte Messung der Zerfallszeiten oder durch Zählung der ausgesandten Strahlen oder aber durch die Messung der Reichweite die Zerfallskonstanten aller radioaktiven Elemente mit mehr oder weniger großer Genauigkeit bestimmen.

Interessant mag in diesem Zusammenhang der Hinweis sein, daß es bei Kenntnis der Zerfallskonstanten des Urans möglich ist, angenähert das absolute Alter eines Uranminerals und damit der entsprechenden Gesteinsschicht zu bestimmen.

Aus der GEIGER-NUTTALschen Beziehung erhält man für die Zerfallskonstante des Urans den Wert $\lambda_U = 1,5 \cdot 10^{-10}$ Jahre^{-1}. Das Endprodukt des radioaktiven Zerfalls ist für alle drei Zerfallsreihen das Blei. Kennt man nun das Verhältnis des Bleigehaltes zum Urangehalt, so läßt sich das Alter auf einfache Weise angenähert berechnen. Ein Beispiel möge dies erläutern:

Ein Uranerz habe einen Bleigehalt von 6,4%.

$$e^{-\lambda t} = (1 - 0,064) = 0,936,$$

$$\lambda t = -\lg 0,936 = 0,0686,$$

$$t = \frac{0,07}{1,5 \cdot 10^{-10}} = 4,7 \cdot 10^{8} \text{ Jahre.}$$

Es waren somit 470 Millionen Jahre notwendig, um aus Uran die 6,4% Blei zu bilden, unter der Voraussetzung, daß die gesamte Bleimenge durch radioaktiven Zerfall aus Uran entstanden ist.

IV. Die radioaktiven Substanzen.

1. Allgemeines.

Nach den neuesten Kenntnissen lassen sich alle bekannten natürlichen radioaktiven Substanzen auf zwei Ausgangselemente, das Uran und das Thorium, zurückführen. Nach theoretischen Überlegungen von W. MINDER ist es sogar wahrscheinlich, daß auch das Thorium ursprünglich aus Uran hervorgegangen ist, und daß heute das Uran-Isotop $^{236}_{92}U$ schon so vollständig in Thorium zerfallen ist, daß es bisher nicht gefunden werden konnte.

Faßt alle Elemente erweisen sich bei näherer Untersuchung ihres Atomgewichtes als ein Gemisch von *Isotopen,* die bei chemisch vollkommen gleichen Eigenschaften sich nur durch Unterschiede in ihrem Atomgewicht unterscheiden, während ihre Kernladungszahl und damit die nach außen manifest werdenden Erscheinungen (eben das chemische Verhalten) identisch sind. Die Isotopie als allgemeine Eigenschaft der Materie ist zuerst an den radioaktiven Elementen durch K. FAYANS und F. SODDY entdeckt worden.

Durch die heutige Ansicht über den Aufbau der Atomkerne läßt sich die Isotopie ohne weiteres verstehen. Darnach besteht der Atomkern aus einer Anzahl Z Protonen (Wasserstoffkernen) vom Atomgewicht 1 (genau 1,0078), wobei diese Zahl Z der Kernladungszahl und damit auch der Anzahl der Elektronen in der Elektronenhülle des Atoms entspricht. Jedes dieser Protonen trägt eine positive Elementarladung ($+ 4{,}80 \cdot 10^{-10}$ ESE), so daß sich die Gesamtladung des Kernes zu $Z \cdot 4{,}80 \cdot 10^{-10}$ ESE ergibt. Im nichtionisierten Zustand wird jede dieser Kernladungen durch ein Elektron von $-4{,}80 \cdot 10^{-10}$ ESE in der Elektronenhülle kompensiert. Die Hüllelektronen sind dabei auf bestimmten Quantenbahnen angeordnet, sie befinden sich in bestimmten Quantenzuständen. Änderungen dieser Zustände führen zu Energieabgabe (Emission) oder Energieaufnahme (Absorption). Diese Änderungen finden diskontinuierlich (quantenhaft) statt.

Neben der Zahl Z von positiv geladenen Protonen befindet sich in allen Kernen (mit Ausnahme des leichten Wasserstoffes) eine bestimmte Anzahl ladungsloser Neutronen (Masse 1,009). Ihre Anzahl wird durch die Differenz zwischen Atomgewicht A und Ordnungszahl Z (Anzahl der Protonen), also $A - Z$ bestimmt.

Dadurch, daß sich bei gleichbleibender Ladungszahl Z das Atomgewicht ändert, resultieren Atome mit gleicher Ladung (Atomnummer), aber verschiedener Neutronenzahl $A - Z$. Das sind die Isotopen.

2. Die Zerfallsreihen.

Die wichtigste radioaktive Zerfallsreihe beginnt bei U_I mit einer Ladungszahl 92 und einem Atomgewicht von 238. U_I zerfällt unter α-Abgabe ($T = 4{,}5 \cdot 10^9$ Jahre) in ${}^{234}_{90}\mathrm{U\,X_1}$. Dieses ist ein β-Strahler und wird ($T = 23{,}8$ Tage) zu ${}^{234}_{91}\mathrm{U\,X_2}$. $\mathrm{U\,X_2}$ ist ebenfalls ein β-Strahler und geht über in ${}^{234}_{92}\mathrm{U_{II}}$, einem Isotopen des U_I, mit einer Halbwertsszeit von $T = 10^6$ Jahren.

U_{II} geht unter α-Abgabe über in ${}^{230}_{90}\mathrm{Jo}$ ($T = 7{,}4 \cdot 10^4$ Jahre). Dieses unter α-Zerfall in ${}^{226}_{88}\mathrm{Ra}$ ($T = 1580$ Jahre). Ra zerfällt in ${}^{222}_{86}\mathrm{Ra\,Em}$ ($T = 3{,}825$ Tage) und weiter in ${}^{218}_{84}\mathrm{Ra\,A}$ ($T = 3{,}05$ min), ${}^{214}_{82}\mathrm{Ra\,B}$; Ra B ist ein β-Strahler ($T = 26{,}8$ min) und wird zu ${}^{214}_{83}\mathrm{Ra\,C}$ ($T = 19{,}7$ min). Dieses ist sowohl β- (99,96%) als auch α-Strahler (0,04%) und geht einerseits über in ${}^{214}_{84}\mathrm{Ra\,C'}$ ($T = 1{,}5 \cdot 10^{-8}$ sec), anderseits in ${}^{210}_{81}\mathrm{Ra\,C''}$ ($T = 1{,}32$ min). Beide Produkte, Ra C′ unter α-Strahlung und Ra C″ unter β-Strahlung, vereinigen sich wieder bei ${}^{210}_{82}\mathrm{Ra\,D}$, einem Bleiisotop, das mit einer Halbwertzeit von $T = 16$ Jahren unter β-Emission in ${}^{210}_{83}\mathrm{Ra\,E}$, weiter unter erneuter β-Emission ($T = 4{,}85$ Tage) in ${}^{210}_{84}\mathrm{Ra\,F}$,

Polonium übergeht. Po ist ($T = 136{,}5$ Tage) ein α-Strahler und geht über in inaktives Blei ${}^{206}_{82}\mathrm{Pb}$. Hier findet die Zerfallsreihe ihren Abschluß.

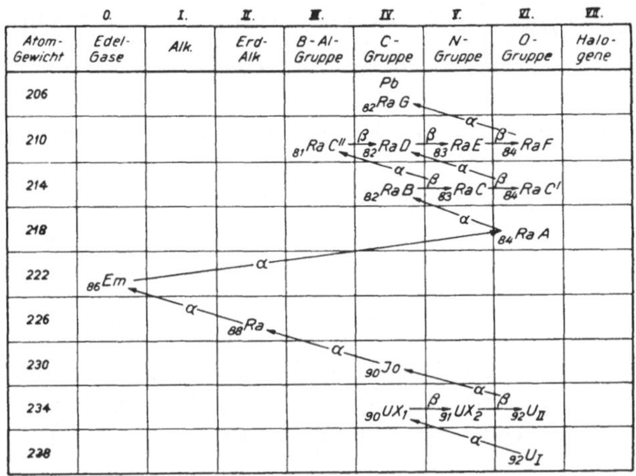

Abb. 10. Umwandlungen der Uran-Radium-Reihe.

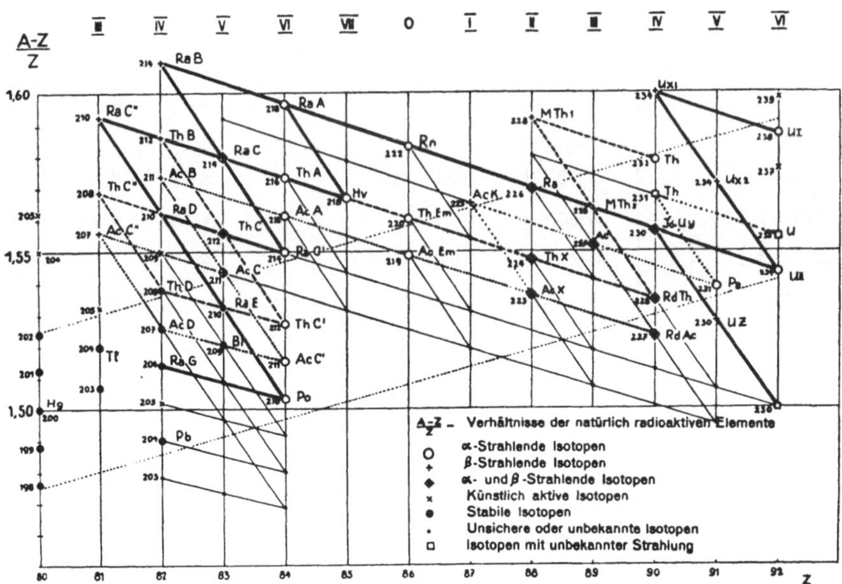

Abb. 11. Darstellung des Verlaufes der drei natürlichen radioaktiven Zerfallsreihen (nach MINDER). Abszisse: Kernladungszahl, Ordinate: Neutronen-Protonen-Verhältnis. Ausgezogen: Uran-Radium-Reihe, gestrichelt: Thoriumreihe, punktiert: Actiniumreihe, feine Linien: hypothetische Zerfallsvorgänge.

Einen ähnlichen Verlauf zeigen auch die beiden anderen Zerfallsreihen, die Thoriumreihe, deren Anfangsglied das Th ist, und die Palladium-Actiniumreihe, deren Ursprung bei $\frac{235}{92}$U liegt. Abb. 10 zeigt den

Zerfall der Uranreihe und Abb. 11 den Verlauf aller drei Reihen, wobei als Abszisse die Kernladungszahl Z und als Ordinate das Neutronen-Protonen-Verhältnis $\frac{A-Z}{Z}$ gewählt wurde. Diese Darstellung zeigt ganz besonders sinnfällig den sehr analogen Verlauf aller drei Zerfallsreihen. Sie zeigt aber auch, daß zwischen Uran- und Thoriumreihe wahrscheinlich noch eine weitere Zerfallsreihe verläuft oder früher einmal verlaufen hat.

Interessant mag in diesem Zusammenhang der Hinweis sein, daß die beiden letzten, bisher nicht bekannten Elemente $_{87}$AcK und $^{218}_{85}$Hv zum Teil auf Grund dieser Darstellung von M. Perey und W. Minder erst kürzlich nachgewiesen werden konnten.

Neben α- oder β-Strahlen senden γ-Strahlen in der Uranreihe aus die Elemente UX_1, UX_2, Jo, Ra, Ra B, Ra C, Ra C″, Ra D, Ra E und Ra F.

Tab. 4 gibt die gesamten Zerfalls- und Strahlungsverhältnisse für das Radium und seine Folgeprodukte wieder.

Tabelle 4. Halbwertszeit T, Zerfallskonstante λ, Strahlung, Reichweite der α-Strahlen und Gleichgewichtsmenge für das Radium und seine Folgeprodukte.

Element	T	λ sec^{-1}	Strahlung	R_0 cm	Gleichgewicht
$^{226}_{88}$Ra	1580 a	$1{,}39 \cdot 10^{-11}$	α (β) γ	3,21	1,000
$^{212}_{84}$Em	3,825 d	$2{,}097 \cdot 10^{-6}$	α	3,91	$6{,}5 \cdot 10^{-6}$
$^{218}_{84}$Ra A	3,05 min	$3{,}78 \cdot 10^{-3}$	α (β)	4,48	$3{,}54 \cdot 10^{-9}$
$^{214}_{82}$Ra B	26,8 min	$4{,}31 \cdot 10^{-4}$	β γ	—	$3{,}05 \cdot 10^{-8}$
$^{214}_{84}$Ra C	19,7 min	$5{,}86 \cdot 10^{-4}$	α β γ	3,6	$2{,}25 \cdot 10^{-8}$
$^{214}_{83}$Ra C′	$1{,}5 \cdot 10^{-8}$ sec	$4{,}5 \cdot 10^{-7}$	α	6,6	$5{,}0 \cdot 10^{-18}$
$^{210}_{81}$Ra C″	1,32 min	$8{,}7 \cdot 10^{-3}$	β γ	—	$6{,}0 \cdot 10^{-13}$
$^{210}_{82}$Ra D	16 a	$1{,}37 \cdot 10^{-9}$	β γ	—	$9{,}4 \cdot 10^{-3}$
$^{210}_{83}$Ra E	4,85 d	$1{,}66 \cdot 10^{-6}$	β γ	—	$7{,}8 \cdot 10^{-6}$
$^{210}_{84}$Ra F	136,5 d	$5{,}88 \cdot 10^{-8}$	α (γ)	3,72	$2{,}19 \cdot 10^{-4}$
$^{206}_{82}$Ra G (Pb)	∞	0	—	—	—

Wegen der praktischen Bedeutung sollen auch noch die Verhältnisse der Thoriumreihe tabellarisch aufgeführt werden.

Die Thoriumreihe findet somit schon beim Th D ihren Abschluß, während die Uran-Radium-Reihe noch drei weitere Glieder aufweist. Immerhin deutet das Pb-Isotop mit dem Atomgewicht 204 darauf hin, daß vielleicht doch die entsprechenden Übergänge bestehen, aber bisher nicht gefunden worden sind.

Tabelle 5. Halbwertszeit T, Zerfallskonstante λ, Strahlung, Reichweite der α-Strahlen und Gleichgewichtsmenge der Glieder der Thoriumreihe.

Element	T	$\lambda\ sec^{-1}$	Strahlung	R_0 cm	Gleichgewicht
$^{232}_{90}$Th	$1{,}65 \cdot 10^{10}$ a	$1{,}3 \cdot 10^{10}$	α	2,75	$2{,}6 \cdot 10^{9}$
$^{228}_{88}$M Th	6,7 a	$3{,}26 \cdot 10^{-9}$	β	—	1,00
$^{228}_{89}$M Th_2	6,13 h	$3{,}14 \cdot 10^{-5}$	$\beta\,\gamma$	—	$1{,}05 \cdot 10^{-4}$
$^{228}_{90}$R Th	1,90 a	$1{,}16 \cdot 10^{-8}$	$\alpha\,\beta$	—	0,28
$^{224}_{88}$Th X	3,64 d	$2{,}20 \cdot 10^{-6}$	α	3,81	$1{,}46 \cdot 10^{-3}$
$^{220}_{86}$Th Em	54,5 sec	$1{,}27 \cdot 10^{-2}$	α	4,13	$2{,}48 \cdot 10^{-7}$
$^{216}_{84}$Th A	0,14 sec	4,95	α	4,80	$6{,}24 \cdot 10^{-10}$
$^{212}_{82}$Th B	10,6 h	$1{,}82 \cdot 10^{-5}$	$\beta\,\gamma$	5,39	$1{,}67 \cdot 10^{-4}$
$^{212}_{83}$Th C	60,8 min	$8{,}9 \cdot 10^{-4}$	$\alpha\,\beta$	—	$1{,}60 \cdot 10^{-5}$
$^{212}_{84}$Th C′	$\sim 10^{-11}$ sec	$\sim 10^{11}$	α	8,17	$\sim 10^{-20}$
$^{208}_{81}$Th C″	3,20 min	$3{,}01 \cdot 10^{-3}$	$\beta\,\gamma$	—	$2{,}88 \cdot 10^{-7}$
$^{208}_{82}$Th D (Pb)	∞	0	—	—	—

Die Actiniumreihe ist für die Praxis ohne Bedeutung, da ihre Elemente so selten sind, daß sie nicht in größeren Mengen gewonnen werden können. Wie aus Abb. 11 zu sehen ist, hat sie anfänglich einen ähnlichen Verlauf wie die Uranreihe, während sie ähnlich wie die Thoriumreihe bei Ac D, ebenfalls einem Pb-Isotop, ihren Abschluß findet.

Für die Praxis sind von allen Produkten besonders wegen ihrer Lebensdauer wichtig das Radium und die Radium-Emanation und für die Verwendung der α-Strahlen das Polonium. Aus der Thoriumreihe haben praktische Bedeutung das M Th_1, Ra Th und das Th X. Die wichtigen Elemente sind in Abschnitt 5 zusammengestellt.

V. Künstliche Radioaktivität.

Trotzdem die Bedeutung der künstlich radioaktiven Substanzen für eine praktische Anwendung in der Therapie noch untergeordnet ist, so steht doch fest, daß das in Zukunft sicher anders sein wird. Deshalb kann eine Zusammenfassung der Radiumdosimetrie diese Stoffe nicht außer Betracht lassen.

Wie die vorhergehenden Kapitel gezeigt haben, beruht die Radioaktivität auf einem spontanen Zerfall gewisser Atomkerne, die einen mehr oder weniger instabilen Aufbau haben. Einige Elemente (Pb, Bi) weisen neben instabilen Isotopen auch stabile Isotopen auf, derart, daß z. B. Pb ($Z = 82$) ein Gemisch aus neun Isotopen darstellt, die alle dieselbe

Kernladung und damit dieselben chemischen Eigenschaften aufweisen, die sich aber in ihrem Atomgewicht ganz erheblich voneinander unterscheiden. Die Isotopen umfassen die Gewichte 203, 204, 206, 207, 208, 210, 211, 212, 214. Die vier letzteren, Ra D, Ac B, Th B, Ra B, sind alle radioaktiv und wichtige β-Strahler.

Es stellte sich die allgemeine Frage nach der Stabilität eines Atomkernes und deren Beziehung zur Zerfallskonstanten. Dabei konnte auf theoretischem (wellenmechanischem) Wege gezeigt werden, daß grundsätzlich alle Mischungsverhältnisse zwischen Neutronen und Protonen in den Atomkernen möglich sind, daß aber nur ganz bestimmte Mischungsverhältnisse eine wahrnehmbare Lebensdauer besitzen können, und daß unter den bestehenden Mischungsverhältnissen einige wenige stabil, also nicht radioaktiv sein können. Es ist somit die Radioaktivität keine besondere Eigenschaft der elf schwersten Elemente, sondern eine Eigenschaft, die grundsätzlich alle Grundstoffe aufweisen können. Sie wird aber nicht bei allen Elementen angetroffen, weil die Stabilität der leichteren radioaktiven Isotopen rasch derartig gering wird, daß nur einige wenige (Sm, Rb, K) noch solche in feststellbarer Konzentration aufweisen.

Im Jahre 1912 ist es E. RUTHERFORD gelungen, durch Bestrahlung mit α-Strahlen von Th C aus N Protonen freizumachen, und er konnte auch zeigen, daß dabei eine Kernumwandlung vor sich geht. E. RUTHERFORD dachte zunächst an eine Zertrümmerung des betreffenden N-Kernes. Ähnliche Resultate wurden in der Folge auch an Mg, C, P, S, Be, B, Li, Na, Al, also an fast allen leichten Elementen festgestellt. Die leichten Atomkerne waren demnach durch rasche α-Strahlen angreifbar.

Etwa 20 Jahre später (1934) beobachteten E. JOLIOT und J. CURIE, daß mit α-Strahlen bestrahltes Li auch nach der Entfernung der α-Strahlenquelle noch längere Zeit Strahlen aussandte und daß die Intensität dieser Strahlung exponentiell mit der Zeit nach 0 abfiel. Die Strahlung des bestrahlten Li gehorchte also formal genau den Gesetzen des radioaktiven Zerfalles. Damit war die Erscheinung der künstlichen Radioaktivität entdeckt. In der Folge sind alle Elemente auf die künstliche Aktivierung hin untersucht worden.

Neben den α-Strahlen stehen zur Aktivierung auch künstliche, in entsprechenden Entladungsapparaten beschleunigte Materiestrahlungen zur Verfügung. Alle diese Apparate bestehen im Prinzip aus einem Kanalstrahlenrohr, in welchem man leichten oder schweren Wasserstoff bis zu sehr hohen Geschwindigkeiten mit Spannungen von mehreren 1000 kV (MV) beschleunigt. Dabei gelingt es, entweder das schnell bewegte Proton oder Deuteron direkt in den Atomkern einzubauen, oder aber dieses Teilchen dient mittelbar zur Erzeugung von rasch bewegten Neutronen. In Ausnahmefällen treten bei Bestrahlung durch sehr harte

γ-Strahlen Kernreaktionen ein, bei denen instabile Isotopen entstehen können. Alle diese Kernreaktionen finden in der Weise statt, daß an Stelle des eintretenden Kernes ein anderer Teil aus dem bestrahlten Kern freigemacht wird und dadurch das neu entstandene Element eine andere Stellung, ein anderes Gewicht und eine andere Ladung erhält.

Entsprechend der Art der Kernreaktionen lassen sich die gesamten Erscheinungen der künstlichen Radioaktivität auf natürliche Weise gliedern. Man unterscheidet demnach Kernreaktionen durch α-Strahlen, Protonenstrahlen, Deuteronenstrahlen, Neutronenstrahlen und γ-Strahlen.

Je nachdem die primäre Kernreaktion verläuft, lassen sich die obigen fünf Hauptgruppen in vier Untergruppen teilen. Bei Bestrahlung mit α-Strahlen sind folgende Fälle möglich:

1. Kernumwandlungen durch α-Strahlen.

1. Das α-Teilchen wird vom Kern aufgenommen, wobei gleichzeitig ein Proton den Kern verläßt. Der Vorgang trägt das Symbol (α, p)

$$ {}^{m}_{n}\mathrm{A} + {}^{4}_{2}\alpha \rightarrow {}^{m+3}_{n+1}\mathrm{B} + {}^{1}_{1}\mathrm{H}. $$

Nach diesem Schema verläuft die Reaktion, an welcher E. Rutherford die künstlichen Kernwandlungen entdeckt hat:

$$ {}^{13}_{7}\mathrm{N} + {}^{4}_{2}\alpha \rightarrow {}^{16}_{8}\mathrm{O} + {}^{1}_{1}\mathrm{H}. $$

Ferner wandeln sich in derselben Art um die Elemente Li, B, N, F, Na, Mg, Al, P in Be, C, O, Ne, Mg, Al, Si, S.

Davon sind aber die Elemente ${}^{10}_{4}\mathrm{Be}$ und ${}^{28}_{13}\mathrm{Al}$ instabil und zerfallen unter Aussendung von Elektronen (β-Strahlen) in B, bzw. Si.

Am Zerfall des Be in B haben 1934 E. Joliot und J. Curie die Erscheinung der künstlichen Radioaktivität entdeckt.

2. In ähnlicher Weise könnte das α-Teilchen vom bestrahlten Kern unter gleichzeitiger Aussendung eines schweren Wasserstoffkernes (Deuteron) ${}^{2}_{1}\mathrm{D}$ aufgenommen werden; Symbol (α, d)

$$ {}^{m}_{n}\mathrm{A} + {}^{4}_{2}\alpha \rightarrow {}^{m+2}_{n+1}\mathrm{B} + {}^{2}_{1}\mathrm{D}. $$

Allerdings ist dieser Prozeß bisher nicht mit Sicherheit beobachtet worden, so daß er nicht weiter betrachtet werden muß.

3. Viel wichtiger ist die Kernreaktion, bei welcher der bestrahlte Kern unter Aussendung eines Neutrons den α-Kern aufnimmt. Dadurch wird sein Gewicht um drei Einheiten und seine Ladung um zwei Einheiten erhöht. Symbol (α, n)

$$ {}^{m}_{n}\mathrm{A} + {}^{4}_{2}\alpha \rightarrow {}^{m+3}_{n+2}\mathrm{B} + {}^{1}_{0}n. $$

Diese Umwandlung ist beobachtet worden an den Elementen Li, Be, C, B, N, F, Na, Mg, Al, Si, P, S, K, Zn. Dabei entstehen der Reihe nach die Elemente B, C, N, O, F, Na, Al, Si, P, S, Cl, Ar, Sc, Ge. Instabil sind die Elemente B, N, F, Na, Al, P, Cl, Sc, Ge. Sie zerfallen unter Aussendung eines positiven Elektrons (Positron) in Be, C, O, Ne, Mg, Al, Si, P, S, Ca, Ga.

Das Schema dieses Zerfalles lautet:

$$^{m+3}_{n+2}\mathrm{B} \rightarrow {}^{m+3}_{n+1}\mathrm{C} + e^{+}.$$

4. Schließlich wäre auch noch eine Kernreaktion möglich, bei der der α-Strahl vom Kern ohne Aussendung einer materiellen Partikel aufgenommen wird, wobei allerdings zur Wiederherstellung des energetischen Gleichgewichtes eine γ-Strahlung freigemacht wird. Das Symbol dieser Umwandlung würde demnach lauten (α, γ). Diese Reaktion hat das Schema

$$^{m}_{n}\mathrm{A} + {}^{4}_{2}\alpha \rightarrow {}^{m+4}_{n+2}\mathrm{B} + \gamma.$$

Bisher konnte keine Umwandlung dieser Art, weder mit stabilen noch mit instabilen Endprodukten, gefunden werden.

2. Kernumwandlungen durch Protonenstrahlen.

Neben α-Strahlen stehen zu Kernreaktionen künstlich beschleunigte materielle Strahlen fast jeder beliebigen Energie zur Verfügung. Die Umwandlung durch rasche Protonen geschieht in ganz analoger Weise wie diejenige durch α-Strahlen. Demgemäß hat man die Reaktionsmöglichkeiten (p, α), (p, d) (p, n) und (p, γ) zu unterscheiden.

Nur relativ wenige Elemente sind auf diesem Wege umgewandelt worden, wobei als künstlich aktive Produkte $^{11}_{6}\mathrm{C}$ und $^{13}_{7}\mathrm{N}$ gebildet werden. Die beiden Produkte zerfallen auf die folgende Art:

$$^{11}_{6}\mathrm{C} \rightarrow {}^{11}_{5}\mathrm{B} + e^{+},$$

$$^{13}_{7}\mathrm{N} \rightarrow {}^{13}_{6}\mathrm{C} + e^{+}.$$

Es werden also dabei positive Elektronen gebildet. Am zweiten dieser Vorgänge wurde wahrscheinlich das positive Elektron entdeckt.

3. Kernumwandlungen durch Deuteronenstrahlen.

Ein weiteres Mittel zur künstlichen Kernumwandlung bilden Deuteronenstrahlen, also rasch beschleunigte Kerne von schwerem Wasserstoff $^{2}_{1}\mathrm{D}$. Der schwere Wasserstoffkern unterscheidet sich vom gewöhnlichen Wasserstoffkern $^{1}_{1}\mathrm{H}$ dadurch, daß er neben dem Proton noch ein Neutron enthält, also bei einer Masse von 2 eine einzige Elementarladung trägt.

Analog den schon besprochenen Umwandlungen sind wieder vier Möglichkeiten vorhanden. Dieselben werden durch die Symbole (d, α), (d, p), (d, n) und (d, γ) versinnbildlicht.

Alle vier Vorgänge sind beobachtet worden und alle vier Vorgänge führen zum Teil zu instabilen Isotopen.

Bei den Vorgängen (d, α), (d, n) und (d, γ) verlaufen die Zerfallsvorgänge der aktivierten Elemente unter Emission von Positronen, beim Vorgang (d, p) unter β-Strahlung.

4. Kernumwandlungen durch Neutronenstrahlen.

Zur Erzeugung von schnellen Neutronen gibt es heute mehrere Wege. Alle bedienen sich einer künstlichen Kernumwandlung, bei der ein Neutron freigemacht wird. Der bekannteste dieser Vorgänge ist die Umwandlung von Be unter α-Bestrahlung:

$$^{9}_{4}\mathrm{Be} + {}^{4}_{2}\alpha \rightarrow {}^{12}_{6}\mathrm{C} + {}^{1}_{0}n.$$

So erhält man beispielsweise brauchbare Neutronenquellen, indem man etwa 10 mg Radium mit der etwa 1000fachen Berylliummenge mischt. Dabei werden praktisch alle α-Strahlen im Be zurückgehalten, und etwa einer unter 10000 führt zu der obigen Kernreaktion. Grundsätzlich sind mit Neutronen möglich die Umwandlungen (n, α), (n, p) (n, d) und (n, γ). Der Vorgang (n, d), bei dem also der reagierende Atomkern das Neutron unter gleichzeitiger Abgabe eines schweren Wasserstoffkernes aufnehmen würde, konnte bisher nicht mit Sicherheit beobachtet werden. Dagegen sind bei allen anderen Umwandlungen Reaktionen in großer Zahl beobachtet worden. Die Neutronenstrahlen bilden das wichtigste Hilfsmittel zur Erzeugung von künstlichen Kernumwandlungen.

Im Gegensatz zu den elektrisch geladenen α-, Protonen- und Deuteronenstrahlen gelingen mit den ungeladenen Neutronenstrahlen auch Kernreaktionen an Elementen mit hohem Atomgewicht und hoher Ladung, z. B. an U und Th, Hg und Au. Die Erklärung dafür liegt darin, daß für geladene Teilchen die Kerne hoher Ladung ein so großes elektrisches Feld darstellen (Coulomb), daß dieses das Eindringen eines geladenen Teilchens verhindert.

Alle durch Neutronenstrahlen künstlich aktivierten Elemente zerfallen unter β-Strahlung. Dabei wird die Ladung des nach dem Zerfall stabilen Kernes um eine Einheit erhöht.

$$^{m}_{n}\mathrm{A} \rightarrow {}^{m}_{n+1}\mathrm{B} + e^{-}.$$

5. Kernumwandlungen durch γ-Strahlen.

Schließlich sind auch noch Kernumwandlungen unter Einwirkung sehr harter γ-Strahlen beobachtet worden. Der Vorgang ist dabei so zu verstehen, daß im bestrahlten Atomkern unter Aufnahme von Energie eine Umwandlung von Neutronen in Protonen oder umgekehrt stattfindet. In dem neuen, nicht mehr stabilen Zustand verläßt eine Kernpartikel den Kern, wobei ein neues Element oder Isotop gebildet wird. Grundsätzlich sind möglich die Umwandlungen (γ, α), (γ, p), (γ, d) und (γ, n). Nur der letzte Vorgang ist bekannt geworden. Das legt die Vermutung nahe, daß dabei die Energie eines Neutrons so stark erhöht wird, daß dasselbe den Kern verlassen kann.

Bei den Zerfallsvorgängen der durch γ-Strahlen aktivierten Elemente werden von P Positronen, von Cu, Zn, Ga, Br, Mo, Ag, In, Sb, Te und Ta Elektronen emittiert.

VI. Allgemeine Betrachtungen über die Stabilität der Atomkerne.

Die Vorgänge der Umwandlungen an natürlichen oder künstlichen radioaktiven Elementen geben Aufschluß über den Aufbau der Atomkerne. Als Bestandteile können dabei nachgewiesen werden Protonen ${}^{1}_{1}\mathrm{H}$, Neutronen ${}^{1}_{0}n$, ferner positive und negative Elektronen. In höherem Verbande haben der schwere Wasserstoff ${}^{2}_{1}\mathrm{D}$ und besonders der Heliumkern ${}^{4}_{2}\mathrm{He}$, das α-Teilchen wahrscheinlich eine gewisse Individualität im Atomkern, da sie ja auch als selbständige Strahlen auftreten können. Ferner werden bei sehr vielen Kernreaktionen γ-Strahlen mit zum Teil sehr hoher Energie ($h\,\nu$) ausgesandt.

Alle diese außerhalb des Kernes manifest werdenden Bestandteile lassen sich auf deren zwei zurückführen, auf das Proton, dessen Masse 1,0078 und dessen Ladung ein elektrostatisches Elementarquantum ($4{,}80 \cdot 10^{-10}$ ESE) beträgt, und auf das Neutron mit der Masse 1,0090, das keine Ladung trägt, also elektrisch neutral ist.

Atomkerne mit höherem Gewicht sind nun aus Protonen, deren Anzahl durch die Kernladungszahl Z bestimmt wird, und aus Neutronen, deren Zahl durch die Differenz zwischen Atomgewicht A und Kernladungszahl Z, also durch $A-Z$, angegeben werden kann, aufgebaut. So besteht beispielsweise der Heliumkern ${}^{4}_{2}\mathrm{He}$ aus $Z = 2$ Protonen und $A - Z = 4 - 2 = 2$ Neutronen.

Denkt man sich den Kern von He aus zwei Protonen und zwei Neutronen aufgebaut, so müßte sein Gewicht additiv zusammengesetzt $A = 2 \cdot 1{,}0078 + 2 \cdot 1{,}009 = 4{,}0336$ betragen. Genaueste Messungen liefern aber ein Gewicht von $A = 4{,}002$.

Über die Differenz von $\Delta\, m = 0{,}0316$ Atomgewichtseinheiten macht die Relativitätstheorie genauere Aussagen. Dieser sog. *Massedefekt* ist nämlich das Äquivalent der Energie, die bei der Bildung des He-Kernes aus Protonen und Neutronen frei wird, oder die umgekehrt aufgewendet werden müßte, um den He-Kern in seine Bestandteile zu zerlegen. Es ist

$$\Delta m = \frac{h\nu}{c^2}; \quad E = h\nu = \Delta m c^2.$$

Bei der Bildung von He aus seinen Kernbestandteilen wird demnach die Energie von $29{,}5 \cdot 10^6$ eV frei, und dieselbe Energie müßte aufgewendet werden zur Zerlegung. An sehr vielen Elementen ist es möglich geworden, diese Beziehungen zwischen Bindungsenergie und Massedefekt zu kontrollieren und zu bestätigen. Es liefert somit das genaue Atomgewicht nicht nur die Anzahl der im Kern vorhandenen Neutronen und Protonen, sondern auch noch dazu die Energie, mit welcher die Kernbestandteile im Atomkern gebunden sind. So läßt sich beispielsweise berechnen, daß beim vollständigen Zerfall eines Atoms Radium in Protonen und Neutronen vom Atomgewicht 226,05 die Energie von zirka $1{,}2 \cdot 10^9$ eV frei werden müßte.

Die Zahl und die Art der Anordnung der einzelnen Kernelemente sind dafür maßgebend, ob das so aufgebaute Gebilde, eben der Atomkern, stabil ist, oder ob es zerfallen muß. Je nachdem hat man einen stabilen oder aber einen radioaktiven Atomkern vor sich. Grundsätzlich wäre jede beliebige Kombination zwischen Protonen und Neutronen möglich. Tatsächlich sind aber diese Kombinationsmöglichkeiten sehr eingeschränkt. Bei kleinen Atomgewichten bis etwa 40 ist die Anzahl der Protonen und Neutronen fast genau gleich groß, d. h. das Atomgewicht ist mit Ausnahme des Wasserstoffes etwas mehr als doppelt so groß wie die Kernladungszahl. Von da an nimmt die Neutronenzahl stärker zu als die Protonenzahl. Bei Quecksilber Hg sind auf zwei Protonen genau drei Neutronen im Kern vorhanden.

Bildet man das Verhältnis der Zahl der Neutronen $A - Z$ zu der Zahl der Protonen Z, so liegt dieses bei kleineren Atomgewichten etwas über 1, um bei höheren Atomgewichten bis auf etwa 1,5 anzusteigen. Alle Atomkerne, bei denen das Neutronen-Protonen-Verhältnis stärker nach oben oder nach unten von dieser Regel abweicht, sind instabil und zerfallen. Liegt das Verhältnis über der stabilen Größe, so senden sie β-Strahlen (negative Elektronen) aus. Dabei wird im Atomkern ein Neutron in ein Proton umgewandelt. Dadurch sinkt das Verhältnis ab. Liegt das Verhältnis unter dem stabilen Wert, so sendet das Atom α-Strahlen (bei schweren Kernen) oder positive Elektronen aus. Dadurch steigt das Verhältnis an, besonders im zweiten Fall, wobei im Kern ein Proton in ein Neutron übergeht.

Es bestehen dabei sehr gewichtige Gründe zu der Annahme, daß die ausgesandten positiven oder negativen Elektronen im Kern nicht als solche vorgebildet sind, sondern erst bei den besprochenen Übergängen gebildet werden, etwa in derselben Weise, wie die Lichtquanten in der Elektronenhülle durch Energieänderungen eines Elektrons entstehen und vorher auch nicht in dieser Energieform vorliegen. Tab. 6 gibt die Neutronen-Protonen-Verhältnisse der wichtigsten künstlichen und natürlichen radioaktiven Elemente wieder. Angegeben ist das Verhältnis vor und nach der Strahlung sowie die Art der Strahlung. Wie daraus sofort zu ersehen ist, sind die Verhältnisse nach der Strahlung viel konstanter als vorher.

Tabelle 6. Neutronen-Protonen-Verhältnisse der wichtigsten künstlich und natürlich radioaktiven Elemente $\frac{Z-A}{A} = \frac{n}{p}$.

Vor Zerfall		Str.	Nach Zerfall		Vor Zerfall		Str.	Nach Zerfall	
Li	1,67	—	Be	1,00	Sc	1,09	+	Ca	1,2
Be	1,50	—	B	1,00	V	1,26	—	Cr	1,16
B	0,8	+	Be	1,25	Mn	1,24	—	Fe	1,15
C	0,84	+	B	1,2	Cu	1,27	—	Zn	1,2
C	1,33	—	N	1,00	Ge	1,15	+	Ga	1,19
N	0,86	+	C	1,16	As	1,3	—	Sc	1,22
N	1,28	—	O	1,00	Br	1,34	—	Kr	1,27
O	0,86	+	N	1,14	Ag	1,34	—	Cd	1,29
F	0,89	+	N	1,14	J	1,41	—	X	1,37
Ne	1,3	—	Na	1,09	Ir	1,47	—	Os	1,44
Na	1,18	—	Mg	1,00	Au	1,49	—	Hg	1,46
Al	1,00	+	Mg	1,17					
Al	1,15	—	Si	1,00	U X_1	1,60	—	U X_2	1,57
Si	0,93	+	Al	1.07	U X_2	1,57	—	U_{II}	1,54
Si	1,21	—	P	1,06	Ra B	1,61	—	Ra C	1,58
P	1,00	+	Si	1,14	Ra C	1,58	—	Ra C′	1,55
P	1,13	—	S	1,00	Ra C″	1,59	—	Ra D	1,56
Cl	1,00	+	Sr	1,12	Ra D	1,56	—	Ra E	1,53
Cl	1,16	—	Ar	1,00	Ra E	1,53	—	Ra F	1,50

Die Kräfte, die den Atomkern als Ganzes zusammenhalten, finden, wie bereits erwähnt, ihren meßbaren Ausdruck im Massedefekt. Nach dem COULOMBschen Gesetz müssen zwischen den geladenen Kernteilen (Protonen) abstoßende Kräfte auftreten. Da der Kern als Ganzes stabil sein kann, so müssen diese COULOMBschen Kräfte bei sehr kleinen Abständen (Größenordnung 10^{-13} cm) ihr Vorzeichen ändern oder durch anziehende Kräfte kompensiert werden. Das letztere ist der Fall.

Auf ein geladenes Elementarteilchen, das sich dem Atomkern auf sehr kleine Distanzen nähert, wirken demnach zwei Kräftekomponenten, eine abstoßende (COULOMB) und eine anziehende (Wechselwirkungskräfte). Gibt man sich durch graphische Darstellung der Arbeit, die aufgewendet werden muß, um ein geladenes Teilchen vom Unendlichen an eine bestimmte Stelle in die Nähe des Atomkernes zu bringen (Potential) Rechenschaft über die Energieverteilung in der unmittelbaren Umgebung des Kernes, so entsteht eine Kurve, bei der das Potential P zunächst mit kleiner werdendem Abstand r quadratisch ansteigt. Bei einem kritischen Abstand r_0 halten sich die abstoßenden (COULOMB) und anziehenden (Wechselwirkung) Kräfte das Gleichgewicht. Bei noch kleiner werdenden Abständen überwiegen die anziehenden Kräfte, so daß schließlich ein negativer Wert des (abstoßenden) Potentials resultiert. Den Abstand r_0 bezeichnet man als den „Kernradius" (Abb. 12).

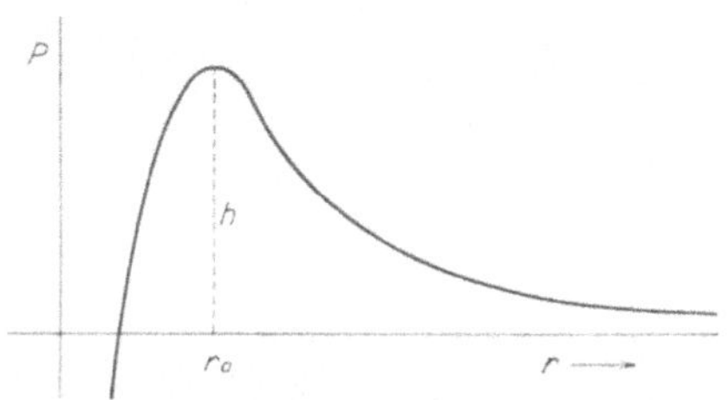

Abb. 12. Potentialverlauf als Funktion des Abstandes vom Zentrum des Atomkerns. r_0 entspricht dem „Kernradius".

Reicht die Energie eines Teilchens aus, um die Potentialschwelle h zu übersteigen, so fällt es in den „Potentialtopf" und wird vom Kern aufgenommen. Die Höhe der Potentialschwelle ist ein Maß für die Angreifbarkeit des Kernes und zugleich auch für dessen Stabilität. Je höher die Schwelle ist, desto geringer ist nämlich die Wahrscheinlichkeit, daß ein Teilchen im Inneren des Kernes dieselbe zu übersteigen vermag. Und diese Wahrscheinlichkeit ist nach früheren Überlegungen (Abschn. 1, III) die Zerfallskonstante λ des Elements.

Die Kräfte, die den Kern zusammenhalten (Wechselwirkungskräfte), lassen sich nach theoretischen Überlegungen von E. SCHRÖDINGER, H. HEISENBERG, E. GAMOW und W. PAULI aus dem Spin (magnetischen Moment) der Kernelemente verstehen. Der Spin ist gerichtet und das bedingt, daß auf einem Niveau des Kernes nur Elemente mit antiparallelem Spin nebeneinander vorhanden sein können. Zwischen solchen Teilchen werden Spin und Ladung dauernd ausgetauscht, wobei die anziehenden Wechselwirkungskräfte entstehen.

Als ganz besonders stabiler Atomkern hat sich der He-Kern, das α-Teilchen, erwiesen. Es ist leicht zu ersehen, daß in diesem Kern mit zwei Protonen und zwei Neutronen eine symmetrische Spinverteilung vorliegt, wie Abb. 13 zeigt. Der He-Kern hat auch bisher allen Versuchen einer Verwandlung widerstanden.

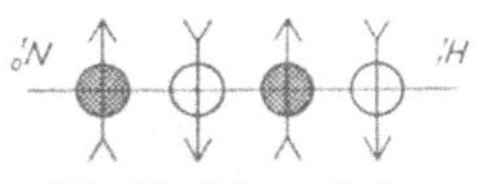

Abb. 13. Schematische Spinverteilung im Heliumkern.

Bei schwereren Kernen wird das COULOMBsche Feld schließlich so groß, daß die Wechselwirkungskräfte zu klein würden, um bei gleicher Protonen- und Neutronenzahl den Kern stabil zu erhalten. Durch den Einbau eines bestimmten Überschusses an ladungslosen Neutronen werden diese bei gleicher Ladung so stark vergrößert, daß wieder eine stabile

Konfiguration resultieren kann. Darin liegt der Grund dazu, daß die schweren Atomkerne einen Neutronenüberschuß aufweisen. In höheren Kernen hat vielleicht die Addition von zwei Protonen und zwei Neutronen, das α-Teilchen, eine gewisse Selbständigkeit.

Wegen der gleichmäßigen antiparallelen Spinverteilung sind Kerne mit gerader Neutronen- und Protonenzahl stabiler als solche mit ungeraden Anzahlen. Am stabilsten erweisen sich aber die Atomkerne, deren Aufbau ein Vielfaches des Heliumkernes darstellt. Sie haben im uns bekannten Teil des Weltalls auch die größte Verbreitung.

Zweiter Abschnitt.

Wirkung der Radiumstrahlen.

Es kann keinem Zweifel unterliegen, daß in einem beliebigen Medium nur derjenige Anteil einer Strahlung irgend eine Wirkung hervorrufen kann, der beim Durchgang dieser Strahlung in dem Medium zurückgehalten wird. Alle feststellbaren Wirkungen, seien sie elektrischer, chemischer, thermischer oder biologischer Natur, sind demnach mit dem Schwächungsvorgang der Strahlung im beobachteten Medium aufs engste verknüpft. Die Frage, welche der beobachteten Wirkungen bei einer Bestrahlung auftreten, ist zunächst weniger eine solche nach der Art der Strahlung, als vielmehr nach der Reaktionsmöglichkeit des die Strahlung aufnehmenden Objekts. Es ist deshalb der Schwächungsvorgang das Primäre bei allen Strahlenwirkungen und die manifest werdende Wirkung wesentlich eine Frage des schwächenden Objekts. Es darf somit gesagt werden, daß in einem bestrahlten Objekt alle beobachtbaren Reaktionen (Photoeffekt, Lumineszenz, Erwärmung, Ionisation, Anregung zu chemischen Reaktionen) in mehr oder weniger hohem Maße ausgelöst werden, wobei allerdings der die Strahlung schwächende Körper in sehr verschiedenem Maße in der obigen Art auf die Strahlung sichtbar reagiert.

Von geringerer Bedeutung ist dabei die Art der Strahlung, da bei den α-, β- und γ-Strahlen für alle Reaktionsmöglichkeiten die notwendigen Energien weit überschritten sind. Es soll hier beigefügt werden, daß das beispielsweise für Lichtstrahlen nicht in dieser allgemeinen Formulierung gilt, da hier zur Anregung eines Quantensprunges (Lumineszenz) oder zur Ablösung eines Elektrons (Photoeffekt) die notwendige Energie durch Quanten geringerer Energie eben nicht erreicht wird.

Trotzdem also die Strahlen der radioaktiven Substanzen zu allen Prozessen, die sich in der Elektronenhülle des schwächenden Atoms abspielen, bei weitem genügend Energie besitzen, so ist doch die Reaktion quantitativ bei den einzelnen Strahlenarten recht verschieden. Deswegen sollen die Schwächungsvorgänge im einzelnen besprochen werden.

I. Schwächung der α-Strahlen.

Zahlreiche Versuche mit Hilfe der Nebelmethode von WILSON oder von Zählverfahren haben ergeben, daß α-Strahlen in Luft und anderen Substanzen eine ganz charakteristische Reichweite haben. Diese Reichweiten schwanken von einer Substanz zur anderen (vgl. Tab. 1), sind aber für ein und dieselbe Substanz immer gleich. Die α-Strahlen haben bestimmte Geschwindigkeiten. Diese Tatsache zeigt sich in besonders sinnfälliger Weise, wenn man die α-Strahlung magnetisch spektral zerlegt. Die Spektrogramme sind Linienspektren, wobei die Linien bestimmten Geschwindigkeiten entsprechen. Zum Teil haben die Elemente mehr als eine Linie. Die Energiedifferenz zwischen den Linien entspricht dabei der gleichzeitig ausgesandten γ-Strahlung.

Die konstante Reichweite findet neben der Konstanz der Geschwindigkeit der α-Strahlen ihre Ursache noch in dem Umstand, daß die Zahl der die schwächende Substanz durchdringenden α-Strahlen bis etwa 1 cm (Luft) vor Ende der Reichweite konstant bleibt, um dann sehr schnell auf 0 zu fallen.

H. GEIGER hat den Zusammenhang zwischen Geschwindigkeit und Reichweite in die einfache Formel bringen können:

$$v^3 = a\,R.; \quad a = 1{,}076 \cdot 10^{27}.$$

Unter der Voraussetzung der Gültigkeit dieser Beziehung ergibt sich für ein α-Teilchen mit der Reichweite R_0, das schon die Strecke x durchlaufen hat, die Geschwindigkeit zu

$$v_x{}^3 = a\,(R_0 - x).$$

Von besonderer Bedeutung ist die Schwächung der α-Strahlen in Luft. Dabei werden die Luftmoleküle ionisiert, indem das α-Teilchen aus den Elektronenhüllen Elektronen freimacht. Es hat sich dabei gezeigt, daß die Zahl der auf der Längeneinheit seiner Bahn erzeugten Ionen der Geschwindigkeit des α-Teilchens umgekehrt proportional ist. Die Messung dieser Zahl durch BRAGG hat weitgehende Übereinstimmung mit der GEIGERschen Formel ergeben, wie Abb. 14 zeigt.

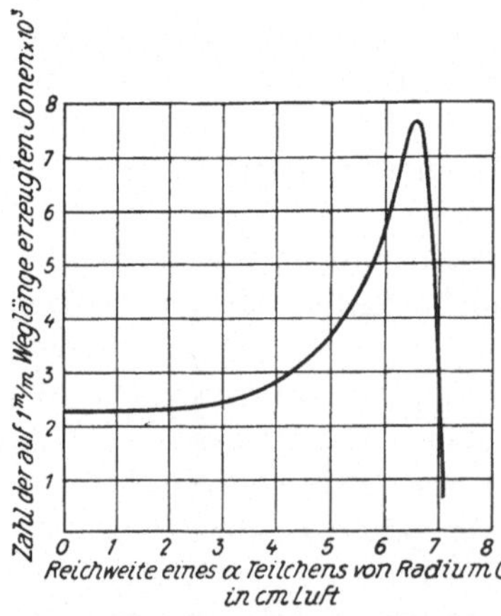

Abb. 14. Ionisation eines α-Strahles für verschiedene Punkte seiner Reichweite (nach BRAGG).

Die Reichweiten in Luft sind in Tab. 1, S. 7, angegeben. Interessant sind daneben vor allen Dingen auch noch die Reichweiten in festen und flüssigen Stoffen, da sie Anhaltspunkte über die Reichweite im biologischen Gewebe ergeben.

Tabelle 7. Reichweiten der α-Strahlen von RaC′ und Po in verschiedenen Substanzen.

Stoff	R_0 (Ra C′) cm	R_0 (Po) cm	Stoff	R_0 (Ra C′) cm	R_0 (Po) cm
Luft	6,60	3,72	H_2O	0,00600	0,00320
H_2	30,93	16,83	C_2H_5OH	0,00705	0,00371
He.............	32,54	17,62	C_6H_6	0,00700	0,00363
CH_4	—	4,18	CS_2...........	—	0,00367
CH_3Br	—	1,86	$CHCl_3$	—	0,00343

Wie aus Tab. 7 zu entnehmen ist, beträgt die Reichweite der α-Strahlen im biologischen Gewebe 30 bis 70 μ, sie durchfliegen also etwa zehn Zellen. Diese Feststellung ist insofern sehr wichtig, als daraus zu ersehen ist, daß irgendeine therapeutische Wirkung mit α-Strahlen nur dann erwartet werden darf, wenn es gelingt, die α-strahlende Substanz dem zu bestrahlenden Gewebe direkt einzuverleiben. Das dürfte wohl am besten mit der Emanation möglich sein, die sich leicht in neutrale Trägerflüssigkeiten oder in aktiver Kohle aufnehmen läßt.

Von irgend einer α-Wirkung durch die Haut hindurch, wie sie von gewissen Radium vertreibenden Firmen für Kompressen oder andere auf der Körperoberfläche tragbare Applikatoren (radioaktive Wäsche) angepriesen wird, kann nach den obigen Ausführungen keine Rede sein.

Bei der Schwächung der α-Strahlen, der Strahlen überhaupt, spielt noch ein zweiter Faktor eine Rolle, die Streuung. Läßt man nämlich ein dünnes Bündel α-Strahlen durch eine wachsende Schicht eines schwächenden Mediums hindurchgehen, so beobachtet man, daß das Bild des Bündels auf einer photographischen Platte um so größer ist, je dicker die schon durchsetzte Schicht.

Der Streuvorgang von α-Strahlen ist weniger von praktischer Bedeutung als von theoretischem Interesse. Er bietet nämlich die Grundlage dazu, die Kernkräfte zu messen (Abschnitt 1, IV) und die Größe des Atomkernes (r_0) zu bestimmen. So hat man berechnen können, daß bis zu Abständen von $7 \cdot 10^{-13}$ cm die Coulombschen Gesetze noch exakte Gültigkeit haben. Die Streuverhältnisse für α-Strahlen sind in Abb. 15 schematisch wiedergegeben.

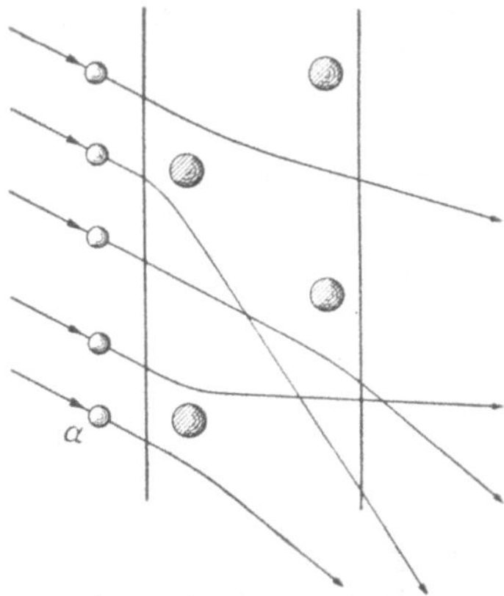

Abb. 15. Schematische Darstellung der Streuung von α-Strahlen an einer dünnen Atomschicht.

II. Schwächung der β-Strahlen.

Die besonderen Vorgänge bei der Schwächung der β-Strahlen lassen sich verstehen aus deren besonderem Charakter. β-Strahlen (Abschn. 1, II, 2) sind schnelle bis sehr schnelle Elektronen. Sie sind deshalb besonders durch geringe Masse und im Verhältnis dazu sehr hoher elektrischer Ladung gekennzeichnet. Demnach kann vorweggenommen werden, daß es sich bei der Schwächung von β-Strahlen im wesentlichen um Vorgänge handeln muß, bei denen elektrische Kräfte eine Rolle spielen.

Zur quantitativen Berechnung des Energieverlustes eines zunächst homogenen und parallelen β-Strahlenbündels wurde von P. LENARD der folgende Ansatz angewendet. Die Energie des β-Strahlenbündels setzt sich zusammen aus der Energie ε des einzelnen β-Strahles und der Zahl Z der einzelnen Elektronen, also:

$$E = Z\,\varepsilon.$$

Demnach setzt sich die Energieabnahme, die die Strahlung beim Durchgang durch ein Medium erfährt, zusammen aus dem Energieverlust der einzelnen Elektronen und der Abnahme der Elektronenzahl.

$$-dE = Z\,d\varepsilon + \varepsilon\,dZ.$$

Findet die Schwächung längs der Wegstrecke dx statt, so verwandelt sich die Gleichung in

$$\frac{1}{Z}\frac{dZ}{dx} + \frac{1}{\varepsilon}\frac{d\varepsilon}{dx} = \mu_Z + \mu_\varepsilon = \mu_\beta.$$

Man bezeichnet $\frac{1}{Z}\frac{dZ}{dx} = \mu_Z$ den Schwächungskoeffizienten nach der Zahl und $\frac{1}{\varepsilon}\frac{d\varepsilon}{dx} = \mu_\varepsilon$ den Schwächungskoeffizienten nach der Energie.

$$\frac{dE}{dx} = -\mu_\beta E.$$

$$\underline{E = E_0\,e^{-\mu_\beta x}.}$$

Tabelle 8. Schwächungskoeffizienten der β-Strahlung verschiedener Elemente in Al.

Element	μ
U X_1	510
U X_2	14
Ra	312
Ra B	13; 18; 890
Ra C	13; 53
Ra D	5500
Ra E	43

Es ist bisher nicht endgültig entschieden worden, ob das Schwächungsgesetz tatsächlich in dieser Form streng gültig ist. Schon aus der Tatsache des zusammengesetzten Schwächungskoeffizienten ist wahrscheinlich, daß das nicht der Fall ist. Trotzdem darf das Schwächungsgesetz in der einfachen Form der Exponentialfunktion für alle praktischen Fragen als hinreichend genau angesehen werden, wie in letzter Zeit besonders von W. MINDER dargetan werden konnte. Über die tiefere Bedeutung des exponentiellen Schwächungsgesetzes soll im nächsten Abschnitt 2, III, eingehender berichtet werden. Hier seien noch einige Werte des Schwächungskoeffizienten μ für verschiedene Strahlungen und Stoffe zusammengestellt (siehe Tab. 8).

Bei Untersuchung der Schwächung durch verschiedene Stoffe kann festgestellt werden, daß der Massenschwächungskoeffizient $\frac{\mu}{\varrho}$ (Schwächungskoeffizient bezogen auf Masseneinheit) mit zunehmender Dichte wächst. Dieses Anwachsen ist aber nicht streng linear, sondern neben der Dichte auch noch abhängig von der Kernladungszahl des schwächenden Stoffes. Tab. 9 gibt davon einen Überblick für die β-Strahlung von U X_2.

Tabelle 9. Massenschwächungskoeffizienten $\frac{\mu}{\varrho}$ der β-Strahlung von U X_2 in verschiedenen Stoffen mit verschiedener Dichte ϱ.

Stoff	ϱ	$\frac{\mu}{\varrho}$	Stoff	ϱ	$\frac{\mu}{\varrho}$
C	1,8	4,4	J	4,9	10,8
S	2,0	6,6	Sn ...	7,3	9,46
B	2,4	4,65	Cn ...	8,9	6,8
Al	2,7	5,26	Pb ...	11,3	10,8
Ba ...	3,8	8,8	Au ...	19,3	9,5

III. Schwächung der γ-Strahlen.

1. Allgemeine Betrachtungen.

Entsprechend der Wellennatur der γ-Strahlung sind die Schwächungsvorgänge der γ-Strahlen von denen der β- und ganz besonders der α-Strahlen verschieden. Wie in Abschn. 1, II, 3 gezeigt worden ist, umfaßt das γ-Spektrum Wellenlängen zwischen 1365 und 4,48 X E. Wegen ihrer qualitativen Übereinstimmung mit den Röntgenstrahlen können deren Schwächungsgesetze ohne weiteres auf die γ-Strahlen übertragen werden.

Betrachtet man ein paralleles γ-Strahlenbündel, das eine Substanz durchsetzt, etwa wie das in Abb. 16 schematisch dargestellt ist, so lassen sich die folgenden Gesetzmäßigkeiten ableiten:

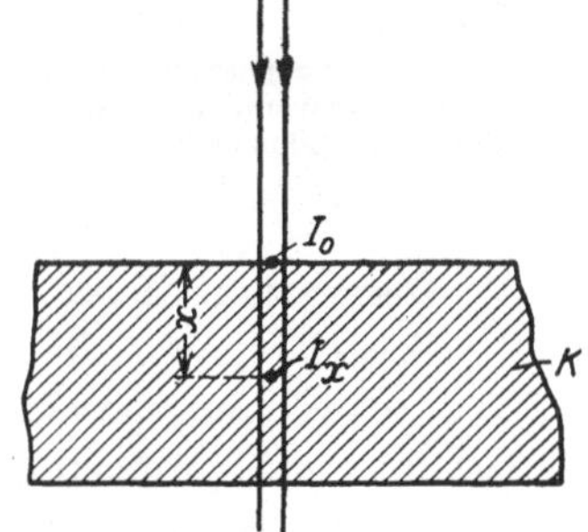

Abb. 16. Schwächung eines parallelen Strahlenbündels von der Intensität J_0 auf die Intensität J_x auf der Wegstrecke x in einem schwächenden Körper K.

Das Bündel habe vor dem Eintritt in den schwächenden Stoff die Intensität J_0. Nach dem Durchgang durch die Schicht von der Dicke x sei es geschwächt worden auf die Intensität J_x. Die Differenz $J_0 - J_x$ ist also derjenige Anteil der Strahlung, der in der Schichtdicke x zurückgehalten worden ist und damit darin zur Wirkung gelangen kann. Das ist eine Forderung des Energieprinzips. Nur die zurückgehaltene Strahlung kommt zu einer Wirkung.

Macht man noch die Annahme, daß für jedes Wegelement dx der zurückgehaltene Anteil $-dJ$ der an diesem Wegpunkt herrschenden

Intensität J linear proportional sei, so ist damit der Ansatz zum Schwächungsgesetz vorhanden:

$$-\frac{dJ}{dx} = \mu J.$$

Das Minuszeichen gibt dabei an, daß es sich um eine Abnahme der Intensität handelt.

Die obige Differentialgleichung läßt sich auch schreiben:

$$-\frac{dJ}{J} = \mu\, dx.$$

Als Grenzen für die Integration sind für die Intensität zu nehmen vor dem Eintritt der Strahlung J_0 und nach Durchgang J; für die Schichtdicken vor dem Eintritt die Dicke 0, nach Durchgang die Dicke x. Die Gleichung lautet demnach:

$$-\int_{J_0}^{J} \frac{dJ}{J} = \int_{0}^{x} \mu\, dx.$$

Nach den Regeln der Integration erhält man daraus:

$$\lg \frac{J}{J_0} = -\mu x,$$

und wenn man vom Logarithmus zum Numerus übergeht, so resultiert das Schwächungsgesetz in der bekannten Form:

$$J = J_0 e^{-\mu x}.$$

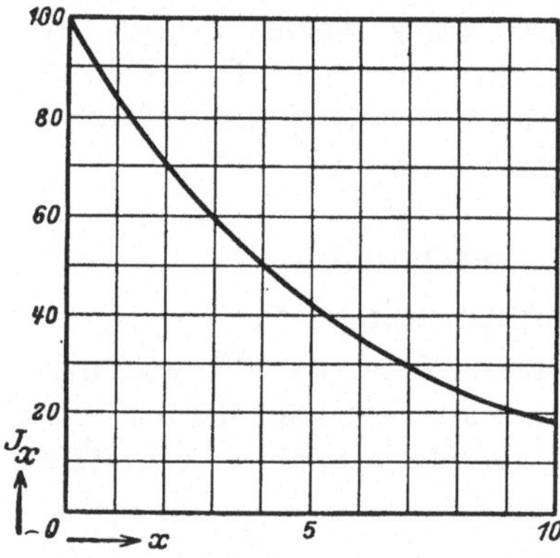

Abb. 17. Graphische Darstellung des Schwächungsverlaufes. Abszisse: Schichtdicken x, Ordinate: Intensitäten J_x in Prozent der Anfangsintensität.

Der Verlauf dieser Funktion ist in Abb. 17 wiedergegeben.

Es sollen davon die wichtigsten Inhalte in Erinnerung gerufen werden. Das Schwächungsgesetz ergibt sich aus der Annahme, daß die Schwächung der Intensität proportional sei. Für die Intensität $J = 1$ ist die Schwächung gleich dem *Schwächungskoeffizienten* μ. Dieser ist im obigen Gesetz eine Konstante und hat die Dimension (cm^{-1}). $\mu = \frac{1}{J}\frac{dJ}{dx}$.

Das Schwächungsgesetz ist ein Exponentialgesetz. Bildet man den natürlichen Logarithmus des Quotienten der Intensitäten nach und von dem Durchgang durch die Schichtdicke x, so erhält man mit variablem x eine lineare Gleichung unter der Voraussetzung, daß μ eine Konstante bedeutet. Wählt man dabei die Schichtdicke $x = 1$ cm, so erhält man den numerischen Wert für

$$\mu = -\lg \frac{J}{J_0}; \text{ für } x = 1 \text{ cm}.$$

Das Schwächungsgesetz erlaubt, bei Kenntnis der Intensität J_0 der Strahlung, ferner des Schwächungskoeffizienten und der Schichtdicke, die Intensität an jedem beliebigen Punkte ihres Weges zu berechnen. Ferner gestattet es, den zurückgehaltenen Anteil zu bestimmen. Dieser ist bekanntlich

$$J_0 - J = J_0 (1 - e^{-\mu x}).$$

Von wesentlicher praktischer Bedeutung ist die *Halbwertschicht* HWS der schwächenden Substanz. Sie ist diejenige Schichtdicke $x = \text{HWS}$, welche die einfallende Strahlung auf die Hälfte der Anfangsintensität zu schwächen vermag.

$$J = \frac{J_0}{2}; \quad \frac{J_0}{2} = J_0^{-\mu x},$$

$$\lg \frac{J_0}{2 J_0} = -\mu x; \quad \lg \frac{1}{2} = -\mu x,$$

$$\lg 2 = \mu x,$$

$$\text{HWS} = \frac{1}{\mu} \lg 2 = \frac{0,693}{\mu}.$$

$$\mu = \frac{0,693}{\text{HWS}}.$$

Die Halbwertschicht bildet somit ein verhältnismäßig einfaches Mittel zur Bestimmung des Schwächungskoeffizienten.

Zur praktischen Bestimmung der HWS verfährt man so, daß die Strahlung so lange durch steigende Dicken der schwächenden Substanz geschickt wird, bis ihre Intensität auf die Hälfte gefallen ist.

Nach einer internationalen Übereinkunft mißt man die Halbwertschichten für Strahlungen oberhalb 1 Å = 1000 XE in Cellon, diejenigen zwischen 1 Å und etwa 0,15 Å = 150 XE in Al, weiter für Strahlungen zwischen 0,15 Å bis etwa 0,04 Å = 40 XE in Cu und schließlich für die härtesten Strahlungen von 40 — 5 XE in Sn oder besser Pb. Von diesen Messungen hat die erstere in Cellon oder einer anderen „luftäquivalenten" Substanz (vgl. Abschn. 3, VIII) ihre besondere Bedeutung für die Charakterisierung der β-Strahlen, während für γ-Strahlen HWS-Messungen in Pb allgemein üblich sind.

Bei einer vertieften Betrachtungsweise des Schwächungsvorganges kann festgestellt werden, daß dabei nicht nur eine Schwächung der Strahlung auftritt, sondern auch eine teilweise Ablenkung aus der ursprünglichen Richtung. Ferner konnte besonders durch E. A. Compton sowie später durch E. Goldhaber und F. Griffith experimentell gezeigt werden, daß dabei auch eine Wellenlängenveränderung der Strahlung auftritt. Demgemäß setzt sich der Schwächungsvorgang aus zwei verschiedenen Vorgängen zusammen, von denen der eine, die *Absorption*, nur zur Schwächung des γ-Strahlenbündels beiträgt, während der andere, der Vorgang der *Streuung*, neben der Schwächung zu einer Richtungsänderung und einer Wellenlängenänderung der primären Strahlung Anlaß gibt. Dabei setzt sich der Schwächungskoeffizient μ zusammen aus dem *Absorptionskoeffizienten* α und dem *Streukoeffizienten* σ

$$\mu = \alpha + \sigma; \quad J = J_0 e^{-(\alpha + \sigma)x}.$$

2. Abhängigkeit des Schwächungskoeffizienten.

Verwendet man zu Schwächungsversuchen oder zur Bestimmung der HWS Stoffe mit verschiedener Zusammensetzung, so ist sofort zu ersehen, daß μ in starkem Maße von der Natur, besonders von der Dichte des schwächenden Stoffes abhängt. Der Schwächungskoeffizient ist also zunächst eine Materialkonstante, die sich bei verschiedenen Materialien besonders mit deren Dichte ändert. Bildet man den Quotienten aus Schwächungskoeffizient μ und Dichte ϱ, so erhält man den *Massenschwächungskoeffizienten*, der sich ebenfalls aus *Massenabsorptionskoeffizient* und *Massenstreukoeffizient* zusammensetzt.

$$\frac{\mu}{\varrho} = \frac{\alpha}{\varrho} + \frac{\sigma}{\varrho}.$$

Auch der Koeffizient $\frac{\mu}{\varrho}$ ist noch wesentlich von der schwächenden Substanz abhängig und nimmt mit steigender Kernladungszahl stark zu.

a) *Der Absorptionsvorgang.*

Die Zusammensetzung des Schwächungskoeffizienten ist der Ausdruck dafür, daß der Schwächungsvorgang eine komplexe Erscheinung ist. Betrachtet man zunächst den Absorptionsvorgang für sich allein etwa auf quantentheoretischer Grundlage, so sind sofort Ansätze über dessen Wesen zu machen. Nach der Quantentheorie besteht die γ-Strahlung (jede elektromagnetische Strahlung) aus Quanten, denen jedem die Energie $h\nu$ zugeordnet werden kann. Die Größe $h = 6{,}62 \cdot 10^{-27}$ Erg. sec ist dabei die Planckschhe Konstante und entspräche der Energie eines Quants, dessen Frequenz $\nu = 1$ (also eine Schwingung pro Sekunde) betrüge. Trifft nun ein Quant (Photon) von der Energie $h\nu$ auf irgendeinen absorbierenden Stoff, so gibt es seine Energie an denselben ab. Dieser Stoff aber besteht aus (verhältnismäßig wenigen und kleinen) Atomkernen und aus (verhältnismäßig vielen und für ein beliebiges Quant beliebig verteilten) Elektronen, deren „Größe" der Größe der Kerne kaum wesentlich nachsteht. Bei der Schwächung in Blei Pb finden sich beispielsweise pro Atomkern ($r_0 = 8 \cdot 10^{-13}$ cm) 82 Elektronen ($a = \frac{e^2}{m_0 c^2} = 2{,}8 \cdot 10^{-13}$ cm), so daß das ankommende Photon mit großer Wahrscheinlichkeit auf ein Elektron trifft. Dieses Elektron ist aber durch die Coulombschen Kräfte an den Atomkern gebunden. Es wird aus dem Verband freigemacht und bis zu einer bestimmten Geschwindigkeit v beschleunigt. Es besitzt dann die kinetische Energie $\frac{m}{2} v^2$. Nach dem Energieprinzip ist diese gegeben durch:

$$E = h\nu = \frac{m}{2} v^2 - A.$$

Die Größe A bedeutet dabei die Arbeit, die zur Abtrennung des Elektrons aus dem Atomverband geleistet werden müßte (Ablösearbeit). Diese ist bei γ-Strahlen gegen die kinetische Energie des Elektrons $\frac{m}{2} v^2$ klein und darf vernachlässigt werden. Beim Absorptionsvorgang wird also die gesamte Energie des absorbierten Quants $h\nu$ auf ein Elektron übertragen und manifestiert sich hier als kinetische Energie $\frac{m}{2} v^2$.

Es ist nun sofort ersichtlich, daß die Zahl der Absorptionsakte um so größer sein muß, je mehr Elektronen pro Volumeneinheit vorhanden sind. Da aber das Grammatom einer jeden Substanz $6{,}03 \cdot 10^{23}$ Atome enthält und die Dichte der Stoffe nicht linear mit der Kernladungszahl (Anzahl der Hüllelektronen) zusammenhängt, so ist leicht einzusehen, daß der Massenabsorptionskoeffizient $\frac{\alpha}{\varrho}$ mit der Kernladungszahl veränderlich sein muß.

Diese Veränderlichkeit ist tatsächlich auch beobachtet worden. Es hat sich dabei gezeigt, daß der Massenabsorptionskoeffizient mit einer höheren Potenz der Kernladungszahl Z ansteigt.

$$\frac{\alpha}{\varrho} = C Z^p.$$

Die experimentell gefundenen Werte von p variieren nach den Untersuchungen von Glocker, Küstner, Wing, Richtmyer und Allen zwischen 2,58 und 2,92. Für γ-Strahlen darf der runde Wert von $p = 3$ angenommen werden, da der Absorptionsvorgang hier von untergeordneter Bedeutung ist.

Aber der Massenabsorptionskoeffizient zeigt noch eine weitere Abhängigkeit. Verwendet man zu Absorptionsversuchen γ- oder Röntgenstrahlen mit verschiedener Wellenlänge, so sieht man, daß der Massenabsorptionskoeffizient stark von der Wellenlänge abhängt.

Die klassische Theorie von J. J. Thomson und A. Sommerfeld zeigt, daß die Absorption mit der dritten Potenz der Wellenlänge ansteigt. Experimentelle Untersuchungen haben diesen Verlauf bestätigt, wobei allerdings die Größe des Exponenten je nach dem verwendeten Ansatz einige, wenn auch nicht wesentliche Schwankungen aufwies.

Am besten wird der Verlauf des Massenabsorptionskoeffizienten durch die Formel von K. F. Richtmyer wiedergegeben. Diese lautet:

$$\underline{\frac{\alpha}{\varrho} = 0{,}0136 \frac{Z^4}{A} \lambda^3.}$$

Darin bedeuten Z die Kernladungszahl, A das Atomgewicht und λ die Wellenlänge. Da das Atomgewicht, wenigstens für leichtatomige Substanzen, angenähert die doppelte Kernladungszahl beträgt, so ergibt sich der in der früheren Formel angegebene Verlauf mit $p = 3$, und für leichtatomige Stoffe kann die RICHTMYERsche Formel auch geschrieben werden:

$$\frac{\alpha}{\varrho} = 0{,}0068 \cdot Z^3 \lambda^3.$$

In Tab. 10 sind einige Massenabsorptionskoeffizienten von Pb und Al, berechnet nach der Formel von RICHTMYER, wiedergegeben.

Tabelle 10. Massenabsorptionskoeffizienten von Pb und Al für verschiedene Wellenlängen nach RICHTMYER.

λ in XE	$\frac{\alpha}{\varrho}$ Pb	$\frac{\alpha}{\varrho}$ Al
1	$2{,}99 \cdot 10^{-6}$	$9{,}73 \cdot 10^{-9}$
2	$2{,}39 \cdot 10^{-5}$	$7{,}78 \cdot 10^{-8}$
5	$3{,}75 \cdot 10^{-4}$	$1{,}22 \cdot 10^{-6}$
10	$2{,}99 \cdot 10^{-5}$	$9{,}73 \cdot 10^{-6}$
20	$2{,}39 \cdot 10^{-2}$	$7{,}78 \cdot 10^{-5}$
50	0,373	$1{,}22 \cdot 10^{-3}$
100	2,99	$9{,}73 \cdot 10^{-3}$
200	23,9	$7{,}78 \cdot 10^{-2}$
500	37,3	1,22
1000	—	9,73

Den angegebenen Werten kommt allerdings keine absolute Bedeutung zu, weil es nicht möglich ist, bei Schwächungsmessungen die Absorption für sich allein zu bestimmen. Ferner zeigen die gebrochenen Exponenten von λ und besonders von Z, daß der wirkliche Verlauf wahrscheinlich durch ein komplizierteres Gesetz wiedergegeben werden müßte.

Die Berechnung gibt deshalb nur Näherungswerte, aus denen sich aber die Größenordnung gut entnehmen läßt. Wie schon weiter oben erwähnt wurde, ist aber die Absorption für γ-Strahlen deshalb weniger bedeutungsvoll, weil deren Wellenlängen, wenigstens für die Praxis, auf den Spektralbereich unter etwa 50 XE beschränkt wird. Unterhalb dieser Grenze nimmt aber wegen seiner hohen Wellenlängenabhängigkeit der Massenabsorptionskoeffizient derartig kleine Werte an, daß er gegen den Massenstreukoeffizienten nicht mehr wesentlich ins Gewicht fällt.

b) *Der Vorgang der Streuung.*

Bei kurzen Wellenlängen der in ein schwächendes Medium eintretenden Strahlung ist die Energie des Primärphotons besonders gegenüber den loser gebundenen äußeren Elektronen des schwächenden Atoms so groß, daß zu deren Abtrennung und Beschleunigung nicht mehr die gesamte Energie des Photons verwendet werden kann. Der nicht verwendete Energieanteil geht dabei als gestreute Strahlung mit veränderter Wellenlänge und veränderter Richtung weiter. Die quantenhafte Beziehung über den Streuvorgang lautet:

$$h\nu = \frac{m}{2} v^2 + h\nu'.$$

Die von A. H. COMPTON und P. DEBYE durchgeführte Rechnung über die Änderung der Wellenlänge, die Richtung des gestreuten Quants $h\nu'$ und die Richtung des Streuelektrons mit der Energie $\frac{m}{2}v^2$ führten zu den einfachen Gleichungen:

$$\Delta\lambda = \lambda - \lambda' = 2\Lambda\sin^2\frac{\Theta}{2}.$$

$$\operatorname{tg}\vartheta = \frac{\frac{\lambda}{\Lambda}}{1+\frac{\lambda}{\Lambda}}\operatorname{ctg}\frac{\Theta}{2}.$$

Darin bedeuten $\Delta\lambda$ die Vergrößerung der Wellenlänge der gestreuten Strahlung von λ auf λ', Θ den Winkel zwischen der Richtung des primären Photons und des gestreuten Photons, ϑ den Winkel der Richtung des Streuelektrons zu der Primärstrahlung und $\Lambda = \frac{h}{m_0 c} = 24{,}2$ XE die sog. COMPTONsche Grundwellenlänge, deren Frequenz $\frac{c}{\Lambda}$ multipliziert mit der PLANCKschen Konstanten h der Ruhenergie des Elektrons entspricht $\frac{hc}{\Lambda} = m_0 c^2$.

Die Verhältnisse sind in Abb. 18 nach P. DEBYE dargestellt. Die Abb. 18 zeigt ein ankommendes Photon entsprechend einer Wellenlänge von $\lambda = \Lambda = 24{,}2$ XE $= 0{,}0242$ Å. Im Zentrum der Abbildung trifft das Photon auf ein Elektron, dem es eine kinetische Energie $E = \frac{m}{2}v^2$ erteilt. Dieses bewegt sich zur Primärstrahlenrichtung unter einem Winkel ϑ, mit der Geschwindigkeit entsprechend der Länge der Vektoren 1, 2, 3, 4, ... Das gestreute Quant wird abgelenkt unter dem Winkel Θ, wobei seine Energie $h\nu'$ durch die Vektoren 1, 2, 3, 4, ... dargestellt werden kann. Je zwei Vektoren mit derselben Nummer gehören zusammen.

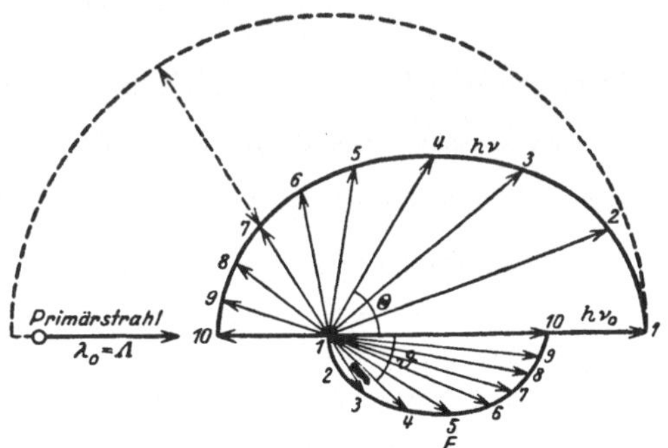

Abb. 18. Darstellung des COMPTON-Effekts. Im Zentrum der Abbildung trifft ein Photon $h\nu$ mit einer Wellenlänge Λ auf ein Elektron. Das Photon kann dabei unter verschiedenen Winkeln Θ in den Richtungen 1 bis 10 der oberen Hälfte der Abbildung gestreut werden. Das Elektron wird dabei unter den Winkeln ϑ beschleunigt. Je zwei Vektoren mit der gleichen Nummer gehören zusammen.

Aus der Abb. 18 ist zu ersehen, daß beim Streuvorgang zunächst die gestreute und in der Qualität erweichte γ-Strahlung jede beliebige Richtung einnehmen kann. Die gestreute Strahlung ist aber um so weicher, je mehr ihre Richtung von der Richtung der Primärstrahlung abweicht. Die beim Streuvorgang entstehenden Elektronen haben alle beliebigen Geschwindigkeiten zwischen 0 bei $\vartheta = 90°$ und einer maximalen Geschwindigkeit, die dann erreicht wird, wenn das Elektron in Richtung der Primärstrahlung beschleunigt wird. Ihre Richtungsverteilung ist derart, daß sie unter allen Umständen eine Bewegungskomponente in Richtung der Primärstrahlung haben müssen. Es kommen also beim Streuvorgang keine Elektronen nach rückwärts.

Aus den obigen Überlegungen über den COMPTON-Effekt ist es möglich, den Streukoeffizienten σ angenähert zu berechnen. Die Rechnung ist in den Einzelheiten recht kompliziert, so daß hier nur das Resultat nach W. BOTHE wiedergegeben wird. Darnach ist

$$\frac{\sigma}{\varrho} = \sigma_0 \frac{1}{1 + \frac{3}{2}\frac{\Lambda}{\lambda} + \frac{2}{3}\left(\frac{\Lambda}{\lambda}\right)^2}.$$

Der Wert $\sigma_0 = \frac{8\pi e^4}{3 m^2 c^4} \cdot n = 6{,}64 \cdot 10^{-25} \cdot n$ entspricht dabei dem Streukoeffizienten für sehr lange Wellen. n ist die Anzahl der Elektronen pro Masseneinheit der streuenden Substanz und berechnet sich zu $n = \frac{LZ}{A}$. Daraus ergibt sich unter Berücksichtigung der Zahlenwerte

$$\frac{\sigma}{\varrho} \approx 0{,}4 \frac{Z}{A} \frac{1}{1 + \frac{3}{2}\frac{\Lambda}{\lambda} + \frac{2}{3}\left(\frac{\Lambda}{\lambda}\right)^2}.$$

Der Ausdruck der obigen Formel zeigt zunächst, daß $\frac{\sigma}{\varrho}$ mit der chemischen Zusammensetzung der Substanz nur noch wenig veränderlich ist, da der Wert von $\frac{Z}{A}$ von 0,5 bis 0,36 variiert. Ferner zeigt sich, daß auch die Wellenlängenabhängigkeit nur noch derart ist, daß $\frac{\sigma}{\varrho}$ nur innerhalb enger Grenzen sich verändert. Diese theoretischen Überlegungen decken sich gut mit den experimentellen Feststellungen, bei denen gezeigt werden konnte, daß auch die Wellenlängenkonstanz innerhalb weiter Grenzen gewährleistet ist. Bei sehr kleinen λ sinkt $\frac{\sigma}{\varrho}$ gegen 0. In Tab. 11 sind für leichtatomige Substanzen, bei denen $\frac{Z}{A} = 0{,}5$ beträgt, einige berechnete Werte für $\frac{\sigma}{\varrho}$ wiedergegeben.

Die Summe des Massenabsorptionskoeffizienten und des Massenstreukoeffizienten gibt den Massenschwächungskoeffizienten. Tab. 12 gibt diese Verhältnisse wieder für Al verglichen mit gemessenen Werten.

Wie Tab. 12 zeigt, ist die Übereinstimmung zwischen den berechneten und gemessenen Werten des Massenschwächungskoeffizienten besonders für längere Wellen nicht mehr sehr gut, da sich hier die Abweichungen des Exponenten für λ von 3 besonders stark bemerkbar machen. Dagegen ist die Übereinstimmung zwischen berechneten und gemessenen Werten in dem Gebiet der Röntgen- und γ-Strahlung, das für praktisch therapeutische Zwecke Verwendung findet, befriedigend. Messungen darüber zeigt die Abb. 19 an Röntgenstrahlen in Wasser und Kupfer. Ferner sind in Abb. 20a und b die Verhältnisse für den Absorptions- bzw. Streuvorgang schematisch wiedergegeben.

Tabelle 11. Massenstreukoeffizienten leichtatomiger Substanzen für verschiedene Wellenlängen nach BOTHE.

λ XE	$\frac{\sigma}{\varrho}$	λ XE	$\frac{\sigma}{\varrho}$
0	0	50	0,104
1	0,00404	100	0,125
5	0,0181	250	0,167
10	0,0342	500	0,183
25	0,0684	1000	0,191

Im Tab. 13 sind schließlich die Werte für den Massenschwächungskoeffizienten an biologisch wichtigen Substanzen nach H. KÜSTNER extrapoliert nach kleinen Wellenlängen zusammengestellt.

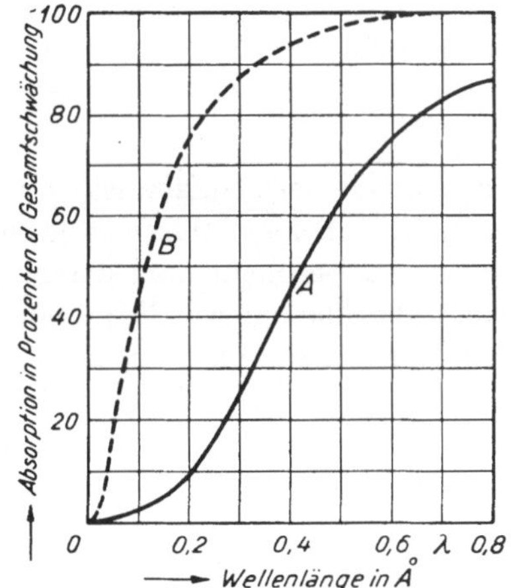

Abb. 19. Verhältnis von Absorption und Schwächung in Wasser A und in Kupfer B. Abszisse: Wellenlängen, Ordinate: Absorption in Prozent der Gesamtschwächung.

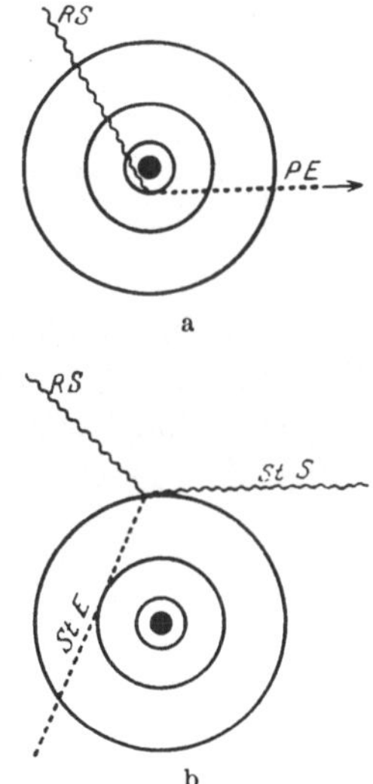

Abb. 20. Schematische Darstellung des Absorptionsvorganges (a) und des Streuvorganges (b).

Auch die extrapolierten Werte der Tab. 13 sind nicht mehr als approximativ. Ihr Fehler kann immer noch etwa $\pm$ 15% betragen.

Der Grund, weswegen es nicht möglich ist, die Schwächungskoeffizienten auch quantitativ vollständig richtig zu berechnen, liegt erstens in der Schwierigkeit, absolut monochromatische Strahlungen herzustellen, eine Forderung, die bei γ-Strahlen überhaupt nicht durchführbar ist und bei Röntgenstrahlen nur oberhalb etwa 0,1 Å = 100 XE gelingt. Weitere

Tabelle 12. Berechnete und gemessene Massenschwächungskoeffizienten für verschiedene Wellenlängen.

λ XE	$\frac{\alpha}{\varrho}$	$\frac{\sigma}{\varrho}$	$\frac{\mu}{\varrho}$	$\frac{\mu}{\varrho}$ gemessen	Δ
1	$9{,}73 \cdot 10^{-9}$	0,00404	0,00405	—	—
10	$9{,}73 \cdot 10^{-6}$	0,0342	0,0342	—	—
50	$1{,}22 \cdot 10^{-3}$	0,104	0,105	—	—
100	$9{,}33 \cdot 10^{-3}$	0,125	0,134	0,167	+ 25%
500	1,22	0,183	1,403	1,93	+ 38%
1000	9,73	0,191	9,92	14,2	+ 44%

Tabelle 13. Massenschwächungskoeffizienten biologischer Stoffe für verschiedene Wellenlängen nach Küstner.

Substanz	$\lambda = 0{,}005$ Å	$\lambda = 0{,}01$ Å	$\lambda = 0{,}05$ Å	$\lambda = 0{,}1$ Å	$\lambda = 0{,}2$ Å	$\lambda = 0{,}3$ Å	$\lambda = 0{,}4$ Å	$\lambda = 0{,}5$ Å
	$\frac{\mu}{\varrho}$	$\frac{\mu}{\varrho}$	$\frac{\mu}{\varrho}$	$\frac{\mu}{\varrho}$	$\frac{\mu}{\mu}$	$\frac{\mu}{\varrho}$	$\frac{\mu}{\varrho}$	$\frac{\mu}{\varrho}$
Fettgewebe .	0,02	0,047	0,18	0,18	0,19	0,23	0,28	0,38
Muskel	0,02	0,047	0,18	0,18	0,19	0,23	0,32	0,45
Blut........	0,02	0,047	0,18	$0{,}18_2$	0,20	0,25	0,34	0,49
Knochen ...	0,02	0,047	0,18	$0{,}18_2$	0,27	0,48	0,88	1,55

Gründe der Differenzen liegen darin, daß es keineswegs einfach ist, solche Schwächungsmessungen ohne experimentelle Fehler durchzuführen. Die Übereinstimmung zwischen Theorie und Experiment darf demnach als befriedigend angesehen werden, da sowohl Theorie wie Experiment vorläufig noch mit Fehlern von der Größenordnung von 10% behaftet sind.

IV. Strahlengemische.

Die vorstehenden theoretischen Ausführungen über den Schwächungskoeffizienten gelten für monochromatische Strahlungen. In der Praxis sind aber monochromatische Strahlungen äußerst schwer zu realisieren, absolut bei γ-Strahlen überhaupt in ihrem kurzwelligen Bereich nicht herstellbar. Demnach müssen die Schwächungsgesetze für Strahlengemische modifiziert werden. Demgegenüber trachtet man darnach, die Homogenität so weitgehend wie möglich zu realisieren, um sich über den Wirkungsmechanismus eine approximative Vorstellung zu machen. Das wird erreicht durch die Filterung.

Für Strahlengemische, deren Wellenlängen λ_1, λ_2, λ_3, ... betragen und bei denen somit jeder dieser Wellenlängen die Schwächungskoeffizienten μ_1, μ_2, μ_3... zugeordnet werden müssen, und bei denen ferner die obigen Wellenlängen mit den Intensitäten J_1, J_2, J_3, ... vertreten sind, kompliziert sich das Schwächungsgesetz zu

$$J_0 = \sum J_k.$$

$$J = \sum J_k \cdot e^{-\mu_k x}.$$

Dieses Gesetz ist nun abgesehen von der Halbwertschichtbestimmung nicht mehr unmittelbar brauchbar.

$$J = \frac{\sum J_k}{2},$$

$$\text{HWS} = 0{,}693 \sum \frac{1}{\mu_k} = \frac{0{,}693}{\bar{\mu}}.$$

In bezug auf die HWS verhält sich eine gemischte Strahlung formal zunächst ähnlich wie eine homogene. Bildet man nun aber nach der ersten HWS die zweite, d. h. schwächt man die auf die Hälfte geschwächte Strahlung nochmals auf die Hälfte, so ist die zweite HWS dicker als die erste. Diese Tatsache hat ihren Grund darin, daß bei kleinen Schichtdicken die langwelligen Strahlungen prozentual stärker geschwächt werden als die kurzwelligen. Nach CHRISTEN bezeichnet man den Quotienten der ersten zur zweiten HWS als den Homogenitätsgrad

$$h = \frac{\text{HWS}_1}{\text{HWS}_2}.$$

Derartige Qualitätsangaben haben besonders für Röntgenstrahlen wesentliche Bedeutung. Deswegen sind die Überlegungen über den Homogenitätsgrad von LIECHTI und JACOBI verfeinert worden. Das Resultat dieser Arbeiten ist das sog. Qualitätsdiagramm für Röntgenstrahlen.

Zur Qualitätsanalyse von γ-Strahlen geht man am besten nach W. KOHLRAUSCH vor. Schreibt man das Schwächungsgesetz in seiner einfachen Form für homogene Strahlen in logarithmischer Form auf, so wird es linear und lautet

$$\lg \frac{J}{J_0} = -\mu x.$$

Wählt man in einem rechtwinkligen Koordinatensystem als Abszisse x und als Ordinate $\log \frac{J}{J_0}$, so resultiert bei homogener Strahlung eine Gerade mit der Neigung $-\mu$. Der Schwächungskoeffizient $\mu = \operatorname{tg} \varphi$ ist dabei der Tangens des Winkels, den die resultierende Gerade mit der Abszisse bildet.

Bei Strahlengemischen resultiert bei dieser Darstellungsart eine Kurve, deren Neigung anfänglich steiler ist und sich mit zunehmender

Dicke x immer mehr verflacht. Für jeden Punkt der gesamten Schwächung gibt die Tangente an diese Kurve die Schwächungskoeffizienten für die Strahlung an diesem Punkte, bzw. für die betreffende Dicke x.

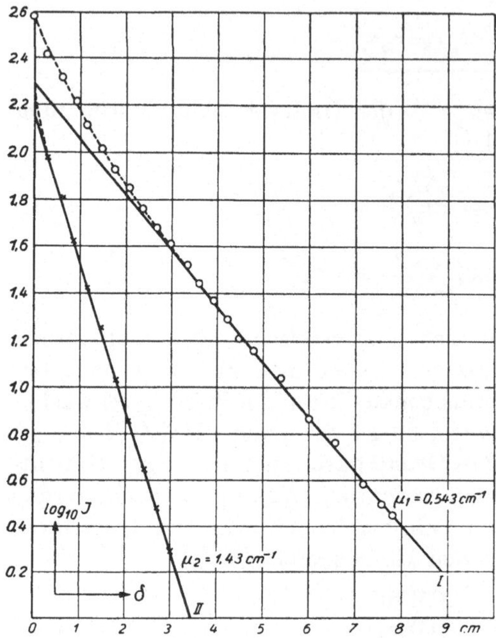

Abb. 21. Zerlegung der γ-Strahlung des Radiums in zwei homogene Komponenten für die Schwächung in Blei. (nach KOHLRAUSCH).

In Abb. 21 ist die entsprechende Kurve der γ-Strahlung des Radiums und seiner Zerfallsprodukte nach W. KOHLRAUSCH wiedergegeben. Als schwächendes Material ist Blei verwendet worden. Alle Meßpunkte liegen auf einer Kurve, die von 3,5 cm Pb an vollständig geradlinig verläuft.

Die Neigung des geraden Stückes dieser Kurve entspricht $\mu_1 = 0{,}543$, woraus sich also für eine Filterung von über 3,5 cm Pb ein Massenschwächungskoeffizient von $\frac{\mu_1}{\varrho} = 0{,}048$ berechnet. Verlängert man die Gerade bis zum Schnittpunkt mit der Ordinate und bildet man die Numeri der Differenz der Meßpunkte zu der Geraden, logarithmiert man diese Numeri der Differenzen wieder, so erhält man die Gerade II; deren Neigung $\mu_2 = 1{,}43$ beträgt; $\frac{\mu_2}{\varrho} = 0{,}126$. Die gesamte γ-Strahlung, die über 3,4 mm Pb gefiltert ist, kann also zusammengesetzt gedacht werden aus zwei homogenen Linien, deren Massenschwächungskoeffizienten einerseits $\frac{\mu_1}{\varrho} = 0{,}048$, anderseits $\frac{\mu_2}{\varrho} = 0{,}126$ betragen.

Die komplizierte Summenformel des Schwächungsgesetzes für Strahlengemische reduziert sich für die über 0,34 cm Pb vorgefilterte γ-Strahlung des Radiums und seiner Zerfallsprodukte auf

$$\underline{J = J_0 (e^{-\mu_1 x} + 0{,}75\, e^{-\mu_2 x}).}$$

Tab. 14 gibt die auf diese Weise für verschiedene Stoffe gemessenen Verhältnisse wieder.

Die Tab. 14 zeigt ganz außerordentlich sinnfällig, daß für die kurzwellige Komponente der γ-Strahlung, es handelt sich um diejenige von

Tabelle 14. Schwächungs- und Massenschwächungskoeffizienten der über 0,34 cm Pb vorgefilterten γ-Strahlung des Radiums nach KOHLRAUSCH.

Element	Z	ϱ	μ_1	μ_2	$\frac{\mu_1}{\varrho}$	$\frac{\mu_2}{\varrho}$
C	6	1,8	0.088	0,157	0,0489	0,0870
Mg	12	1,74	0,083	0,0151	0,0478	0,0870
Al	13	2,70	0,126	0,229	0,0467	0,0848
Fe	26	7,9	0,356	0,632	0,0451	0,0799
Cu	29	8,9	0,395	0,700	0,0444	0,0787
Ag	47	10,5	0,451	0,986	0,0429	0,0939
W	74	19,1	0,850	2,25	0,0445	0,118
An	79	19,3	0,901	2,30	0,0470	0,119
Hg	80	13,6	0,621	1,73	0,0457	0,127
Pb	82	11,3	0,533	1,43	0,0472	0,126

Ra C, der Massenschwächungskoeffizient kaum mit der Zusammensetzung des schwächenden Materials variiert. Für diese Komponente der Strahlung ist er eine Konstante

$$\frac{\mu_1}{\varrho} = 0{,}046 \pm 0{,}003,$$

die nur Schwankungen von $\pm 7\%$ aufweist.

Für die weitere Komponente ist ein deutlicher Gang mit der Kernladungszahl vorhanden. Aber auch hier darf angenähert eine Konstante angenommen werden, deren Variation bei Kernladungszahlen unter 50 negativ über 50 positiv bis zu zirka 20% ansteigen kann.

$$\frac{\mu_2}{\varrho} = 0{,}1 \pm 0{,}02.$$

Für das biologische Gewebe dürfen die beiden Massenschwächungskoeffizienten als absolut konstant $\frac{\mu_1}{\varrho} = 0{,}048$ und $\frac{\mu_2}{\varrho} = 0{,}087$ angenommen werden.

Aus den obigen Tatsachen geht mit aller Deutlichkeit hervor, daß am Schwächungsvorgang der härteren γ-Strahlen im wesentlichen nur die Streuung beteiligt ist. Das hat große praktische Bedeutung. Fragt man sich beispielsweise nach dem Verhältnis der im Muskel und im Knochen zurückgehaltenen γ-Strahlenmengen, so verhalten sich diese beiden Mengen bei gleicher eintretender Intensität und gleicher Zeit fast absolut genau wie die Dichten der beiden Stoffe, also wie 1:2. Dasselbe gilt auch für alle anderen biologischen Gewebe mit Verschiedenheiten der Dichte. Diese Tatsache soll in dem folgenden Satz zusammengefaßt werden:

In biologischen Geweben werden die γ-Strahlen im Verhältnis der Dichten der Gewebe zurückgehalten.

V. Die Filterung.

Nach den vorstehenden Überlegungen sind Wesen und Zweck der Filterung ohne weiteres einzusehen. Die Strahlungen der in der Praxis verwendeten Präparate Mesothor, Radium und Emanation sind ihrer Natur nach und auch innerhalb einer Gruppe wegen ihrer verschiedenen Energien voneinander verschieden. Die Reichweiten der α-Strahlen variieren in Luft zwischen 2,5 und 8,6 cm, die β-Strahlen umfassen Geschwindigkeiten zwischen $\beta = 0{,}1$ bis 0,998 und das Spektrum der γ-Strahlung umfaßt Wellenlängen zwischen 1365 und 4,48 XE.

Die Filterung hat demnach zunächst den Zweck, die einzelnen Strahlungen ihrem Wesen nach voneinander zu trennen. Diese erste Forderung gelingt, allerdings nur in der Richtung α-, β-, γ-Strahlung, sehr leicht. Ein dickes Papierblatt von 0,1 mm hält die α-Strahlung schon vollständig zurück. Die β- und γ-Strahlen werden davon nur unwesentlich geschwächt. Die Trennung ist also praktisch quantitativ. Diese Verhältnisse sind annähernd realisiert bei ungefilterten dünnwandigen Glaskapillaren, die Emanation enthalten, sog. *Radon seeds*, wie sie besonders in Amerika zur Therapie häufig Verwendung finden. Auch bei Applikatoren zur Oberflächentherapie wird die Filterung häufig so gewählt, daß noch wesentliche Mengen der primären β-Strahlung austreten können.

Verfolgt man die Absicht, nur die γ-Strahlung zu verwenden, so müssen schon bedeutende Filterdicken angewendet werden. Die härtesten Komponenten der β-Strahlung von Ra C verlangen eine luftäquivalente Schicht (etwa Pappe) von der Dichte $\varrho = 1$ von zirka 1,5 cm. In Al beträgt die „Grenzdicke" bei β-Strahlen zwischen $\beta = 0{,}9$ und $0{,}998\,c$ 1 bis 10 mm. Will man demnach die β-Strahlen vollständig zurückhalten, so sind etwa Pb-Dicken von zirka 1 mm notwendig. Da sich nun die Dichten von Pt und Pb grob wie 2:1 verhalten, so filtert man zur vollständigen Wegnahme der primären β-Strahlung nach allgemein angenommenen und standardisierten Bedingungen mit 0,5 mm Pt. Das gilt besonders für Nadelapplikatoren, die aus einem Edelmetall bestehen müssen und möglichst dünn sein sollen. Andere Materialien sind hier überhaupt nicht brauchbar.

Wie Messungen von W. Minder an solchen Applikatoren gezeigt haben, ist die primäre β-Strahlung auch tatsächlich bis auf 0,01% geschwächt. Diese Filterung nimmt aber nach den gleichen Messungen auch schon etwa 35% der weichen bis mittelharten γ-Strahlung fort. Die Trennung ist also hier nicht mehr quantitativ durchführbar. Beabsichtigt man in dem bestrahlten Raum, und das muß in den meisten Fällen die technische Forderung sein, eine möglichst homogene Strahlenverteilung zu erreichen, so müssen die primären β-Strahlen vollständig weggefiltert werden. Dazu sind 0,5 mm Pt oder Au, 0,9 mm Pb und entsprechende größere Dicken anderer Metalle geringerer Dichte notwendig.

Bei der reinen γ-Strahlung hat die Filterung den Zweck, die Strahlung zu homogenisieren. Wie W. KOHLRAUSCH gezeigt hat, ist die γ-Strahlung des Radiums und seiner Zerfallsprodukte bei einer Filterung von mehr als 3,5 cm Pb in bezug auf den Schwächungsvorgang homogen. Derartige starke Filterungen kommen für die Praxis selbstverständlich nicht in Frage. Zwischen einer Primärfilterung von 0,34 cm und 3,5 cm Pb kann man nach denselben Arbeiten die γ-Strahlung aus zwei Komponenten bestehend auffassen, denen die Massenschwächungskoeffizienten von $\frac{\mu_1}{\varrho} = 0{,}048$ und $\frac{\mu_2}{\varrho} = 0{,}126$ zugeordnet werden können. Auch solchen Filtern kommt in der praktischen Anwendung kaum eine vermehrte Bedeutung zu, da sonst die Anwendung wegen der sehr starken Schwächung zu unwirtschaftlich werden würde, ganz abgesehen davon, daß es in vielen Fällen gar nicht möglich wäre, solche Filter zu verwenden.

Versucht man die Betrachtungsweise von KOHLRAUSCH nach noch geringeren Filterdicken auszudehnen, so stellt man fest, daß es für die in der Praxis angewendeten Filterungen möglich ist, das gesamte γ-Spektrum des Radiums und seiner Folgeprodukte durch insgesamt drei als homogen angenommene Bereiche mit den Massenschwächungskoeffizienten $\frac{\mu_1}{\varrho} = 0{,}047$, $\frac{\mu_2}{\varrho} = 0{,}126$ und $\frac{\mu_3}{\varrho} = 1{,}05$ darzustellen. Die drei Bereiche verhalten sich ihrer Intensität nach ziemlich genau wie 4:3:1. Die praktisch angewendete γ-Strahlung von Ra besteht also zu 50% aus einer sehr harten Komponente, zu 37,5% aus einer mittleren und zu 12,5% aus einer weichen Komponente.

Diese Überlegung gestattet, die Qualität der γ-Strahlung bei verschiedenen Filterungen in sehr befriedigender Weise darzustellen.

Das Schwächungsgesetz lautet demnach:

$$\underline{J = J_0 (0{,}5\, e^{-\mu_1 x} + 0{,}375\, e^{-\mu_2 x} + 0{,}125\, e^{-\mu_3 x}).}$$

Es ist in dieser Form in Abb. 22 für Pt wiedergegeben. Die Schwächungskoeffizienten berechnen sich für die Dichte des Platins $\varrho \doteq 21{,}5$ zu $\mu_1 = 1{,}01$, $\mu_2 = 2{,}71$, $\mu_3 = 22{,}3$. Für den prozentualen Anteil der einzelnen Komponenten wird das Schwächungsgesetz in Pt somit

$$J = 50\, e^{-1{,}01\, x} + 37{,}5\, e^{-2{,}71\, x} + 12{,}5\, e^{-22{,}3\, x}.$$

In der folgenden Tab. 15 sind die Anteile der drei Komponenten bei verschiedenen Filterdicken in Platin wiedergegeben. Die Anteile sind nach den Schwächungskoeffizienten der Reihe nach mit I, II, III numeriert. Σ bedeutet die Gesamtstrahlung.

Tabelle 15. Zerlegung der in der Praxis verwendeten γ-Strahlung in drei homogene Komponenten für die Schwächung in Platin.

x = cm	I	II	III	Σ
0	50	37,5	12,5	100
0,05	47,5	32,8	3,4	83,7
0,1	45	28,6	1,3	74,9
0,15	43	25	0,38	68,4
0,2	41	21,8	0,14	62,9
0,25	39	19	0,08	58,0
0,3	37	16,7	0,02	53,7
0,4	33,4	12,7	—	46,1
0,5	31,5	9,7	—	41,2

In Abb. 22 sind die drei Anteile und ihre Summe, also die Gesamtstrahlung, dargestellt. Die punktierte Kurve entspricht dem log der Intensität, zeigt also die Veränderung des Schwächungskoeffizienten. Diese Kurve ist angenähert richtig bis zu Filterdicken von 0,5 mm Pt. Unterhalb dieser Dicke verläuft sie wesentlich steiler als in der Abb. 22 wiedergegeben ist, so daß dort die Zusammensetzung der Gesamtstrahlung aus drei Komponenten nicht mehr gilt. Bei größeren Filterungen als 1 mm Pt verläuft der Schwächungskoeffizient beinahe geradlinig und entspricht zirka einem $\frac{\mu}{\varrho} = 0{,}09$. Das ist der Massenschwächungskoeffizient, wie er für die Praxis gebraucht werden darf.

Bezüglich der praktisch angewendeten Filterungen kann zunächst etwa gesagt werden, daß es für die Qualität der Strahlung ganz unwesentlich ist, ob sie nur mit 1,0 mm Pt oder darüber gefiltert wird. Bei Filterungen unter 1 mm Pt ist das nicht mehr in dem Maße der Fall. So ändert sich der Massenschwächungskoeffizient von 1,0 mm Pt von zirka 0,10 auf etwa 0,125 bei 0,5 mm Pt. Aber auch da ist der Unterschied für die praktische Anwendung nicht sehr bedeutend.

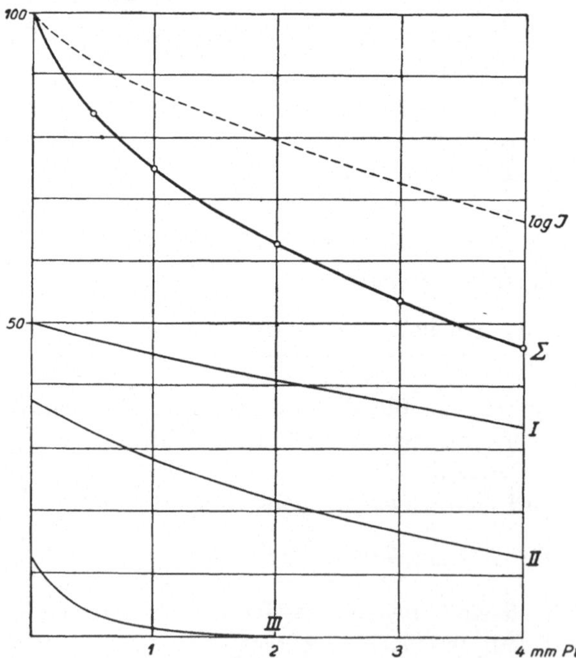

Abb. 22. Zerlegung der γ-Strahlung des Radiums in drei homogene Komponenten für die Schwächung in Platin (modifiziert nach KOHLRAUSCH).

Aus diesen Überlegungen ist der Schluß zu ziehen, daß Filterungen über 1,0 mm Pt nur in Ausnahmefällen (Fernbestrahlungen) angewendet werden sollten, da dabei wertvolle Strahlenmengen verlorengehen und die dadurch erreichte Homogenisierung nicht von wesentlicher Bedeutung ist. Filter unter 1,0 mm Pt sind dann zu verwenden, wenn man einen stärkeren Dosisabfall mit der Tiefe wünscht. Das trifft besonders bei Oberflächenbestrahlungen zu. In allen Fällen, in denen der Applikator mit dem Gewebe in direkte Berührung gebracht wird und bei denen man keine β-Strahlen haben will, also besonders bei der sog. Radiumpunktur, wird man eine Filterung von 0,5 mm Pt oder höchstens 1,0 mm Pt wählen.

Die für die Praxis wichtigen Regeln über die Filterung sollen noch in einer Übersicht in Tab. 16 dargestellt werden.

Tabelle 16. Einfluß der Filterung auf die Qualität der Strahlung und deren Wirkung.

Filtermaterial	Dicke in mm	Strahlung	Wirkung	
			Oberfläche	Tiefe
—	0	$\alpha\ \beta\ \gamma$	$\alpha\ (\beta)$	$(\beta)\ \gamma$
Papier, Gummi, andere „luftäquivalente“ Stoffe	0,1—1,0	$\beta\ \gamma$	β	$(\beta)\ \gamma$
Leichtere Metalle, z. B. Monelmetall	0,5	$(\beta)\ \gamma$	$(\beta)\ \gamma$	γ
Schwerere Metalle, z. B. Pt	0,5—2,0	γ	γ	γ

VI. Die Ionisation als Primärvorgang der Schwächung.

Zu Anfang dieses Abschnittes wurde gezeigt, daß die Ionisation bei allen durch die radioaktiven Strahlen manifest werdenden Wirkungen den primären Vorgang darstellt. Diese Tatsache ist nach den vorstehenden Ausführungen ohne weiteres verständlich.

Beim Durchgang von α- und β-Strahlen durch die Elektronenhülle der Atome werden aus dieser Elektronen freigemacht. Das betreffende Atom wird dadurch ionisiert. Beim Schwächungsvorgang der Röntgen- und γ-Strahlen sind die beiden Prozesse der Absorption $h\,\nu = \frac{m}{2}\,v^2$ und der Streuung $h\,\nu = \frac{m}{2}\,v^2 + h\,\nu'$ beteiligt, und in beiden Fällen werden freie Elektronen von der Geschwindigkeit v gebildet. Alle Atome, aus denen durch Absorption oder Streuung ein oder mehrere Elektronen freigemacht worden sind, sind ionisiert. Aber die freien Elektronen ionisieren nun ihrerseits wieder weitere Atome, so daß die ursprüngliche Ionisation vervielfacht wird.

Diese Überlegungen gelten für alle schwächenden Stoffe. Findet der Ionisationsvorgang in einem chemisch inerten Stoff (etwa in einem Edelgas) statt und sind keine äußeren elektrischen und magnetischen Felder vorhanden, so fangen die ionisierten Atome mit der Zeit wieder so viele freie Elektronen ein, als zur Stabilität ihrer Elektronenschalen notwendig sind. Es findet somit *Rekombination* der Ionen statt.

Ganz anders werden aber die Verhältnisse dann, wenn es sich bei der schwächenden Substanz um einen chemisch aktiven Stoff handelt. Hier werden durch die Ionen die möglichen chemischen Reaktionen begünstigt oder überhaupt ausgelöst. Ferner werden durch Quantenanregungen den Atomen die zur Reaktion notwendigen Energien zugeführt (Zündung von Chlorknallgas durch Licht, Röntgen- und Radiumstrahlen, Spaltung des Wassers durch Radiumstrahlen, Aufbau der Stärke durch das Sonnenlicht in Pflanzen, Reduktion von Silberhalogeniden usw.).

Tabelle 17. Reichweiten, Geschwindigkeiten und Ionenzahlen verschiedener α-Strahlen in Luft.

Element	R_0 in cm	v 10^9 cm/sec	k 10^5 Ionenpaare
Ra	3,21	1,51	1,36
Em	3,91	1,61	1,55
Ra A	4,48	1,69	1,70
Ra C	3,6	1,57	1,61
Ra C′	6,60	1,92	2,20
Po	3,72	1,59	1,50

In den Tab. 17 und 18 sind für α- und β-Strahlen die Zahlen der Ionen wiedergegeben, die den entsprechenden Geschwindigkeiten $\beta = \frac{v}{c}$ entsprechen. Für γ-Strahlen ist diese Zahl k nicht ohne weiteres anzugeben. Es ist aber aus der Tatsache, daß ein Photon $h\nu$ mit der Wellen-

Tabelle 18. Geschwindigkeit β, Energie U und Ionenzahlen k verschiedener β-Strahlen. Dazugehörige Wellenlängen der entsprechenden γ-Strahlung. Reichweiten in Luft und Verhältnis der sekundären zu den primären Ionen.

$\beta = \frac{v}{c}$	λ XE	U kV	k	Sekundär / Primär	Angenäherte Reichweite in cm Luft
0,1	4808	2,56	2	0	0,02
0,2	1175	10,5	20	0	0,19
0,3	502	24,6	100	0	0,9
0,4	265,7	46,37	247	0	2,7
0,5	156,6	78,76	580	0	5,8
0,55	122,8	100,5	830	0	9,3
0,6	96,92	127,3	1150	0	11
0,65	76,70	160,8	1520	—	18
0,7	60,54	203,8	1990	0,07	30
0,75	47,34	260,6	2570	—	50
0,8	36,35	339,4	3310	0,31	70
0,85	26,97	457,3	4200	0,55	100
0,9	18,72	658,9	5400	1,00	150
0,95	11,00	1121	8600	2,85	350
0,99	3,98	3100	26800	19,5	1000

länge $\lambda = \frac{c}{\nu}$ sich schließlich vollständig durch Absorption und Streuung in β-Strahlenenergie umwandelt, zu entnehmen, daß diese Zahl der Größenordnung nach dieselbe ist wie die (bei Absorption) dem entsprechenden β-Strahl zukommende. Deshalb sind bei β-Strahlen auch die entsprechenden γ-Strahlenwellenlängen angegeben.

Die Tab. 17 zeigt die Verhältnisse für α-Strahlen.

Die Tab. 18 gibt die Zahlenwerte der Ionisation bei β-Strahlen und mittelbar auch für γ-Strahlen mit den entsprechenden notwendigen Spannungen U, wenn es sich um Röntgenstrahlen handeln würde.

Die Tab. 18 enthält in der letzten Kolonne schließlich auch noch Angaben über die praktische „Reichweite" der β-Strahlen in Luft, bzw. der durch die γ-Strahlung der entsprechenden Wellenlänge erzeugten β-Streustrahlung. Diese Angaben stellen Näherungswerte dar und sind auch insofern nicht in einfacher Weise gültig, als primäre und sekundäre Elektronen sich ja nicht geradlinig fortpflanzen, sondern durch häufige Ablenkungen, wie Abb. 9 zeigt, ganz beliebige Bahnen durchlaufen. Die Reichweiteangaben stellen somit Maximalwerte dar, die allerdings gelegentlich noch durch einzelne Elektronen überschritten werden können.

Findet die Schwächung in einem anderen Material statt, z. B. in Wasser, so darf mit genügender Annäherung angenommen werden, daß die praktischen Reichweiten im Verhältnis der Dichten verkleinert werden. Da die Dichte des biologischen Gewebes ungefähr derjenigen des Wassers entspricht, so sind die Reichweiten der primären und sekundären β-Strahlen auf den etwa 775. Teil zu verkleinern, eine Maßnahme, die durch Messungen von WILHELMY an Sekundärelektronen von Röntgenstrahlen und W. MINDER an β-Strahlen gestützt worden ist.

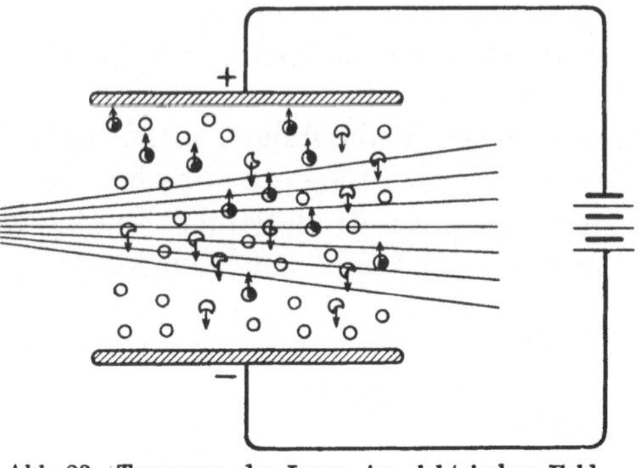

Abb 23. Trennung der Ionen im elektrischen Feld, schematisch.

Als praktisch wichtiges Resultat der Tab. 18 soll hier noch besonders angeführt werden, daß die Reichweite der β-Strahlen und der sekundären β-Strahlen der γ-Strahlen innerhalb dem in der Therapie verwendeten Bereich etwa zwischen 0,1 und 1,5 cm Wasser schwankt, also von der Größenordnung 1 cm ist. Es ist demnach im biologischen Gewebe bei einem beispielsweise sehr eng ausgeblendeten γ-Strahlenbündel auch noch mindestens in 1 cm Abstand von diesem Bündel eine unmittelbare Strahlenwirkung (Streuelektronen) zu erwarten.

Dritter Abschnitt.

Meßmethoden der radioaktiven Stoffe.

Eine Energieform erkennt man an ihrer Wirkung. Andere Arten der Erkenntnis oder gar der Messung einer Energie besitzen wir nicht. Es sind deshalb auch grundsätzlich alle feststellbaren Wirkungen der Strahlungen der radioaktiven Stoffe zur Messung der Strahlung anwendbar. Indessen ist man aus praktischen Erwägungen heraus geneigt, an die Wirkung, die zur Messung Verwendung finden soll, verschiedene Anforderungen zu stellen. Diese sind zunächst bedingt durch die wenn möglich lineare Proportionalität, also ein gegebenes Phänomen, und ferner dadurch, daß man versucht ist, aus Gründen der Einfachheit, den Mechanismus der Messung der praktischen Anwendung besonders nahe anzupassen. Man wird demnach beispielsweise eine Länge unter gewöhnlichen Bedingungen nicht in Wellenlängen des Cd-Lichtes messen, sondern in Zentimetern, obschon die Messung mit Hilfe des Cd-Lichtes sehr viel genauer ausgeführt werden kann als eine gewöhnliche Längenmessung etwa mit dem Komparator. Sie dient ja auch zu dessen Kontrolle.

Diese zweite Forderung der Anpassung an die praktische Anwendung kann oftmals, und gerade bei den Radiumstrahlen, wie noch gezeigt werden soll, beträchtliche Schwierigkeiten mit sich bringen.

Die erstere Forderung der Linearität ist für einfachere Messungen etwa der Länge oder der Zeit relativ einfach zu realisieren. Man verwendet einen Maßstab, von dem man festgestellt hat, daß er seine Länge nicht verändert, oder zur Zeitmessung einen periodischen Vorgang (Schwingung eines Pendels oder einer Unruhe), bei dem man unter Beobachtung gewisser Vorsichtsmaßregeln berechnen kann, daß er immer dieselbe Zeit beansprucht.

Bei komplizierteren Vorgängen ist nun aber die Forderung der Linearität nicht mehr so leicht realisierbar. Da diese Tatsache für das Verständnis der langwierigen Arbeiten zur Messung von Röntgen- und γ-Strahlen notwendig ist, so soll sie noch an einem relativ einfachen Beispiel erläutert werden.

Will man einen elektrischen Wechselstrom messen, so steht als einfachstes Verfahren dazu seine Wirkung auf einen dünnen Metalldraht zur Verfügung. Der Wechselstrom erwärmt den Draht und dadurch ändert sich dessen Länge. Diese Längenänderung ist relativ leicht meßbar. Nun ist aber die Erwärmung des Drahtes dem Quadrat des Stromes proportional und die Längenzunahme des Drahtes pro 1° Temperaturerhöhung auch nicht ganz genau konstant. Deshalb sind auf dieser Wirkung aufgebaute Strommesser für sehr genaue Messungen nicht geeignet und nur innerhalb eines bestimmten Bereiches brauchbar. Schließlich müssen sie eine quadratische Skala tragen.

Die obigen Beispiele sollen einen Einblick in das Wesen einer Messung vermitteln. Bei der Therapie mit radioaktiven Substanzen hat man zunächst eine bestimmte Menge einer solchen Substanz vor sich. Zur Bestimmung dieser Menge dient die Waage. Es sind solche Wägungen von reinsten Radiumsalzen denn auch von Mme. CURIE tatsächlich mit großer Genauigkeit vorgenommen worden. Dabei hat sich als wichtiges Resultat ergeben, daß die Wirkung einer bestimmten Substanzmenge, also deren Strahlung, unter Einhaltung sauberer Versuchsbedingungen, der Menge der vorhandenen Substanz linear proportional war. Das ist nicht ohne weiteres selbstverständlich und ohne besondere Vorsicht auch nicht der Fall. Kontrolliert man z. B. die α-Strahlung eines offenen Präparats, so stellt man fest, daß große Präparate verhältnismäßig sehr viel weniger α-Strahlen aussenden als kleine Präparate, und zwar deswegen, weil bei großen Präparaten ein großer Teil der α-Strahlung im Präparat selber absorbiert wird und deshalb nicht zur Wirkung gelangen kann. Dasselbe ist auch zum Teil für die β-Strahlung und in geringem Maße auch für die γ-Strahlung der Fall. Man nennt diesen Vorgang *Autoabsorption.*

Trotzdem ist es naheliegend, die Strahlenwirkung der radioaktiven Stoffe zu deren Gewichtsbestimmung zu benutzen, wenn es gelingt, den Fehler einer solchen Messung auf ein erträgliches Maß zu reduzieren. Das ist in der Folge dadurch gelungen, daß man die Messung der betreffenden Substanz weitgehend anpaßt. Man wird deshalb nicht alle radioaktiven Stoffe in genau derselben Art messen, und so sind auch für verschiedene Stoffe verschiedene Maßeinheiten eingeführt worden.

Die Gewichtseinheit für feste radioaktive Stoffe ist selbstverständlich das Gramm. Diese Menge ist aber für praktische Zwecke relativ sehr groß, weswegen man allgemein als Einheit besonders der Radiummenge 1 Milligramm (mg) angenommen hat. Da die Halbwertzeit des Radiums $T = 1580$ Jahre beträgt, so rechnet man für praktische Zwecke mit der Konstanz des Ra-Gehaltes der Präparate. Ra zerfällt der Reihe nach in die Folgeprodukte Em, Ra A, Ra B, Ra C, Ra C′ Ra C″, Ra D, Ra E, Ra F und Ra G = Pb. Davon sind für die α-Strahlung besonders wichtig

Ra, Em, Ra A. Wichtige β-Strahler sind Ra B und Ra C, wichtige γ-Strahler Ra B und ebenfalls Ra C. Da alle diese Zerfallsprodukte viel kurzlebiger sind als die Em, und auch diese wieder viel kurzlebiger als Ra selbst, so ist für die Erreichung des radioaktiven Gleichgewichtes der ersten fünf Folgeprodukte im wesentlichen nur die Zufallskonstante der Em maßgebend. Die Halbwertzeit der Em beträgt $T = 3{,}825$ Tage. Für praktische Zwecke darf die gesamte Lebensdauer auf den zehnfachen Wert der Halbwertzeit, also für Em auf etwa 40 Tage, angesetzt werden. Umgekehrt ist in einem verschlossenen Ra-Präparat in der gleichen Zeit die maximale Menge Em (Gleichgewichtsmenge) gebildet (vgl. Abb. 92). Aber auch alle späteren Folgeprodukte, soweit sie für die Praxis von Bedeutung sind, befinden sich nach dieser Zeit im Gleichgewicht. Die Gesamtstrahlung des Präparats hat somit nach 40 Tagen das Maximum erreicht, um nun sehr langsam wieder abzufallen. Um den Überblick über die Verhältnisse nicht unnötig zu komplizieren, soll auf die Betrachtung der für die Praxis unwichtigen langlebigen Folgeprodukte Ra D, Ra E, Ra F verzichtet werden. Die beiden ersteren sind β-Strahler, Ra F (Po) ein α-Strahler, der für Versuche mit reiner α-Strahlung eine gewisse Bedeutung hat.

Es ist allgemein üblich geworden, zur β- und γ-Messung anderer Präparate das Ra im Gleichgewicht mit den kurzlebigen Folgeprodukten (Alter der gasdichten Fassung $>$ 40 Tage) als Standard zu wählen und die anderen Präparate darauf zu beziehen. Man bezeichnet demnach z. B. ein Mesothorpräparat als *äquivalent* x mg Ra oder noch einfacher $= x$ mg, obschon in dem betreffenden MTh-Präparat keineswegs x mg MTh eingeschlossen sind, sondern nur dessen Strahlen (besonders die γ-Strahlung) derjenigen von x mg Ra gleichwertig ist in bezug auf die allgemein verwendete Meßanordnung.

Ein internationaler Ra-Standard wurde im Jahre 1911 von M. Curie hergestellt. Er enthielt damals 21,99 mg reinstes wasserfreies Ra Cl_2. Als Ersatz für diesen Standard wurde ein von O. Höngschmid in Wien hergestelltes Präparat von 31,17 mg reinstem Ra Cl_2 aus dem gleichen Jahre bestimmt.

Mehrere Staaten besitzen an diese beiden Standards angeschlossene nationale Standardpräparate, deren Gehalt zwischen zirka 10 und zirka 30 mg Ra Cl_2 schwankt. Bis zum gegenwärtigen Zeitpunkt (1941) sind die beiden internationalen Standards um zirka 1,2% durch den Zerfall des Ra abgefallen, ein Umstand, dem durch die betreffenden Standardkommissionen dauernd Rechnung getragen werden muß. Der Abfall beträgt pro Jahr zirka 0,4‰.

I. Grundsätzliches zu den Meßmethoden.

Von allen Wirkungen der Strahlungen der radioaktiven Elemente eignet sich die Ionisation und besonders die Ionisation der Luft weitaus am besten, um darauf eine quantitative Messung aufzubauen. Es sind dazu mehrere Gründe sowohl rein meßtechnischer Art als auch in bezug auf die praktische Anwendung der radioaktiven Stoffe vorhanden.

1. Die Ionisationsmessung ist eine elektrische Messung, die mit großer Genauigkeit ausgeführt werden kann.

2. Die Luft ist, frei von Strahlen, ein vollkommener Isolator, dessen Leitfähigkeit praktisch unbegrenzt linear mit der zu messenden Strahlung steigt, wenn gewisse Vorsichtsmaßnahmen eingehalten werden.

3. Die Ionisationsmessung erfaßt denjenigen Anteil der Strahlung, der beim Schwächungsvorgang in der Luft zurückgehalten wird und also, auf die Praxis übertragen, zur Wirkung kommen kann.

4. Ionisationsmessungen eignen sich mit entsprechenden Abänderungen der Technik für alle drei Strahlenarten gleich gut.

5. Ionisationsmessungen der Luft sind relativ einfach.

6. Der Bereich der Messung mit Hilfe der Luftionisation kann bei entsprechendem Bau der Apparate praktisch unbegrenzt erweitert werden. So ist es möglich, Ra-Mengen von der Größenordnung 10^{-12} g mit einer Genauigkeit von zirka 1% und solche von mehreren Gramm mit derselben Genauigkeit zu messen.

7. Das Meßverfahren gestattet technisch viele Variationen, so daß die Meßapparate dem besonderen Zweck der Messung leicht angepaßt werden können.

1. Prinzip der Ionisationsmessung.

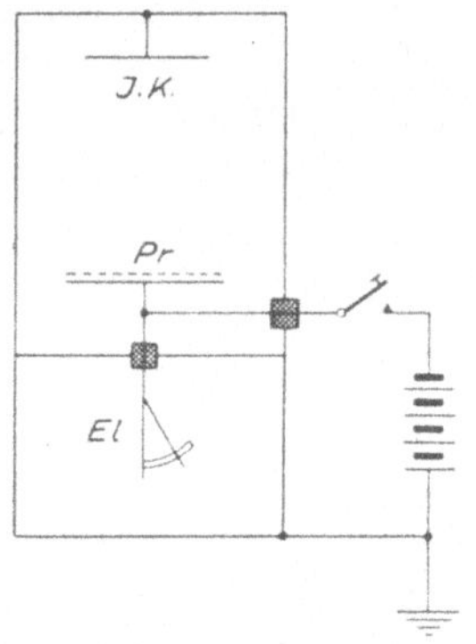

Abb. 24. Elektrometer zur Messung fester radioaktiver Stoffe. Durch das Präparat *Pr* wird die Luft in der Ionisationskammer *JK* ionisiert. Der Spannungsabfall kann am Elektrometer *El* abgelesen werden.

Die Ionisationsmessung ist eine elektrische Strommessung. Ein Luftkondensator (Abb. 24) besonderer Bauart (Ionisationskammer) enthält zwei getrennte Elektroden, wovon die eine auf eine bestimmte Spannung aufgeladen wird und mit einem Spannungsmesser (Elektrometer) verbunden ist. Die andere Elektrode ist geerdet. Wird die Luft zwischen den beiden Kondensatorbelägen durch die Strahlung eines radioaktiven Präparats ionisiert, so wandern die Ionen entgegengesetzt ihrer Ladung auf die Platten des Kondensators. Ist also beispielsweise die isolierte und mit dem Meßsystem verbundene Elektrode auf $-V$ aufgeladen, so werden die positiven Ionen von dieser Elektrode angezogen und die negativen Ionen nach der anderen Elektrode abgestoßen. Da jedes Ion eine elektrische Ladung von einem oder mehreren Elementarquanten $4{,}80 \cdot 10^{-10}$ ESE trägt, findet demnach ein Ladungstransport statt, es fließt ein Strom. Die Größe der transportierten Ladung läßt sich am Abfall der Spannung von V auf V' messen. Die Größe des Ladungstransportes in der Zeiteinheit ist die Stromstärke. Die Erscheinungen lassen sich einfach formulieren. Bringt man die Elektrizitätsmenge Q auf den Kondensator mit der Kapazität C, so resultiert auf diesem die Spannung V gemäß der Gleichung

$$Q = C\,V; \quad V = \frac{Q}{C}.$$

Der Ionisationsstrom verändert zeitlich die Ladung Q und läßt sich formulieren:

$$J = \frac{dQ}{dt} = C\frac{dV}{dt} = C\frac{V - V'}{t - t'}.$$

Man mißt in der Radioaktivität den Ionisationsstrom J in elektrostatischen Einheiten der Stromstärke,. also im absoluten Maßsystem. Zur Messung des Stromes sind nach obiger Gleichung notwendig die Kenntnis der Spannungsdifferenz $V - V'$, ferner die Zeitdifferenz $t - t'$, während der die Spannung von V auf V' gefallen ist, und die Kapazität C der Meßanordnung.

Die Kapazitätseinheit ist gleich der Längeneinheit, also gleich 1 cm. Die Einheit der Zeit ist selbstverständlich die Sekunde. Spannungen mißt man dagegen unter gewöhnlichen Bedingungen nicht in absolutem Maß, sondern technisch in Volt. Eine elektrostatische Einheit der Spannung ist aber gleich dem 300. Teil eines Volts. Dadurch nimmt die obige Gleichung, wenn C in Zentimeter, Δt in Sekunden und ΔV in Volt gemessen wird, die Form an:

$$J = \frac{1}{300}\,C\,\frac{\Delta V}{\Delta t}\ \text{ESE}.$$

Die Messung, die sich auf die vorstehende Formel gründet, setzt die Kenntnis von drei Bestimmungsstücken der Spannungsdifferenz ΔV, der Zeitdifferenz Δt und der Kapazität C voraus. Die ersten beiden bieten keine besonderen Schwierigkeiten. Das Elektrometer wird mit einem Präzisionsvoltmeter geeicht und die Messung geschieht auf dem linearen Teil der Eichkurve; dort also, wo der Ausschlag des Elektrometersystems der Spannung linear proportional verläuft. Das ist bei den meisten Instrumenten in ziemlich weiten Grenzen der Fall. Die Zeitdifferenz wird selbstverständlich mit der Stoppuhr gemessen. Es empfiehlt sich eine Ablesegenauigkeit von 0,1 sec. Weniger einfach ist die Messung der Kapazität. Die beiden dazu brauchbaren Verfahren sollen, da diese Messung ziemlich wichtig ist und die Angaben der Herstellerfirmen für Elektrometer häufig mit Fehlern von über 10% behaftet sind, im Prinzip skizziert werden.

Besonders elegant und einfach ist das Verfahren von I. TAGGER. Es gründet sich auf die Tatsache, daß die Einheit der Kapazität (1 cm) dargestellt werden kann durch einen kugelförmigen Leiter (Metallkugel) vom Radius $r = 1$ cm. Das Verfahren zur Kapazitätsmessung ergibt sich aus der schematischen Abb. 25. Der Elektromagnet trägt die Meßkugel von 1 cm Radius. Diese wird über den Anker des Magneten auf die Spannung V aufgeladen und fällt nach Abschalten des Magneten auf den Träger des Elektrometers und ladet dieses auf eine berechenbare Spannung V' auf. Die Berechnung der Kapazität ist dann die folgende: Die Kugel hat die Kapazität $C = 1$. Darauf befindet sich die Elektrizitätsmenge $Q = \frac{V}{300}$ ESE. Dieselbe Elektrizitätsmenge Q liegt jetzt auf dem Elektrometer + Kugel. $Q = (C + 1)\, V'$. Daraus berechnet sich die Kapazität zu

$$C = \frac{Q}{V'} - 1,$$

$$C = \frac{V}{300\, V'} - 1.$$

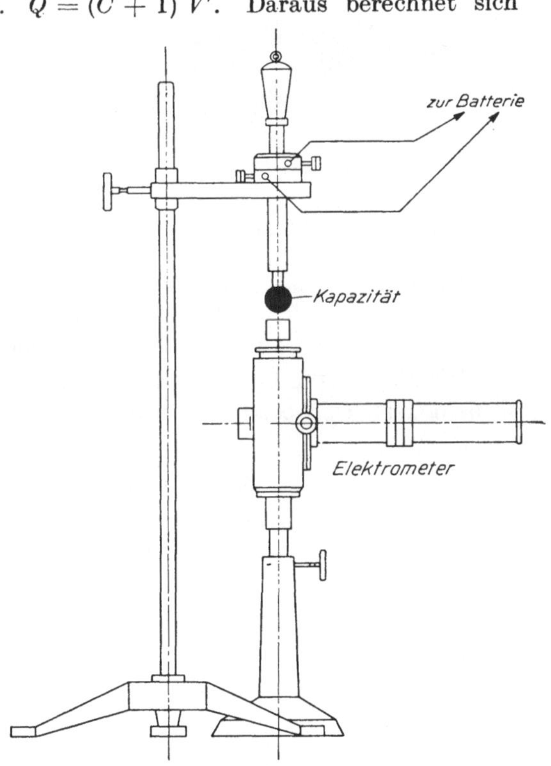

Abb. 25. Kapazitätsbestimmung nach TAGGER.

Weniger einfach und auch nicht so genau ist die Kapazitätsbestimmung nach W. HARMS mit Hilfe des von ihm konstruierten Kondensators mit bekannter Kapazität. Man schaltet dabei den Eichkondensator mit dem Elektrometer zusammen und ladet das System auf eine Spannung $V = \frac{Q}{(C + c)}$ auf. Hierauf trennt man die Verbindung und erdet den Eichkondensator. Dann stellt man die Verbindung wieder her und liest jetzt die gesunkene Spannung V' ab. Die Kapazität des Elektrometers berechnet sich dabei nach der folgenden Überlegung:

Nach der Erdung und der erneuten Verbindung ergibt sich

$$C \cdot V = q = (C + c)\, V' = C\, V' + c\, V',$$

$$c V = C\, V' + c\, V'; \quad c\,(V - V') = C\, V',$$

$$c = C\, \frac{V}{V - V'}.$$

Dieses Verfahren erfordert experimentell besondere Sorgfalt, da die Ladungen Q und q dauernd erhalten werden müssen.

Das elektrodynamische System der Messung des Ionisationsstromes gründet sich im Prinzip auf die Tatsache, daß jeder Strom nach dem OHMschen Gesetz an den Enden eines Widerstandes eine Spannung erzeugt. Der Ionisationsstrom J wird also, wie in Abb. 26 ersichtlich, über einen hochohmigen Präzisionswiderstand R an Erde geleitet. Er erzeugt an den Enden des Widerstandes eine Spannung V, die dem Strom proportional ist.

$$V = R J.$$

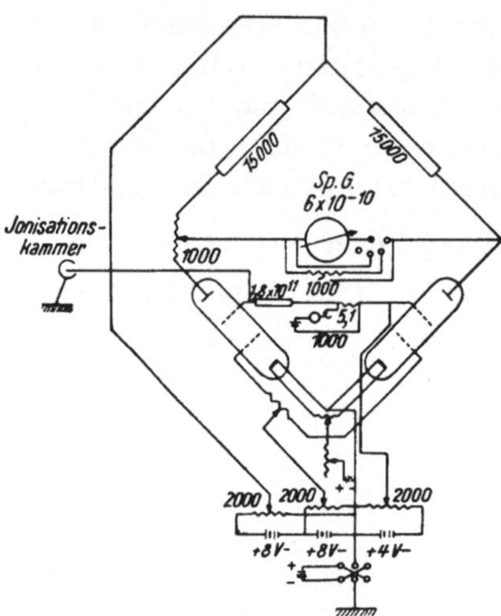

Abb. 26. Elektrodynamische Ionisationsmessung (nach FRIEDRICH).

Dieses Verfahren eignet sich besonders für relativ sehr starke Ionisationsströme und ist dann besonders einfach (Röntgendosimeter). Es erfordert aber ein statisches Voltmeter, da dieses selbstverständlich selber keinen Strom aufnehmen darf. Um z. B. einen Ionisationsstrom von 10^{-10} A mit dem Anschlag von 1 mV zu messen, muß der Widerstand die Größe von $10^7\,\Omega$ aufweisen und mit hinreichender Genauigkeit (1%) bestimmt sein.

2. Der Sättigungsstrom.

Mißt man mit Hilfe eines Elektrometers eine konstante Ionisation und steigert langsam die Spannung am Elektrometer, so steigt der gemessene Strom zunächst mit steigender Spannung linear an. Bei einer bestimmten Spannung verflacht sich der Anstieg des Stromes, um schließlich nicht mehr weiter anzusteigen. Man nennt die Spannung, bei der der Strom seinen konstanten Höchstwert erreicht hat, die Sättigungsspannung und den Strom oberhalb dieser Spannung *Sättigungsstrom*.

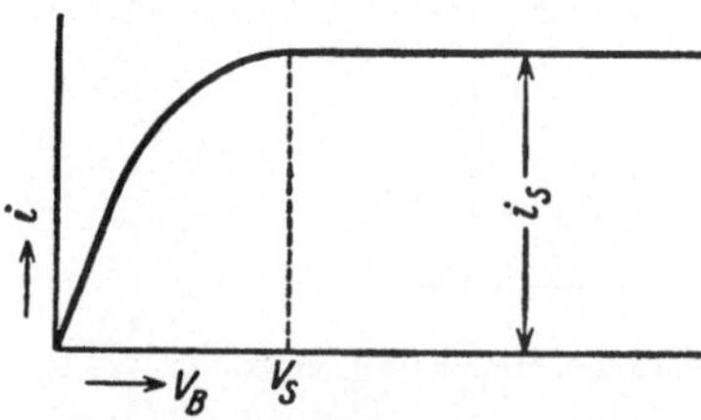

Abb. 27. Darstellung des Ionisationsstromes in Abhängigkeit von der Spannung. Bei der Spannung V_s (Sättigungsspannung) resultiert der Ionisationsstrom i_s (Sättigungsstrom). Alle Ionen werden zur Elektrizitätsleitung herangezogen. Der Strom kann durch Spannungssteigerung nicht mehr vergrößert werden.

In Abb. 27 sind die Spannung-Strom-Verhältnisse dargestellt. Der Sättigungsstrom i_s ist dann erreicht, wenn die Spannung (Sättigungsspannung) V_s ausreicht, um alle gebildeten Ionen zur Stromleitung heranzuziehen, d. h. zu den Elektroden des Meßsystems zu bewegen. Der Sättigungsstrom entspricht dabei der Gesamtzahl der pro Zeiteinheit gebildeten Ionen. Ionisationsströme dürfen selbstverständlich nur oberhalb der Sättigungsspannung gemessen werden, weil nur in diesem Gebiet der gemessene Strom der Ionisation linear proportional ist.

II. Gewichtseinheiten.

Bei der Wahl der Einheiten ist zunächst zu berücksichtigen, daß es sich um mehrere Stoffe handeln kann, und daß ferner diese Stoffe drei verschiedene Strahlenarten aussenden. Demgemäß ist es durchaus angebracht, die Maßeinheiten etwas aufzulockern und dem zu messenden Stoff und der zu messenden Strahlung anzupassen. Man wird demnach α-strahlende Präparate etwas anders messen als β- oder γ-strahlende.

1. Einheiten der α-strahlenden Stoffe.

Mit Ausnahme der Radium-Emanation haben α-Strahler für die praktische Therapie wenig Bedeutung. Dagegen ist gegenwärtig ihre Anwendung für strahlenbiologische Untersuchungen relativ wichtig. Aus praktischen Gründen eignet sich für feste α-Strahler am besten der Vergleich mit einem Uran-Standard. Dieser besteht aus U_I und U_{II} und muß frei sein von irgendwelchen Zerfallsprodukten. Mehrmals gefälltes $UO(OH)_2$, das über 1000° C geglüht worden ist, besteht aus fast reinem U_3O_8. Das Präparat ist praktisch unbegrenzt haltbar und die Zerfallsgeschwindigkeit sehr klein.

Der Ionisationsstrom, den eine α-satte Schicht von 1 cm² U_3O_8 einseitig gemessen durch die α-Strahlung hervorruft, beträgt $1{,}73 \cdot 10^{-3}$ ESE $= 5{,}78 \cdot 10^{-13}$ A.

Um einen Vergleich mit der Gewichtsmenge herzustellen, dient die McCoysche Zahl. Diese gibt an, welchen Wert der Ionisationsstrom von 1 g metallischem Uran, in unendlich dünner Schicht allseitig gemessen, im Verhältnis zu der U_3O_8-Einheit hat. Diese Zahl beträgt $790 \pm 1\%$. Demnach beträgt der Ionisationsstrom, den alle α-Strahlen von 1 g U unterhalten können, $790 \cdot 1{,}73 \cdot 10^{-3} = 1{,}37$ ESE $= 4{,}5 \cdot 10^{-10}$ A.

Berechnet man aus dieser Zahl den Strom, den beispielsweise 1 g Ra ohne Folgeprodukte durch seine α-Strahlung bewirkt, so geschieht das nach der folgenden Überlegung:

Die Zerfallskonstanten von U_I, U_{II} und Ra betragen $\lambda_{U_I} = 4{,}8 \cdot 10^{-18}$; $\lambda_{U_{II}} = 2{,}10^{-14}$; $\lambda_{Ra} = 1{,}39 \cdot 10^{-11}$. Demnach ist das Verhältnis der in 1 g U enthaltenen Mengen U_I zu $U_{II} = 1 : \frac{\lambda_{U_I}}{\lambda_{U_{II}}} = 1 : 2{,}4 \cdot 10^{-6}$.

Nun zerfallen aber in der Zeiteinheit gemäß den Zerfallskonstanten die U_{II}-Atome $\frac{\lambda_{U_{II}}}{\lambda_{U_I}} = 417000$mal rascher als die U_I-Atome, so daß in der Zeiteinheit bei Gleichgewicht zwischen beiden Isotopen gleich viele Atome jeder Sorte zerfallen. Die α-Strahlung, die 1 g U aussendet, stammt demnach zur Hälfte von U_I und zur Hälfte von U_{II}. Die Anzahl Ionen pro α-Strahl beträgt für U_I $k_{U_I} = 1{,}16 \cdot 10^5$, für U_{II} $k_{U_{II}} = 1{,}27 \cdot 10^5$, im Mittel also $k_U = 1{,}215 \cdot 10^5$. Nach dem Verhältnis der Zerfallskonstanten ist mit 1 g U die Menge von $\frac{\lambda_{U_I}}{\lambda_{Ra}} = \frac{4{,}8 \cdot 10^{-18}}{1{,}39 \cdot 10^{-11}} = 3{,}42 \cdot 10^{-7}$ g Ra im Gleichgewicht und sendet demnach in der Zeiteinheit gleich viele α-Strahlen aus wie 1 g U. Ihre Ionisation beträgt $k_{Ra} = 1{,}36 \cdot 10^5$ pro α-Strahl. 1 g U entspricht einem Strom von 1,37 ESE. 1 g Ra hat demnach einen Strom von

$$J = \frac{1{,}37 \cdot 1{,}36 \cdot 10^5}{2 \cdot 3{,}42 \cdot 10^{-7} \cdot 1{,}215 \cdot 10^5} = 2{,}24 \cdot 10^6 \text{ ESE}.$$

Tatsächlich wurde ein Wert von $2{,}42 \cdot 10^6$ ESE gemessen, der Fehler der Berechnung ist demnach kleiner als 10%. Dabei ist zu berücksichtigen, daß alle in der Berechnung enthaltenen Konstanten, nämlich die Zerfallskonstanten und die Ionisationszahlen, nicht mit großer Genauigkeit meßbar sind. Unter diesem Gesichtspunkte ist die Übereinstimmung vorzüglich und ein Beweis für die angenäherte Richtigkeit der entsprechenden Konstanten.

Die mit 1 g Ra im Gleichgewicht stehende Nenge Emanation $\frac{\lambda_{Ra}}{\lambda_{Em}} = \frac{1{,}39 \cdot 10^{-11}}{2{,}097 \cdot 10^{-6}} = 6{,}9 \cdot 10^{-6}$ g bezeichnet man mit 1 Curie (c). Analog heißt die Emanationsmenge im Gleichgewicht mit 1 mg Ra 1 Millicurie (mc). Für sehr kleine Emanationsmengen hat sich noch die Einheit 1 Eman $= 10^{-10}$ Curie eingebürgert. Ferner ist noch wichtig die sog. Mache-Einheit. Es ist diejenige Emanationsmenge, welche ohne Zerfallsprodukte bei voller Ausnützung einen Strom von 10^{-3} ESE bewirkt. Die Mache-Einheit ME sollte nur als Konzentrationseinheit verwendet werden. Zur Umrechnung dient die Angabe, daß 3,62 Eman $= 3{,}62 \cdot 10^{-10}$ Curie im Liter (Wasser, Luft) einer ME entsprechen.

Von allen α-strahlenden Elementen sind die genauen Reichweiten und Ionisationszahlen (Tab. 17) k pro α-Strahl bestimmt worden. Es ist demnach eine verhältnismäßig einfache Aufgabe, aus dem gemessenen Wert des Ionisationsstromes auf die Zahl der ausgesandten α-Strahlen zu schließen. Solche Berechnungen spielen besonders in der neuen Strahlenbiologie eine wesentliche Rolle. So beträgt beispielsweise die Größe k für Po, das wichtigste α-strahlende Präparat zu Versuchszwecken

(Tab. 17), $k = 1{,}5 \cdot 10^5$. Jeder Po-α-Strahl bewirkt demnach auf seiner vollen Reichweite in Luft 150000 Ionen.

Mißt man bei einem solchen Präparat unter vollständiger Ausnützung der Reichweite (genügende Größe der Ionisationskammer) einen Ionisationsstrom von beispielsweise 10^{-3} ESE, so heißt das, daß dieses Präparat sekundlich $\frac{1 \cdot 10^{-3}}{7{,}2 \cdot 10^{-5}} = 14$ α-Strahlen aussendet. In ähnlicher Weise können alle übrigen α-Strahler in bezug auf ihre Anzahl α-Strahlen berechnet werden. Ein besonders wichtiges Beispiel soll das noch näher zeigen. 1 g Ra sendet pro Sekunde $3{,}72 \cdot 10^{10}$ α-Strahlen, 1 mg demnach $3{,}72 \cdot 10^7$ α-Strahlen aus. Jeder dieser α-Strahlen bewirkt $1{,}36 \cdot 10^5$ Ionen und jedes Ion trägt die Ladung von $4{,}80 \cdot 10^{-10}$ ESE. Demnach bewirkt 1 mg Ra durch seine α-Strahlung einen Sättigungsstrom von

$$J = 3{,}72 \cdot 1{,}36 \cdot 4{,}80 \cdot 10^7 \cdot 10^5 \cdot 10^{-10} = 2{,}43 \cdot 10^3 \, \text{ESE},$$

ein Wert, der mit dem gemessenen in vorzüglicher Übereinstimmung steht.

2. Messung der Radium-Emanation.

Von allen α-strahlenden Substanzen ist die Em weitaus die wichtigste, und sie hat demnach auch eine ziemlich weitverbreitete therapeutische Anwendung in Form von Inhalationen, Trinkkuren, Bädern und lokalen Injektionen gefunden. Deshalb soll der Messung der Em hier in verbreitertem Maße Raum gegeben werden.

Über die besonderen Einheiten der Em ist auf S. 64 schon kurz berichtet worden. Die Em ist bekanntlich das erste Zerfallsprodukt des Radiums. Sie ist, wie Tab. 4 zeigt, ein Edelgas vom Atomgewicht 222 und der Kernladungszahl 86. Bei einer Temperatur von — 65° wird die Em flüssig und bei — 71° fest. Diese Daten spielen in der Darstellung größerer Em-Mengen für die γ-Therapie eine wesentliche Rolle. Die Em sendet nur α-Strahlen aus. Ihre Zerfallskonstante kann unmittelbar gemessen werden und beträgt $\lambda_{\text{Em}} = 2{,}097 \cdot 10^{-6}\,\text{sec}^{-1}$, d. h. die Em hat eine Halbwertzeit von 3,825 Tagen. Nach dieser Zeit ist also eine bestimmte Menge Em auf die Hälfte zerfallen. Eine so kurze Zerfallszeit spielt nun in der Praxis eine bedeutende Rolle und kann in der Berechnung und Messung nicht mehr vernachlässigt werden. Genauere Angaben folgen in Abschn. 5.

Durch Zerfall entstehen aus Em die kurzlebigen Produkte Ra A, Ra B, Ra C, Ra C′ und Ra C″. Davon sind Ra A, (Ra C + Ra C′) ebenfalls α-Strahler. Das langlebigste der kurzlebigen Folgeprodukte Ra B hat eine Halbwertzeit von $T = 26{,}8$ min. Somit ist das Gleichgewicht zwischen der Em und allen kurzlebigen Folgeprodukten nach der etwa zehnfachen Halbwertzeit von Ra B, d. h. nach zirka vier Stunden erreicht. In dieser Zeit ist die gesamte α-Strahlung bis auf den zirka dreifachen Wert des Anfangswertes der Em allein angestiegen. Von diesem Zeitpunkt an fällt sie mit der Zerfallskonstante der Em ab und hätte nach zirka 40 Tagen praktisch den Wert 0 erreicht. Der anfängliche Anstieg ist darauf zurückzuführen, daß die α-Strahler Ra A, (Ra C + Ra C′) nun ebenfalls α-Strahlen aussenden und nach Erreichung des Gleichgewichtes in der Zeiteinheit gleich viel Atome dieser Substanzen zerfallen, wie aus der Em neue nachgebildet werden. Aus dieser Überlegung folgt, daß genaue Em-Messungen auf Grund der α-Strahlung vier Stunden nach Extraktion der Em und Einschluß in das Meßgefäß ausgeführt werden müssen.

Die mit 1 g Ra im Gleichgewicht stehende Em-Menge bezeichnet man als 1 Curie = 1 c. Das Gewicht von 1 c Em läßt sich berechnen aus den Zerfallskonstanten (Tab. 4) des Ra und der Em. Diese betragen $\lambda_{Ra} = 1{,}39 \cdot 10^{-11}\,\text{sec}^{-1}$ und $\lambda_{Em} = 2{,}097 \cdot 10^{-6}\,\text{sec}^{-1}$. Demnach wiegt 1 c Emanation $\frac{1{,}39 \cdot 10^{-11}}{2{,}097 \cdot 10^{-6}} = 6{,}9 \cdot 10^{-6}\,\text{g}$. 10^{-3} c heißt 1 Millicurie (mc), 10^{-6} c = Mikrocurie (μc) und 10^{-9} c = Millimikrocurie (mμc) und schließlich 10^{-10} c = 1 Eman.

Die Konzentrationseinheit Mache-Einheit ist dadurch definiert, daß diese Em-Menge, bei voller Ausnützung der α-Strahlung einen Ionisationsstrom von 10^{-3} ESE bewirken soll. Um diese Gewichtsmenge Emanation zu berechnen, brauchen wir die Ionenzahl der α-Strahlen der Em $k_{Em} = 1{,}55 \cdot 10^5$. Ein α-Strahl bewirkt daher einen Ionisationsstrom von $J = 1{,}55 \cdot 10^5 \cdot 4{,}80 \cdot 10^{-10} = 7{,}44 \cdot 10^{-5}$ ESE. Da 1 c Em mit 1 g Ra im Gleichgewicht steht, emittiert es dieselbe Anzahl α-Strahlen, also $3{,}72 \cdot 10^{10}$ α-Strahlen pro Sekunde. 1 mμc sendet demnach jede Sekunde 37,2 α-Strahlen aus. Diese entsprechen $37{,}2 \cdot 7{,}44 \cdot 10^{-5} = 2{,}77 \cdot 10^{-3}$ ESE. Es ist demnach 1 ME $= \frac{1}{2{,}77} = 0{,}362$ mμc im Liter $0{,}362 \cdot 10^{-9}$ c = 3,62 Eman.

Zur praktischen Messung kleiner Em-Mengen mit Hilfe der α-Strahlenmethode wird die Em möglichst vollständig in eine große Ionisationskammer geblasen. Nach vier Stunden wird der Ionisationsstrom am Elektrometer gemessen und auf die Em-Menge umgerechnet. Diese Umrechnung ist nun aber nicht ganz einfach, da die festen Zerfallsprodukte teilweise an den Gefäßwänden sitzen und deren Strahlung demnach nicht voll ausgenützt wird. W. Douane und A. Laborde haben zur Berechnung der Korrekturen eine Formel angegeben.

Bezeichnet O die Oberfläche in Quadratzentimetern und V das Volumen in Kubikzentimetern der zylindrischen Ionisationskammer (Höhe und Durchmesser ungefähr gleich), so ist der gemessene Strom für Em + Ra A + (Ra C + Ra C′)

$$J' = C'\left(1 - 0{,}572\,\frac{O}{V}\right),$$

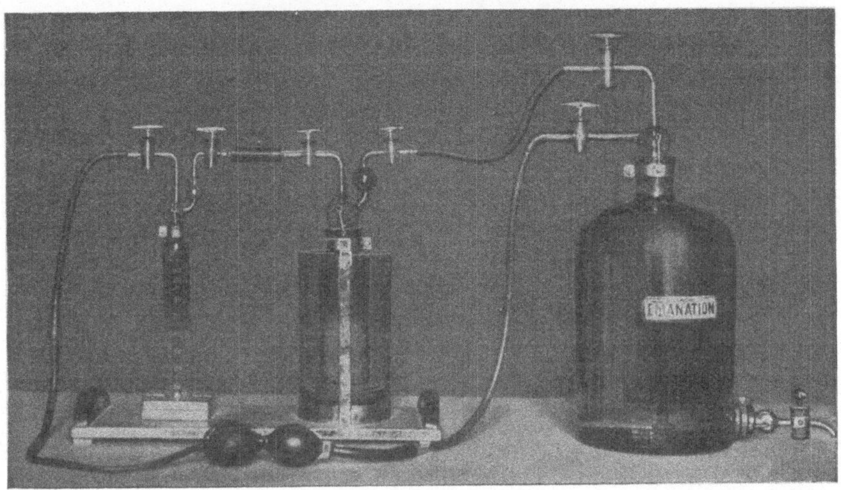

Abb. 28. Extraktion kleiner Emanationsmengen zur Emanierung von Wasser oder Luft. Zur Messung wird an Stelle der großen Flasche eine Ionisationskammer in den Gasstrom geschaltet (Abb. 29).

für die Emanation allein ist der Strom

$$J = C\left(1 - 0{,}517\,\frac{O}{V}\right).$$

C′ und C stellen die Stromwerte der Emanationsmenge mit und ohne Zerfallsprodukte dar. Für 1 c Emanation betragen

$$C' = 6{,}2\cdot 10^6\,\text{ESE},\quad C = 2{,}75\cdot 10^6\,\text{ESE}.$$

Zur Überführung der Emanation in die Ionisationskammer geht man am besten entweder so vor, daß man die Kammer evakuiert und dann an das Gefäß mit der Emanation anschließt, oder indem man einen in sich geschlossenen Luftstrom durch die Kammer und das Em-Gefäß bläst. Das letztere Vorgehen ist immer dann angebracht, wenn man die Emanation in Lösungen bestimmen muß.

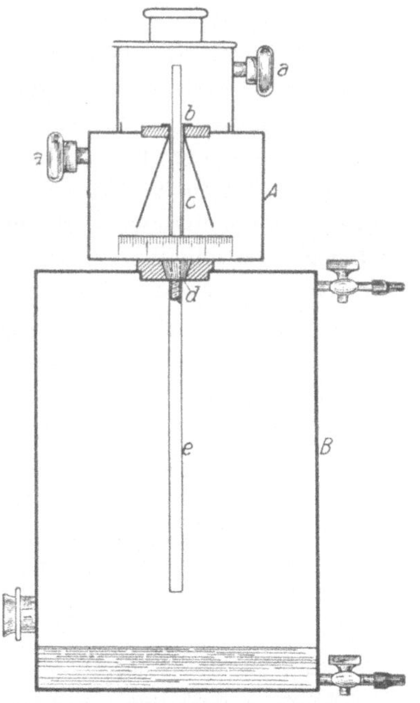

Abb. 29. Messung kleiner Emanationsmengen mit dem Fontaktometer (nach MACHE).

Das gesamte Verfahren zur Extraktion und Bestimmung der Em und damit auch des eventuellen Ra-Gehaltes aus Lösungen nach der α-Strahlenmethode ist in Abb. 28 und 29 wiedergegeben. Die Lösung befindet sich in der Flasche und ist mit einem

Gebläse über ein Trockenrohr ($CaCl_2$) mit der großen Flasche resp. Ionisationskammer verbunden. Am Elektrometer kann der Strom gemessen werden (Abb. 29).

Bei Bestimmung des Em- oder des Ra-Gehaltes nach dieser Methode — sie eignet sich ganz besonders für schwache Aktivitäten — sind neben der Korrektur nach DOUANE und LABORDE noch weitere Korrekturen am Resultat anzubringen. Zunächst findet die Messung vier Stunden nach Überführen der Em statt. In dieser Zeit sind 3% der anfänglichen Em-Menge bereits zerfallen. Weiter ist zu berücksichtigen, daß das gesamte Volumen der Luft in dem geschlossenen System mit Emanation gefüllt ist. Dieses gesamte Volumen setzt sich zusammen aus Ionisationskammer + Verbindungen + Gebläse + Flasche. Von dem Volumen der Flüssigkeit selber ist ein Viertel als Luftvolumen zu rechnen, da bei Zimmertemperatur der Diffusionskoeffizient des Wassers etwa 25% der Luft beträgt.

Bei Messungen sehr kleiner Aktivitäten mit sehr großen Ionisationskammern (mehrere Liter *Fontaktometer*, Quellen- und Wassermessungen) darf man mit genügender Genauigkeit vom gesamten gemessenen Ionisationsstrom nach der Volumenkorrektur 49% der Emanation zuordnen. Es sind dann die Korrekturen wegen des Zerfalles und wegen der Wirkung des aktiven Niederschlages in dieser Gesamtkorrektur enthalten. Für genaue Messungen eignet sich dieses Verfahren aber nicht.

Alle diese Korrekturen geben den so gefundenen Resultaten eine gewisse Unsicherheit. Man ist deshalb dazu übergegangen, die Messungen als Relativmessungen auszubilden und die gesuchte Aktivität an Normallösungen anzuschließen. Dadurch fallen bei gleichartiger Verwendung derselben Apparatur sämtliche Korrekturen fort. Zur Bestimmung des Ra-Gehaltes sollen die Angaben dienen, daß in der Normallösung, nachdem sie vollständig entemaniert war, in einem Tag 16,6%, in zwei Tagen 30,4%, in drei Tagen 41,9% und in vier Tagen 51,6% der Gleichgewichtsmenge nacherzeugt worden sind. Dieselben Zahlen gelten selbstverständlich auch für den Em-Gehalt der zu messenden Lösung. Genauere Angaben über die Nachbildung der Em aus Ra finden sich in Tab. 30 über den Zerfall der Em, aus der die gebildeten Mengen in Prozenten zu berechnen sind nach der Formel

$$M_t = (1 - e^{-\lambda t})\,100,$$

wobei die Zerfallskonstante der Em λ in Stunden gemessen ist.

Größere Em-Mengen, etwa zwischen 0,01 mc und mehreren mc mißt man viel vorteilhafter auf Grund der γ-Strahlung. Darauf soll bei den γ-Strahlenmessungen näher eingegangen werden.

Emanationsmessungen sind, wie aus den vorstehenden Überlegungen hervorgeht, nicht ganz einfach und auch, wenn man nicht besonders sauber arbeitet, oftmals recht ungenau. Es ist deshalb in der Praxis immer von Vorteil, wenn man eine Emanationsanlage für Bäder-, Trink- oder Inhalationszwecke bauen läßt, zunächst den genauen Ra-Gehalt des emanierenden Präparats zu bestimmen. Das kann in sehr einfacher und hinreichend genauer Weise geschehen dadurch, daß man das Präparat in ein möglichst kleines dünnwandiges Glas einschmilzt und nach Erreichen des Gleichgewichtes (nach 40 Tagen) nach der γ-Strahlenmethode genau mißt. Aus dem so bestimmten Ra-Gehalt ist es dann möglich, nach der vorstehenden Gleichung jederzeit die maximale Em-Menge zu berechnen, die das Präparat abgeben kann. Die hier und da vorgenommenen Em-Messungen dienen dann nur noch der Kontrolle der richtigen Abgabe.

3. Gewichtseinheiten für β- und γ-strahlende Präparate.

Für alle β- und γ-strahlenden Präparate ist es zweckmäßig und besonders einfach, wenn man ihren Gehalt in „Radiumäquivalent" angibt. Das gilt in ganz besonderem Maße für die in der Praxis ziemlich wichtigen Mesothor- und Thor X-Präparate. Zum Zwecke der

Abb. 30. γ-Strahlen-Elektrometer nach WULF.

genaueren Messung wurden die auf S. 58 besprochenen internationalen Standards geschaffen. Die Angaben über den Gehalt solcher Präparate in Milligramm bedeuten dann, daß die β- oder γ-Strahlung des besagten Präparats die gleiche Ionisation bewirkt, wie die angegebene Menge Radiumelement.

Besonders zum Zwecke der Eichung sind die Messungen der γ-Strahlung sehr wichtig. Man bezieht sich dabei auf die harte Komponente der γ-Strahlung, und die internationalen Bestimmungen der Messung verlangen, daß die γ-Strahlung durch 3 mm Blei gefiltert werden soll. Es ist dann die gemessene Strahlung derart, daß sie im wesentlichen nur noch von den C-Produkten (Ra C, Th C) herstammt, und es ist das auch diejenige Komponente, die für die Praxis besonders wichtig ist.

Die internationalen Bestimmungen verlangen ferner, daß das Pb-Filter von 3 mm sich direkt am Elektrometer befindet, damit so wenig wie möglich Streustrahlenmengen (Comptoneffekt) mitgemessen werden. Man ist deshalb dazu übergegangen, die Ionisationskammer des Elektrometers direkt allseitig mit 3 mm Hartblei zu umgeben. Solche Elektrometer sind dann selbstverständlich nur noch zur Messung der γ-Strahlung verwendbar. Sie heißen deshalb γ-Strahlenelektrometer. Abb. 30 zeigt ein solches Instrument nach Wulf. Mit allen solchen Apparaten ist es nur möglich, Relativmessungen der γ-Strahlung vorzunehmen. Derartige Messungen sind aber sehr wichtig zur fortlaufenden Kontrolle der vorhandenen Präparate und ganz besonders zur genauen Gehaltsbestimmung von Emanationspräparaten.

Man bedarf dazu eines Haus-Standard-Präparats. Dieses soll etwa folgende Forderungen erfüllen:

1. Der Gehalt des Standards soll von der gleichen Größenordnung sein, wie die Präparate, welche gemessen werden müssen.

2. Die äußeren Dimensionen des Standards sollen ebenfalls von derselben Größenordnung wie die der zu messenden Präparate sein.

3. Die primäre Filterung des Standards soll den zu messenden Präparaten äquivalent sein, oder durch Zusatzfilter äquivalent gemacht werden können.

4. Der Standard soll absolut emanationsdicht verschlossen sein. Diese Forderung ist für alle γ-Präparate selbstverständlich, muß aber, wie die Erfahrung zeigt, von Zeit zu Zeit geprüft werden.

5. Der Standard soll aus mesothorfreiem Radium bestehen, damit die Konstanz der Strahlung über längere Zeit gewährleistet ist.

6. Der Standard soll als solcher gekennzeichnet sein und wenn möglich nicht zu anderen Zwecken, als zu Messungen verwendet werden.

7. Etwa alle zehn Jahre soll er durch eine offizielle Eichstelle neu geeicht und mit einem neuen Prüfschein versehen werden.

Die obigen Forderungen bedingen bei größeren Instituten den Besitz mehrerer Standardpräparate.

Auch die Messung der β- und γ-strahlenden Präparate bedient sich der Ionisation der Luft. Will man bei der Messung nur die γ-Strahlung berücksichtigen, so bedient man sich der internationalen Übereinkunft der Messung hinter 3 mm Pb. Bei allen diesen Messungen ist aber ein Faktor von ausschlaggebender Bedeutung. Die γ-Strahlen erzeugen in der Wandung der Ionisationskammer durch den Absorptions- und ganz besonders durch den Streuvorgang sekundäre Elektronen relativ hoher

Geschwindigkeit und damit großer Reichweite. Diese sekundären Elektronen bewirken die Ionisation. Sie haben in Luft Reichweiten bis zu einigen Metern. Es ist demnach nicht mehr möglich, Ionisationskammern zu bauen, in denen die Reichweite voll ausgenützt wird. Es ist also nicht gleichgültig, mit welchem Instrument die Messung ausgeführt wurde, sondern der von ein und demselben Präparat bewirkte Ionisationsstrom ist seiner Größe nach von der Meßapparatur abhängig. Deswegen müssen Relativmessungen mit derselben Apparatur ausgeführt werden.

Vorteilhafterweise bestimmt man zum Zwecke solcher Messungen die sog. Evesche Zahl des Instruments, d. h. die Anzahl der Ionen, die 1 mg Ra El. im Abstand von 1 cm in 1 cm³ der Ionisationskammer pro Sekunde hervorruft. Diese Zahl ist dann die Eichkonstante des Instruments und bleibt auch meist über längere Zeit konstant.

Die praktische Bestimmung der Eveschen Zahl eines Elektrometers, dessen Ionisationskammer das Volumen V besitzt, wird auf die folgende Weise vorgenommen: Unter der Voraussetzung, daß die Kapazität C des Instruments bekannt sei, ist der Strom in absoluten Einheiten gemessen:

$$J = k \frac{1}{300} C \frac{\Delta V}{\Delta t} \text{ ESE.}$$

In einem möglichst großen Abstand r wird in einem freien Raum ein möglichst punktförmiges Präparat mit M mg Ra El bei einer Primärfilterung von 3,4 mm Pb aufgestellt. Dann wird der Ionisationsstrom der γ-Strahlung J gemessen. Daraus berechnet sich die Evesche Zahl der Meßanordnung zu

$$K' = \frac{J \cdot r^2}{4{,}80 \cdot 10^{-10} M \cdot V} \text{ Ionen.}$$

In dieser Apparatenkonstante sind alle Korrekturen der Messung enthalten und fallen bei Messungen anderer Präparate weg. Trotzdem ist es aber vorteilhafter, Mengenmessungen unter direktem Vergleich mit dem Standard unter möglichst gleichen äußeren Bedingungen durchzuführen. Solche Messungen berechnen sich dann sehr einfach. Der Standard enthalte m mg Ra El. und ergebe einen Ionisationsstrom J_m. Das zu messende Präparat der unbekannten Stärke M ergebe einen Strom J_M. Dann ist sein Gehalt äquivalent

$$M = \frac{J_M}{J_m} m \text{ mg Ra El.}$$

Bei Messungen, bei denen es auf sehr große Genauigkeit nicht ankommt, ist es auch möglich, Standard und unbekanntes Präparat, wenn deren Gehalt zu verschieden ist, unter verschiedenen Abständen zu messen und die Abstände nach dem Quadratgesetz zu korrigieren. Auch das soll noch durch ein Beispiel gezeigt werden:

Präparat: unbekannte Menge M, Strom J_M, Abstand A; Standard m, Strom J_m, Abstand a. Es verhalten sich

$$\frac{J_M}{J_m} = \frac{M \cdot a^2}{m \cdot A^2}.$$

Daraus folgt der Wert für die Stärke des Präparats zu

$$M = \frac{J_M A^2}{J_m a^2} m \text{ mg Ra El.}$$

Mit dieser Korrektur sind die Messungen nicht mehr sehr genau ($\pm$ 5%). Ohne Abstandskorrekturen dagegen und bei Einhaltung genau derselben Bedingungen für Standard und Präparat ist es leicht möglich, die Genauigkeit unter einen Meßfehler von 1% zu treiben.

Vierter Abschnitt.

Medizinische Dosimetrie.

A. Definition und Messung der Strahlendosis.

I. Der Dosisbegriff.

Die Therapie mit kurzwelligen Strahlen hat die Bezeichnung *Strahlendosis* der therapeutischen Praxis mit chemischen Substanzen entnommen. Man versteht in der Chemotherapie unter der Dosis einer bestimmten Substanz eine meßbare (Flüssigkeiten) oder wägbare (feste Stoffe) Menge dieser Substanz, die dem Körper *einverleibt* wird und dort eine therapeutische Wirkung hervorruft. Man drückt demnach Dosen von therapeutischen Substanzen in Volumen- oder Gewichtseinheiten aus. Häufig ist man noch gewohnt, eine Bemerkung über die Konzentration anzugeben, unter welcher diese Substanz im Körper vorhanden sein soll. Man spricht dann etwa von Milligramm pro Kilogramm Körpergewicht. In diesem Sinne sind die Dosen therapeutischer Substanzen zunächst, wenn man von der Wirkung absieht, auch eindeutig definiert. Die Dosis ist physikalisch eine *Menge*.

Weniger eindeutig wird der chemotherapeutische Dosisbegriff schon, wenn man darin die Wirkung berücksichtigen will. So pflegt man bei gewissen Substanzen von Maximaldosen oder Minimaldosen zu sprechen und versteht darunter diejenigen Mengen, die man im Hinblick auf die Wirkung und die eventuellen Nebenwirkungen maximal applizieren darf, bzw. applizieren muß, damit die erwartete Wirkung manifest wird. Die normalerweise angewandten Dosen liegen irgendwo zwischen diesen beiden Grenzen und werden durch die *Erfahrung* bestimmt. Dieses wesentlich empirische Bestimmungsstück ergibt sich aus der Reaktion des biologischen Objekts, im besonderen des Patienten. Der Dosisbegriff enthält demnach neben seinem physikalisch oder chemisch genau definierten Inhalt auch noch einen zweiten, ebenso wichtigen biologischen und relativ schlecht definierten, über den ohne empirische Untersuchungen keine genauen Aussagen gemacht werden können.

Die obigen Überlegungen gelten, was der Dualismus des Inhaltes anbetrifft, ebenfalls für den Dosisbegriff in der Strahlentherapie. Auf der einen Seite ist es nach immerhin langen Arbeiten möglich geworden, den physikalischen Teil des Dosisbegriffes abzuklären und demnach eine im physikalischen Sinne eindeutige Einheit der Dosis bei der Strahlenanwendung zu schaffen. Es soll hier angeführt werden, daß das beispielsweise bei der Anwendung von Licht, Ultraviolett oder Infrarot, bis heute noch nicht möglich war.

Demgegenüber sind die Untersuchungen, welche sich mit der qualitativen und quantitativen Wirkungsweise der Strahlen beschäftigen, heute keineswegs abgeschlossen und es ist noch nicht möglich, darüber ein einigermaßen abschließendes Urteil zu fällen. Die bestehenden Anschauungen und Theorien stehen sich zum Teil gegenüber, so daß in diesem Rahmen nicht näher darauf eingetreten werden soll.

II. Ältere Dosiseinheiten.

Man ist bei der Aufstellung der Dosiseinheiten für die Strahlungen radioaktiver Substanzen zunächst denselben Weg gegangen, wie in der Anwendung chemischer Stoffe. Auch heute gilt das noch in vollem Umfang für bestimmte therapeutische Anwendungen der Radium-Emanation. Hier hat dieses Vorgehen seine volle Berechtigung. Man verleibt dem Körper durch die therapeutischen Maßnahmen oft eine bestimmte Menge Em ein und spricht dann beispielsweise von einer Emanationsdosis von 1 μc, wenn der betreffende Patient diese Menge z. B. durch Inhalation oder in einer Flüssigkeit (Wasser) in sich aufgenommen hat. Die Emanationsmenge wird bei diesen Anwendungsformen auch im Körper belassen und zerfällt unter Bildung der Folgeprodukte Ra A bis Ra G. Ein großer Teil der Em wird durch die natürlichen Wege wieder ausgeschieden, genau wie das auch bei anderen Therapeutika der Fall ist. In der *Schwach*-Emanationstherapie ist die Em-Dosis eine Menge und die Anwendung grundsätzlich dieselbe wie die anderer chemischer Substanzen. Daß bei der Em die Strahlung, insbesondere die α-Strahlung, wirksam ist, hat zunächst untergeordnete Bedeutung.

Derselbe Dosisbegriff ist bei der Emanation berechtigt bei Anwendungsformen, bei denen dieselbe in den zu behandelnden Körperteil direkt oder in einer Trägerflüssigkeit injiziert wird. Auch in dieser Anwendungsform handelt es sich um eine Menge, die beispielsweise in mc gemessen wird.

Dabei sollen über den Wirkungsmechanismus dieser Anwendungen hier keine weiteren Angaben gemacht werden, besonders auch im Hinblick auf die Tatsache, daß diese Anwendungsformen zum Teil noch umstritten sind und in ihrer Gesamtheit keineswegs vollständig überblickt werden können.

Wesentlich schwieriger ist es schon, bei radioaktiven Wasser- oder Luftbädern von der Dosis zu sprechen. Bei diesen Anwendungen ist es deshalb sachlicher, wenn man nur die Konzentration des Em in Luft oder Wasser z. B. in Mache-Einheiten angibt und den Begriff der Dosis nicht verwendet.

Bei allen Anwendungsformen, bei denen von einer *Strahlenquelle* gesprochen werden kann, die eine räumlich eng umschriebene, unveränderliche Form aufweist, in allen Fällen also, bei denen die radioaktive Substanz in einen Träger oder Applikator irgendwelcher Form eingeschlossen ist, kann die Strahlendosis nicht mehr durch die Menge allein ausgedrückt werden. Es sind dabei noch andere Faktoren ebenso wesentlich wie die Menge.

Einer dieser Hauptfaktoren ist die Zeit. Ein Strahlenträger, der die Menge M an radioaktiver Substanz enthält, wirkt eine gewisse Zeit t. Die Menge der ausgesandten Strahlung ist nun bei sonst gleichen Verhältnissen um so größer, je größer die Menge M ist, und auch um so größer, je länger die Zeit der Einwirkung. Die Strahlenmenge ist demnach dem Produkt aus Menge und Einwirkungszeit proportional. Auf dieser groben Überlegung sind auch einige ältere ,,Dosiseinheiten" aufgebaut. Wie in der Folge gezeigt werden soll, sind sie aber nur in den Fällen brauchbar, in denen neben den Angaben über Menge und Zeit noch andere, genauere Angaben über die räumliche Anordnung zur Verfügung stehen. Da diese Einheiten aber heute noch gelegentlich verwendet werden, so sollen sie im folgenden angeführt werden. Sie betreffen, da ja die strahlende Substanzmenge in einem Applikator (gasdicht) eingeschlossen ist, die Anwendung der β- und ganz besonders der γ-Strahlen.

Das *Millicurie détruit (mcd)*, die *Millicuriestunde (mch)* und die *Milligrammstunde (mgh* oder *mgeh)*. Diese drei Einheiten benutzen als Basis das Produkt aus einer bestimmten Menge strahlender Substanz und der Bestrahlungszeit.

Die gegenseitigen Beziehungen sind die folgenden:

$$\begin{aligned} 1\,\text{mgh} &= 1\,\text{mch} = \frac{7{,}55}{1000}\,\text{mcd}; \\ 1\,\text{mcd} &= 132\,\text{mgh}; \\ 1\,\text{mcrd} &= 1/1000\,\text{mcd} = 0{,}132\,\text{mgh}. \end{aligned}$$

Bei diesen ,,Emissionseinheiten" ist in Berücksichtigung zu ziehen, daß sie für verschiedene Elemente aufgestellt worden sind. Die Milligrammstunde ist aufgestellt für Radiumelement mit seinen Zerfallsprodukten, die Millicuriestunde, das Millicurie détruit für die Radium-Emanation (Radon) mit ihren Zerfallsprodukten.

Da die Halbwertzeit der Radium-Emanation nur 3,825 Tage beträgt, ist es notwendig, daß Emanationskörper genau datiert sind, weil ihr

Gehalt nach der Zerfallskonstanten (Halbwertzeit) der Emanation abfällt. Es ist die emittierte Strahlenmenge

$$D = \frac{A}{\lambda}(1 - e^{-\lambda t}).$$

Darin bedeutet D die „Dosis" in mch, A den Gehalt des Radiumträgers in mc, e die Basis der natürlichen Logarithmen (2,718) und λ die Zerfallskonstante des Radons (0,00755) und t die Zeit in Stunden. So ergibt sich die „Dosis" in mch oder mgh. Dabei beträgt der Wert $\frac{1}{\lambda} = 132$. Also $D = 132\,A\,(1 - e^{-\lambda t})$.

Die Angabe der „Dosis" in mgh ist wegen der hohen Lebensdauer des Radiums von der Zeit praktisch unabhängig. Die Anführungszeichen sollen angeben, daß die Verwendung des Begriffes Dosis für das Produkt aus Substanzmenge und Zeit unrichtig ist.

Zur rascheren Berechnung der emittierten Gesamtstrahlung nach der vorstehenden Formel dient die folgende Tabelle 19. Angegeben sind die Werte der Funktion $\frac{1}{\lambda}(1 - e^{-\lambda t})$ für verschiedene Werte von t in Stunden. Um die emittierte Gesamtstrahlenmenge eines Emanationspräparats von M mc nach t Stunden bis zum vollständigen Zerfall zu berechnen, ist der Wert der Funktion für t mit M zu multiplizieren. Handelt es sich darum, die gesamte Strahlenmenge für eine bestimmte Anwendungszeit zu bestimmen, so ist der entsprechende Wert für den Beginn und das Ende der Anwendung zu bestimmen. Die angewandte Strahlenmenge ergibt sich aus der Differenz der beiden der Tabelle entnommenen Werte.

Tabelle 19. Werte der Funktion $\frac{1}{\lambda}(1 - e^{-\lambda t})$ zur Bestimmung der Gesamtstrahlenmenge von Emanationspräparaten.

t in Stunden	$\frac{1}{\lambda}(1-e^{-\lambda t})$	t in Stunden	$\frac{1}{\lambda}(1-e^{-\lambda t})$	t in Tagen	$\frac{1}{\lambda}(1-e^{-\lambda t})$
1	1,0	15	14,2	4,5 d	73,8
2	1,99	20	18,5	5	79,0
3	2,97	24 = 1 d	22,0	6	87,8
4	3,94	30	26,9	7	95,0
5	4,90	36 = 1,5 d	31,5	8	101
6	5,86	42	36,0	9	106
7	6,81	48 = 2 d	40,2	10	110
8	7,76	2,5 d	48,2	12	114
9	8,70	3	55,5	14	124
10	9,63	3,5	62,3	20	129
12	11,4	4	69,5	40	132

Der Gebrauch der Tabelle soll an einem Beispiel erläutert werden:

Ein Em-Träger enthalte nach der Füllung 20 mc Em. Seine gesamte zur Verfügung stehende Strahlenmenge bis zum vollständigen Zerfall nach 40 Tagen beträgt demnach 20 mcd und diese Strahlung wäre äquivalent 20·132 mgh, d. h. 2640 mgh. Die emittierte β- und γ-

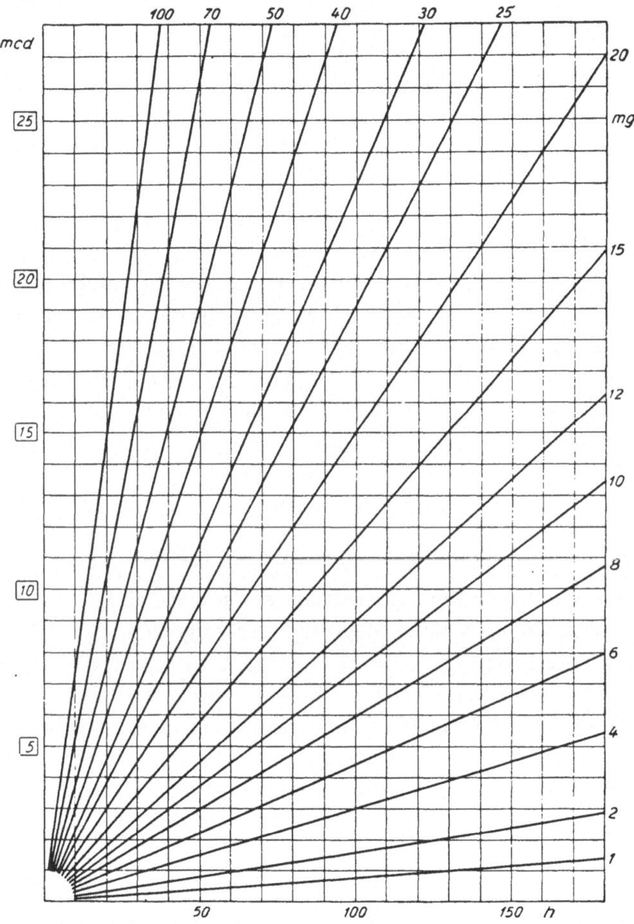

Abb. 31. Nomogramm zur raschen Bestimmung einer Gesamtstrahlenmenge in mcd aus einer Menge in mg und der Zeit in h. Abszisse: Zeit, Ordinate: mcd, Schiefe Geraden: Menge in mg.

Strahlenmenge ist demnach dieselbe wie die von beispielsweise 100 mg in 26,4 h oder 26,4 mg in 100 h. Der Träger sei zur Zeit der Anwendung 24 Stunden alt. Bis zu diesem Zeitpunkt hat er bereits 20·22,0 = = 440 mch = mgh Strahlung abgegeben. Die Applikation dauere vier Tage. Sein Alter ist also dann fünf Tage. Die abgegebene Strahlenmenge ist somit total 20·79,0 = 1580 mch = mgh. Die insgesamt applizierte Strahlenmenge ist die Differenz dieser beiden Werte, also äquivalent

1580 — 440 = 1140 mch. Sie ist gleichwertig einer Ra-Menge 12 mg während der gleichen Zeit von vier Tagen.

In dieser einfachen Weise können mit der vorstehenden Tabelle sämtliche praktisch vorkommenden Beispiele ohne Schwierigkeit berechnet werden. Notwendig ist dazu aber der genaue Gehalt des Em-Präparats zur Zeit der Füllung und die genaue Angabe des Alters.

Gelegentlich kann es erwünscht sein, Milligrammstunden in Millicurie détruits (verflossene Millicurie) umzurechnen. Das ist in den Fällen erwünscht, in denen der Praktiker die Applikation nach der Erfahrung mit Em macht. Dazu dient die Abb. 31.

Darin sind angegeben als Abszisse die Zeit in h, als Ordinate die Zahl der mcd. Die schiefen Geraden entsprechen Radiummengen von 1, 2, 4, 6, 8, 10 bis 100 mg. Der Schnittpunkt der schiefen Geraden mit einer gewünschten Anzahl mcd bestimmt die zur Applikation notwendige Zeit. So ist z. B. aus der Abb. 31 zu entnehmen, daß zur Anwendung von 4 mcd mit beispielsweise 20 mg Ra El 26,4 h notwendig sind. Dieselbe Menge würde man mit 10 mg in 52,8 h, mit 50 mg in 10,6 h erhalten. Die nicht eingetragenen Zwischenwerte lassen sich leicht interpolieren. Bei genaueren Berechnungen verwendet man die schon oben angegebene Beziehung

$$1 \text{ mcd} = 132 \text{ mgh}.$$

III. Das Abstandsgesetz.

Alle die vorstehenden Einheiten schließen einige grundsätzliche Mängel in sich, so daß eine Messung der angewendeten Strahlendosis mit ihnen gänzlich unmöglich ist, wenn nicht genauere Angaben über die räumliche Verteilung der strahlenden Substanz vorliegen. So sagt z. B. die bloße Angabe „die Bestrahlung wurde mit *a* mgh oder mit *b* mcd durchgeführt“ etwa so viel, wie wenn man sagen würde, daß die Beleuchtungsstärke in einem Zimmer (ohne nähere Angaben) beispielsweise 0,5 A Stromstärke der Lampe betrage.

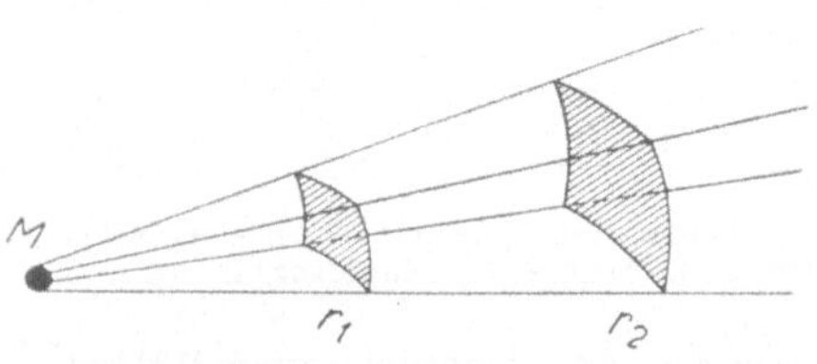

Abb. 32. Radiale Ausbreitung der Strahlung einer punktförmigen Strahlenquelle *M*.

Das Problem der Strahlenmessung ist demnach zunächst ein geometrisches. Die radioaktive Strahlenquelle hat eine bestimmte geometrische Form und bestimmte (meist kleine) Dimensionen. Nun ist die Intensität der Strahlung vor allen Dingen davon abhängig, an welchem Punkt in der Umgebung der Strahlenquelle sie gemessen wird.

Denkt man sich die Strahlenquelle punktförmig, die Ladung der Quelle konstant und verzichtet man zunächst auf die Schwächung der

Strahlung z. B. in der umgebenden Luft (das darf man für die γ-Strahlung für kleinere Distanzen), so ist, wie Abb. 32 zeigt, die Intensität auf um die Strahlenquelle konzentrischen Kugelschalen konstant. Die Strahlung breitet sich radial aus.

Die Oberfläche der Kugelschalen beträgt $O = 4\pi a^2$ cm², wenn a in Zentimetern gemessen wird. Mißt man z. B. die Intensität in 1 cm Abstand von der Strahlenquelle bei einer bestimmten Ladung der Quelle und bestimmten Filterverhältnissen und bezeichnet diese Intensität $i = \frac{M}{4\pi}$ als Einheit, so ist es ohne weiteres möglich, für alle Punkte um den Strahlenträger herum, die Intensität im Verhältnis zu dieser Einheit zu berechnen.

Betragen die Abstände der Punkte $P_1, P_2, P_3, \ldots$ von der Strahlenquelle $a_1, a_2, a_3, \ldots$ cm, so sind die Strahlungsintensitäten in $P_1, P_2, P_3, \ldots$ $J_1 = \frac{i}{a_1^2}$, $J_2 = \frac{i}{a_2^2}$, $J_3 = \frac{i}{a_3^2}$, ... Allgemein kann man sagen:

Die Intensität J der Strahlung einer punktförmigen Strahlenquelle fällt mit zunehmendem Abstand a quadratisch ab. Dabei muß zur Messung die Intensität in Abstand 1 cm $= i$ definiert sein.

$$J = \frac{i}{a^2}.$$

Selbstverständlich gilt dieses Gesetz auch für Punkte, deren Abstand $a < 1$ cm ist. Sind die Strahlungsträger nicht punktförmig, und diese Einschränkung gilt für alle praktisch verwendeten Präparate, so resultieren andere Gleichungen. Der Berechnung dieser Gleichungen ist ein besonderer Abschnitt gewidmet.

Es ist somit eine grundsätzliche Problemstellung, über die Einheit der Intensität im Abstand von 1 cm genauere Angaben zu machen. Es wird das die Aufgabe eines besonderen Kapitels über die Definition der Strahlendosis und der Absolutmessung derselben sein. Vorher soll noch ein weiterer Hinweis gemacht werden.

Die vorstehenden Gesetzmäßigkeiten gelten ausschließlich für β- und ganz besonders für γ-Strahlen. Bei der β-Strahlung müßte dabei für größere Distanzen (mehrere Zentimeter) noch die Einschränkung gemacht werden, daß die Strahlung nicht durch ein Medium (z. B. Luft) geschwächt wird. Dann würden sich auch β-Strahlen geradlinig radial von der Strahlenquelle weg fortpflanzen. Tatsächlich liegen die Verhältnisse nicht so einfach. Dies ganz besonders deshalb, weil die Schwächung der β-Strahlen ein zusammengesetzter Vorgang ist und sowohl auf einer Energieverminderung der einzelnen β-Strahlen als auch auf einer Verminderung von deren Anzahl beruht (vgl. Kap. 2, II).

IV. Die Dominici-Einheit D.

Die einzige ältere Einheit der γ-Strahlung, die dem Abstandsgesetz und auch der Strahlenqualität Rechnung trug, ist die nach dem Radiologen Dominici benannte Einheit.

Sie ist diejenige Strahlenmenge, die die Ionisationskammer eines Ionomikrometers nach Mallet von einem Radiumkörper von 10 mg Ra El. im Gleichgewicht mit seinen Zerfallsprodukten, gefiltert mit 2 mm Platin, in einem Abstand von 2 cm während zehn Stunden erhält.

Die Dominici-Einheit hat mehrere Nachteile, einmal ist die Aufstellung an eine ganz bestimmte Meßanordnung gebunden, dann ist sie nicht in absoluten Maßeinheiten ausdrückbar, und weiter hat sie eine Strahlenart von ganz bestimmter Beschaffenheit (2 mm Platinfilterung) zur Grundlage. Für praktische Zwecke wurde aber diese Einheit viel gebraucht, und sie hat auch physikalisch größere Bedeutung, weil sie gestattet, dank den genauen Angaben eine Umrechnung in absolute Einheiten vorzunehmen.

V. Forderungen an die Dosiseinheit.

Aus der Einleitung zu diesem Abschnitt geht hervor, daß an die Einheit der Strahlendosis zahlreiche und sehr verschiedene Anforderungen gestellt werden. Sie sind zum Teil dieselben, wie sie für das Meßverfahren der Strahlung (vgl. Kap. 3, I) gestellt werden müssen. Die Einheit der Dosis soll folgenden Forderungen möglichst Genüge leisten:

1. Sie soll auf die im Körper zurückgehaltene, also dem Körper einverleibte Strahlung anwendbar sein. Nur dieser Teil ist für die Dosis von Bedeutung. Demnach sind alle vorstehend angeführten Einheiten unbrauchbar, denn sie geben die vom Präparat ausgesandte Strahlung an, oder sind dieser proportional. Die Dosis muß demnach am Ort der Wirkung gemessen werden, oder sich für diesen Ort relativ einfach aus den Messungen berechnen lassen.

2. Damit der Wirkung Rechenschaft getragen wird, muß die Dosiseinheit durch den Schwächungsvorgang der Strahlung definiert werden. Die Schwächung muß in einem Stoff erfolgen, der eine unmittelbare Übertragung der Resultate auf das biologische Gewebe gestattet. Diesen Forderungen entspricht in besonderem Maße die Luft.

3. Beim Schwächungsvorgang in der Luft muß die Ionisation zur Definition der Einheit der Strahlendosis herangezogen werden. Die Ionisation soll als elektrischer Strom gemessen werden, und die Einheit der Strahlendosis soll auf die Einheit des elektrischen Stromes zurückgeführt werden.

4. Die Einheit soll in Einheiten des absoluten Maßsystems angedrückt werden können.

5. Die Einheit soll beliebig teilbar und multiplizierbar sein.

6. Die Einheit soll von einer bestimmten Meßanordnung (im Gegensatz etwa zur DOMINICI-Einheit) gänzlich unabhängig und beliebig reproduzierbar sein.

7. Die Einheit soll von der Wellenlänge der Strahlung in möglichst weiten Grenzen unabhängig sein.

8. Die Strahlung soll in der täglichen Praxis relativ einfach in der zu schaffenden Einheit gemessen bzw. berechnet werden können.

9. Schließlich soll die Einheit der Strahlung der radioaktiven Substanzen (β- und besonders γ-Strahlung) wegen der oftmals ähnlichen oder gleichartigen Anwendung dieselbe sein wie für Röntgenstrahlen.

VI. Die internationale Röntgeneinheit.

Genau dieselben Forderungen, wie sie vorstehend für die Messung und die Einheit der γ-Strahlendosis beschrieben wurden, mußten auch an die Messung und Einheit der Röntgenstrahlendosis gestellt werden. Zahlreiche Arbeiten, auf die hier nicht eingegangen werden soll, führten dazu, daß auf dem II. Internationalen Radiologenkongreß in Stockholm die Einheit der Röntgenstrahlendosis aufgestellt und als internationale Einheit erklärt werden konnte. Die Definition lautete:

„Die internationale Einheit der Röntgenstrahlendosis soll durch die Röntgenstrahlenmenge dargestellt werden, die bei voller Ausnützung der Sekundärelektronen und unter Vermeidung der Wandwirkungen der Ionisationskammer in 1 cm^3 atmosphärischer Luft von 0° und 76 cm Hg Druck eine solche Leitfähigkeit bewirkt, daß eine Ladung von 1 ESE bei Sättigungsstrom gemessen wird. Sie wird 1 Röntgen genannt und mit 1 r bezeichnet."

Die Aufstellung der internationalen Röntgeneinheit war der Ausgangspunkt für die langen Arbeiten, die schließlich dazu führten, die γ-Strahlung in derselben Einheit ausdrücken zu können. Die erste derartige Messung geschah schon 1929. Am Kongreß in Zürich 1934 konnte beschlossen werden, daß die Arbeiten über die Vereinheitlichung der Strahlendosis aussichtsreich seien und deshalb fortgesetzt werden müßten. Der Kongreß 1937 in Chicago brachte den Beschluß der Vereinheitlichung. Darnach ist die Einheit der Röntgen- und γ-Strahlendosis das int. Röntgen.

Einige neueste Untersuchungen beschäftigen sich damit, auch die β-Strahlung in r zu messen und auszudrücken. Darauf soll später noch näher eingegangen werden.

VII. Strahlenmessung in int. r.

Die Definition der Strahlendosis stellt an die Messung derselben eine ganze Reihe Anforderungen. Die erste dieser Forderungen ist die der

Strahlenmenge. Dieselbe ist gegeben durch das Produkt aus der Intensität J und der Zeit t, also

$$D = J\,t.$$

Ist die Intensität während der zur Messung notwendigen Zeit konstant, etwa wie die Strahlung des Radiums, so schließt dieses Produkt keine weiteren Komplikationen in sich. Ist sie das aber nicht (wie genau genommen bei jeder praktischen Röntgenbestrahlung oder bei jeder Bestrahlung mit Emanation), so ist $J = f(t)$, z. B. für Emanation $J = J_0\,e^{-\lambda t}$. Es stellt demnach die über eine endliche Zeit gemessene Dosis bereits einen Mittelwert der über die Zeit t integrierten Intensitäten dar. Diese Tatsache ist aber praktisch von geringer Bedeutung, da ja die Bestrahlungen stets größere Zeiten beanspruchen. Nur bei Bestrahlungen mit Em kann die genaue Gleichung nicht mehr vernachlässigt werden, weil da die Anwendungs- und Zerfallszeiten schon von derselben Größenordnung sind. Die Lösung der dabei auftretenden Differentialgleichung stellt die Funktion auf S. 76 dar.

Eine zweite Forderung der Definition ist die Messung in atmosphärischer Luft durch den bei der Bestrahlung auftretenden Ionisationsstrom. Dieser soll unter Einhaltung bestimmter Bedingungen pro Kubikzentimeter 1 ESE bei Normalzustand betragen. Die neueste Formulierung der Definition stützt sich auf das Gewicht von 1 cm^3 Luft bei 76 cm Hg Druck und 0° Temperatur. Dieses beträgt 1,293 mg.

Die dritte Forderung der Definition verlangt, daß der Ionisationsstrom von 1 ESE pro Kubikzentimeter bei Sättigung gemessen werde. Diese Forderung muß an jede Ionisationsmessung gestellt werden, wie aus den Überlegungen auf S. 62 hervorgeht. Der Sättigungsstrom ist nichts anderes als derjenige Strom, der resultiert, wenn alle durch den Schwächungsvorgang der Strahlung in der Luft gebildeten Ionen zur Elektrizitätsleitung in der Ionisationskammer verwendet werden.

Trotzdem sind zur Realisierung des Sättigungsstromes einige Vorsichtsmaßnahmen geboten. Daß die Spannung an der Meßkammer größer sein muß als die Sättigungsspannung, geht aus Abb. 27, S. 62, hervor. Wird aber die Kammerspannung zu hoch gewählt, so können zwei Erscheinungen auftreten, die die Messungen stören, ja unmöglich machen können.

Der eine dieser Vorgänge ist bekannt unter dem Begriff der Stoßionisation. Die Stoßionisation tritt dann auf, wenn einzelne durch die Strahlung bewirkte Ionen durch das elektrische Feld auf so hohe Geschwindigkeiten beschleunigt werden, daß sie ihrerseits beim Zusammenstoß mit Luftmolekülen zu neuen Ionisationen führen. Die Kammerspannung muß so gewählt werden, daß Stoßionisation nicht eintreten kann. Das ist bei normaler Luftdichte der Fall, wenn das Feld nicht größer ist als etwa 100 V/cm.

Der zweite Faktor, der bei der Umgrenzung der Sättigungsspannung zu berücksichtigen ist, steht mit der Stoßionisation in direktem Zusammenhang. Er wird meistens mit der Spitzenwirkung bezeichnet. An scharfen Kanten im elektrischen Feld ist das Potentialgefälle häufig derartig hoch, daß an diesen Punkten schon bei geringen Spannungen selbständige Entladungen auftreten. Darauf hat besonders in der letzten Zeit U. HENSCHKE aufmerksam gemacht. Auch diese Entladungen müssen selbstverständlich bei der Messung peinlichst vermieden werden, was durch eine entsprechende Kontrolle der Apparate leicht geschehen kann.

Die Hauptforderung der Definition des r verlangt die volle Ausnützung der Sekundärelektronen und den Ausschluß der Wirkungen der Wände der Ionisationskammer. In Tab. 18 sind einige Reichweiten von β-Strahlen für verschiedene Geschwindigkeiten zusammengestellt. Diese Reichweiten entsprechen auch den bei Absorption und Streuung auftretenden Sekundärelektronen der zugehörigen Wellenlängen der Röntgen- oder γ-Strahlung. Wie man aus der Tabelle ersehen kann, sind im Gebiete der praktisch verwendeten Röntgenstrahlen die Reichweiten der Photo- und Streuelektronen nicht besonders groß. Sie liegen unter 200 kV Spannung in der Größenordnung von mehreren Zentimetern bis maximal 1 m. Die Ionisationskammer muß demnach so groß gewählt werden, daß alle sekundär erzeugten Elektronen ihre ganze Reichweite durchlaufen können und nirgends auf die Wandung der Kammer treffen. Der Radius der Kammer wird durch die Reichweite der Sekundärelektronen vorgeschrieben.

H. HOLTHUSEN, W. FRIEDRICH und besonders H. BEHNKEN haben für Röntgenstrahlen die Forderungen der vollen Ausnützung der Sekundärelektronen und des Ausschlusses der Wandwirkungen durch die Konstruktion der sog. Faßkammer realisiert. Diese besondere Ionisationskammer ist in Abb. 33 schematisch wiedergegeben. Durch eine Blende tritt auf der linken Seite ein ausgeblendetes Röntgenstrahlenbündel von meßbarem (etwa 1 cm²) Querschnitt in die Kammer ein. Es durchläuft die ganze Kammer und tritt auf der rechten Seite wieder aus. Die Meßkammer hat an der Eintritts- und Austrittsstelle des Strahlenbündels zwei engere Ansätze, die dazu dienen, die Streustrahlung der Eintritts- und Austrittsblende unschädlich zu machen. Das gelingt durch diese Bauart bis auf eine Größenordnung, die für die Messung bedeutungslos ist.

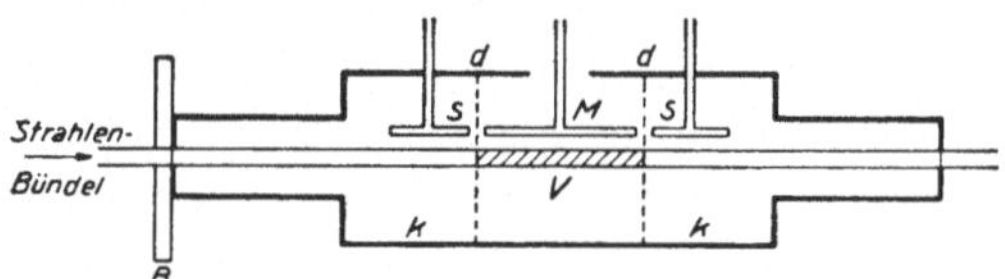

Abb. 33. Faßkammer nach BEHNKEN. Das auf der linken Seite eintretende Strahlenbündel streicht an den Elektroden S und M vorbei. Dabei wird durch die Meßelektrode M die Ionisation im schraffierten Volumen V erfaßt.

Die eigentliche Meßkammer ist ein zylindrisches Gefäß (daher die Bezeichnung Faßkammer), in welches drei Elektroden S, S, M eingeführt sind. Diese bestehen aus „luftäquivalentem“ Material (dieser Begriff wird noch diskutiert werden) und sind möglichst fein gehalten. Die Meßelektrode M ist mit dem Meßsystem (Elektrometer) verbunden. Die Schutzelektroden S dienen zur Homogenisierung des elektrischen Feldes und zur Wegnahme von Ionen, die außerhalb des Meßvolumens gebildet worden sind. Sie sind an Erde $V = 0$ gelegt.

Das Meßvolumen V wird gebildet durch den Luftzylinder vom Querschnitt q und der Länge d, also

$$V = q\,d.$$

Im Volumen V wird die Strahlung durch die Luftschicht von der Dicke d gemäß dem Schwächungsgesetz von der Intensität J_0 bei Eintritt in das Volumen auf die Intensität J geschwächt, wobei sich J berechnet zu

$$J = J_0\,e^{-\mu d}.$$

Die Intensität $J_0 - J = J_0\,(1 - e^{-\mu d})$ ist dabei im Luftvolumen V zurückgehalten und in sekundäre Elektronen umgewandelt worden. Die Sekundärelektronen ionisieren die Luft der Kammer und die Ionisation kann als Strom gemessen werden. Beträgt das Meßvolumen 1 cm³ und ist mit Luft vom Normalzustand gefüllt und mißt man einen Strom von 1 ESE, so beträgt die Strahlendosis an diesem Punkte jede Sekunde 1 r.

In allen praktischen Fällen der Messung wird man einen beliebigen Strom I messen, das Volumen wird die Größe V haben und die Luft wird die Temperatur $t°$ und den Barometerstand b haben. Die sekundliche Strahlendosis berechnet sich dann zu

$$D = \frac{I}{V} \cdot \frac{760}{b} \cdot \frac{273 + t}{273}.$$

Meßgeräte, die direkt den Ionisationsstrom angeben, messen also eigentlich nicht die Dosis, sondern die Dosis pro Sekunde, d. h. die Intensität. Mißt man an Stelle der Stromstärke I die während der Zeit t durch den Strom I transportierte Elektrizitätsmenge $Q = I\,t$, so erhält man die Dosis während der Zeit t. Diese ist

$$D = \frac{Q}{V} \cdot \frac{760}{b} \cdot \frac{273 + t}{273}.$$

In neuerer Zeit sind die Messungen durch Verdichtung der Luft in der Faßkammer durch H. Behnken bis zu Strahlungen von 250 kV und durch L. S. Taylor bis zu 1000 kV fortgesetzt worden.

VIII. Messung der γ-Strahlung in r.

Schon kurze Zeit nach der internationalen Annahme des r als Dosiseinheit für Röntgenstrahlen mußte es als eine besonders wichtige Aufgabe gelten, auch die γ-Strahlung der in der therapeutischen Praxis verwendeten radioaktiven Substanzen in dieser Einheit zu messen und die Dosierung in dieser Einheit vorzunehmen. Dabei schienen einige Punkte, in denen sich die γ-Strahlung von der Röntgenstrahlung unterscheidet, dazu besonders günstig.

Ein gasdicht verschlossenes Radiumpräparat im Gleichgewicht mit seinen Zerfallsprodukten sendet eine γ-Strahlung aus, deren Intensität während mehreren Jahren praktisch als konstant angesehen werden darf. Es bestehen daher die Schwierigkeiten des Konstanthaltens der Strahlung, wie sie bei allen Röntgenstrahlenmessungen auftreten, nicht. Resultate, die an ganz verschiedenen Tagen gewonnen worden sind, können bei γ-Strahlen ohne weiteres miteinander verglichen werden. Ferner kann die Strahlenquelle sehr klein gehalten werden, und man ist in der Lage, ihr jede beliebige wünschbare Form zu geben.

Gegenüber diesen günstigen Umständen gibt es aber eine Reihe ungünstiger Umstände, die die Absolutmessung mit Hilfe einer der Faßkammer ähnlichen Anlage bis zum gegenwärtigen Zeitpunkt fast verunmöglicht haben. Trotzdem hat es nicht an Versuchen in dieser Richtung gefehlt. Sie sollen weiter unten im Zusammenhang mit den auf andere Weise (Luftäquivalenzprinzip) gewonnenen Resultaten besprochen werden.

1. Die Bestimmung der Eveschen Konstanten.

Der erste Versuch, die γ-Strahlung in absoluten Einheiten zu messen und auszudrücken, geht auf A. S. Eve zurück. Die Fragestellung seiner Untersuchung bezog sich auf die Anzahl der Ionenpaare pro Kubikzentimeter eines punktförmigen Präparats mit der Menge m Ra C im Abstand r von diesem Präparat. Die Ionisierungsstärke beträgt allgemein

$$q(r) = K \frac{m}{r^2} e^{-\mu r}.$$

Nimmt man an, daß die Schwächung vernachlässigt werden darf (das ist bei kleinen Abständen in Luft der Fall), und setzt man $m = 1$ und $r = 1$, so ist $q = K$. K bedeutet dabei die Anzahl Ionenpaare, welche die mit 1 g Ra El. im Gleichgewicht stehende Menge Ra C ($2{,}25 \cdot 10^{-8}$ g) pro Sekunde in 1 cm^3 Luft von 76 cm Hg Druck und 0° Temperatur in 1 cm Abstand von der als punktförmig gedachten Strahlungsquelle durch die reine γ-Strahlung bewirkt.

Die Messung mußte so vorgenommen werden, daß nur die Ionisation der Luft gemessen wird und keine Wirkungen der Wände der Meßkammer mitberücksichtigt werden. Vergleicht man diese Meßbedingungen mit denen des int. r für Röntgenstrahlen, so sieht man, daß die wesentlichen Punkte miteinander übereinstimmen. A. S. Eve bestimmte den numerischen Wert zu $K = 4{,}0 \cdot 10^9$ Ionenpaare.

Meßtechnisch ging er dabei so vor, daß er die Ionisation eines stark gefilterten Ra-Präparats auf größere Distanzen mit Hilfe einer Ionisationskammer mit sehr dünnen Al-Wänden bestimmte.

Seit dieser Zeit (1914) hat die EVEsche Konstante mehrere Nachkontrollen mit zum Teil abweichenden Meßmethoden erfahren. Auch die dabei gewonnenen Resultate weichen teilweise sehr erheblich von dem ersten Wert ab. Sie sind in Tab. 20 zusammengestellt.

Tabelle 20. Nummerische Werte der EVEschen Konstanten.

Autor	Jahr	K
EVE	1914	$4{,}0 \cdot 10^9$
MOSELEY u. ROBINSON	1924	$4{,}89 \cdot 10^9$
ISING u. WALLES	1929	$3{,}76 \cdot 10^9$
REITZ	1931	$4{,}30 \cdot 10^9$
SCHULZE	1938	$5{,}5 \cdot 10^9$
FERRANT	1940	$5{,}64 \cdot 10^9$

Die beiden neuesten Werte von R. SCHULZE und W. FERRANT wurden auf Grund des Luftäquivalenzprinzips (S. 89) gewonnen und darin auch die neuere Berechnung der Filterwirkung nach KOHLRAUSCH berücksichtigt. Der große Unterschied zu den früheren Werten ist auf verschiedene Definition der EVEschen Konstanten und ganz besonders auf verschiedene Filterberechnung, aber auch auf die bei den neueren Messungen vollständige Berücksichtigung der Streuelektronen zurückzuführen.

Von R. JÄGER wurde erstmals darauf hingewiesen, daß sich aus der EVEschen Konstante der r-Wert für die mgh berechnen lassen muß. Dieser Wert mußte nach JÄGER die Größe haben:

$$K = 4{,}3 \cdot 10^6 \cdot 4{,}8 \cdot 10^{-10} \cdot 3600 =$$

$$\underline{K = 7{,}4 \text{ r/mgh.}}$$

Dabei war allerdings nur die Strahlung der Ra C berücksichtigt und auf eine Filterdicke 0 extrapoliert. Ferner war der alte Wert der EVEschen Konstanten von REITZ berücksichtigt worden. Über die Größenordnung der r-Äquivalenz der mgh war damit aber schon recht viel ausgesagt. Wie spätere Messungen zeigten, ist der von JÄGER berechnete Wert für eine praktische Filterung bis auf wenige Prozente richtig. Trotzdem er nicht alle Komponenten der γ-Strahlen enthält, wird das Defizit der γ-Strahlung von Ra B durch die mangelnde Filterung bei Ra C fast genau richtig kompensiert.

2. Das Prinzip der Luftäquivalenz bei der absoluten Strahlenmessung.

In der täglichen Praxis der Röntgentherapie braucht man ein Meßgerät, welches ohne besondere experimentelle Arbeiten die verabfolgte Strahlendosis direkt in r oder aber die Intensität direkt in r/min anzeigt.

Der Dosismesser muß ferner gestatten, die Dosis bzw. die Intensität gewissermaßen Punkt für Punkt auszumessen. Dazu ist nun die Faßkammer, mit der das r realisiert wird, nicht geeignet. Man mußte demnach nach Wegen suchen, um den oben angegebenen Forderungen der praktischen Messung nachzukommen. Das gelang auf Grund der Luftäquivalenz.

Man denke sich das Meßvolumen allseitig mit freier Luft umgeben, so etwa, wie das in der Faßkammer der Fall ist. Der Ionisationsstrom, der im Meßvolumen gemessen wird, setzt sich aus verschiedenen Anteilen zusammen:

1. Im Meßvolumen selbst werden durch sekundäre Elektronen, die dort durch den Absorptions- oder Streuprozeß entstehen, Ionen gebildet.
2. Absorptions- oder Streuelektronen, die in Luft außerhalb des Meßvolumens gebildet werden, durchlaufen auf ihrer Reichweite ganz oder teilweise das Meßvolumen und geben zur Bildung von Ionen Anlaß.
3. Ein geringer Prozentsatz der Ionen im Meßvolumen entsteht durch die Röntgen- bzw. γ-Strahlung direkt aus den Atomen, denen beim Absorptions- oder Streuvorgang ein oder mehrere Elektronen entrissen wurden.

Die Summe dieser drei Anteile ist bei einer primären Strahlung bestimmter Intensität und bestimmter Wellenlänge gleich und konstant. Sie soll bei Normalzustand pro Kubikzentimeter einen Sättigungsstrom von 1 ESE bewirken. Dann beträgt die Strahlenintensität 1 r pro Sekunde.

Denkt man sich jetzt den Luftraum um das Meßvolumen V herum, der zur Ionisation auf Grund der Reichweite der Sekundärelektronen noch einen Beitrag liefert, komprimiert, wobei im Meßvolumen selbst der Normalzustand erhalten bleibt, so ändert sich dadurch die gemessene Ionisation nicht. Bei sehr hoher Kompression (etwa 1:1000) ist dann aber das Meßvolumen durch eine reelle Wand umgeben, und der Ionisationsstrom hat dabei dieselbe Größe, wie wenn keine Wand, sondern allseitig genügend Luft vorhanden wäre. Man nennt eine solche Kammerwand *luftäquivalent.*

Das Prinzip der Luftäquivalenz ist von F. W. KOHLRAUSCH und H. SCHRÖDINGER durch qualitative Rechnungen behandelt worden. Die Resultate sollen hier angeführt werden.

Das Meßvolumen V werde durch eine Röntgen- oder γ-Strahlung homogen durchstrahlt, derart, daß jedes Volumenelement $d\,V$ in der Zeiteinheit dieselbe Strahlenmenge erhält. Ist das Meßvolumen durch eine Wand umgeben, die nicht aus Luft besteht, so wird auch bei homogener Durchstrahlung die gleichmäßige Verteilung der Sekundärelektronen und damit der Ionisation gestört sein. In der Nähe der Kammerwand macht sich durch die erhöhte Elektronenproduktion derselben auch eine erhöhte Ionendichte geltend. Eine Ionisationskammer, deren Wandungen ganz oder teilweise von der Primärstrahlung mitbestrahlt werden, messen einen Ionisationsstrom, der sich aus zwei Anteilen zusammensetzt, nämlich aus der Ionisation der Elektronen, die in der Kammerwand entstanden sind, und aus der Ionisation durch Elektronen, die in der Kammerluft gebildet wurden. Von diesen beiden Anteilen ist der erstere stark von der Wellenlänge der Primärstrahlung abhängig. Somit kann ohne besondere Vorsichtsmaßnahmen eine solche Ionisationskammer zur r-Messung nicht verwendet werden. Durch die Bedingung der Luftäquivalenz des Wandmaterials läßt sich dieser Mangel beheben, wie folgende Rechnungen zeigen sollen.

a) Ionisation durch Sekundärelektronen der Kammerwand.

In der Wanddicke $d\,x$ wird von der primären Röntgen- oder γ-Strahlung mit der Intensität J der Anteil $\mu_1 J\,d\,x$ zurückgehalten und in sekundäre Elektronen umgesetzt, wenn μ_1 den Schwächungskoeffizienten der Primärstrahlung im Kammermaterial bedeutet. Die gebildeten Sekundärelektronen durchlaufen bis zum Eintritt in die Kammer noch die restliche Wanddicke x und werden bis auf einen Anteil $\mu_1 J\,d\,x\,e^{-\mu_1' x}$ geschwächt. Dabei bedeutet μ_1' den Schwächungskoeffizienten der in der Wand gebildeten Sekundärelektronen im Wandmaterial. Entlang der Luftdicke D können die Wandelektronen die Energie $\mu_1 J\,d\,x\,e^{-\mu_1' x}\,(1 - e^{-\mu_2' D})$ zur Ionisation abgeben. Über alle Wanddicken integriert, ergibt sich die Gesamtionisation der sekundären Wandelektronen zu

$$W \sim J\,\frac{\mu_1}{\mu_1'}\,(1 - e^{-\mu_2' D}),$$

wenn μ_2' den Schwächungskoeffizienten der Wandelektronen in der Luft der Kammer bedeutet.

b) Ionisation durch die in der Kammerluft gebildeten Sekundärelektronen.

In der Luftschicht von der Dicke $d\,y$ wird der Anteil $\mu_2 J\,d\,y$ der Primärstrahlung absorbiert und in Sekundärelektronen umgewandelt. Diese geben auf dem restlichen Weg $D - y$ die Energie $\mu_2 J\,d\,y\,[1 - e^{-\mu_2''(D-y)}]$ zur Ionisation ab. μ_2 bedeutet den Schwächungskoeffizienten der Primärstrahlung, μ_2'' denjenigen der sekundären Elektronenstrahlung in der Kammerluft. Integriert über die ganze Luftdicke D, ergibt sich die Ionisation der sekundären Elektronen der Luft zu

$$L \sim \mu_2 J D - \frac{\mu_2}{\mu_2''}\,J\,(1 - e^{-\mu_2'' D}).$$

Der gesamte Ionisationsstrom ist proportional der Summe der beiden Anteile, also

$$I \sim J\left[\mu_2 D - \frac{\mu_2}{\mu_2''}\,(1 - e^{-\mu_2'' D}) + \frac{\mu_1}{\mu_1'}\,(1 - e^{-\mu_2' D})\right].$$

Entwickelt man die e-Funktionen nach Potenzen von e in Reihen nach der Formel $1 - e^{-\mu D} = \mu D + \frac{1}{2}\mu^2 D^2$ und bricht dieselben nach dem zweiten Gliede ab, so erhält man

$$I \sim J \left[\frac{\mu_1 \mu_2'}{\mu_1'} D + \frac{1}{2}\left(\frac{\mu_2 \mu_2''^2}{\mu_2''} - \frac{\mu_1 \mu_2'^2}{\mu_2''}\right) D^2\right].$$

Das wäre qualitativ die Ionisation in einer geschlossenen Kammer, die von außen bestrahlt wird.

Verwendet man nun zum Bau der Kammer ein Material, das denselben Massenschwächungskoeffizienten hat wie die Luft, also

$$\frac{\mu_1}{\varrho_1} = \frac{\mu_2}{\varrho_2}; \quad \frac{\mu_1'}{\varrho_1} = \frac{\mu_2'}{\varrho_2}; \quad \mu_2' = \mu_2'',$$

so verschwindet in der obigen Gleichung das Glied mit D^2, und die Gesamtionisation erhält dann die Form:

$$I \sim J \frac{\mu_1 \mu_2'}{\mu_1'} D \sim J \frac{\mu_1}{\varrho_1} \varrho_2 D \sim C_1 \varrho_2 \sim C_2 D.$$

Die Gesamtionisation ist also linear abhängig vom Luftdruck oder, wenn dieser konstant gehalten wird, proportional der Größe (D) der Kammer. Da ferner die Gleichungen für die Massenschwächungskoeffizienten für alle Wellenlängen Geltung haben, so mißt eine solche Kammer auch wellenlängenunabhängig, d. h. definitionsgemäß. Das ist die Luftäquivalenzbedingung. Man nennt ein Material da diese Forderungen erfüllt, *luftäquivalent*. In Abb. 34 sind die Verhältnisse der Elektronenbildung bei verschiedenen Wänden schematisch wiedergegeben.

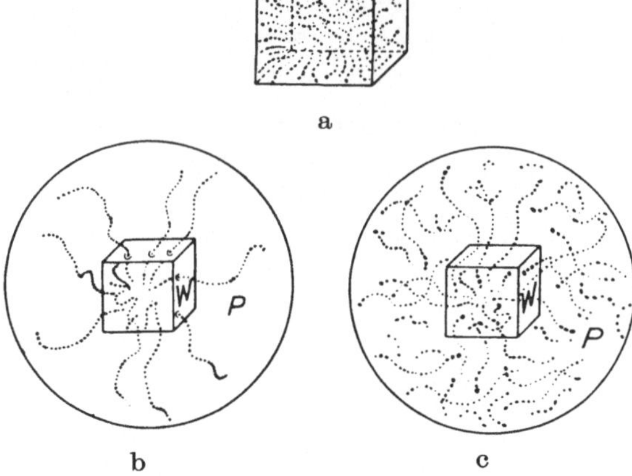

Abb. 34. Die Wirkung der Begrenzung des Meßvolumens. a Ausfall der Wandwirkung, b Wandstrahlung, c homogene Elektronenverteilung.

Der Ionisationsstrom einer luftäquivalenten Kammer muß also volumproportional oder druckproportional verlaufen. Es ist diese Proportionalität sowohl für Röntgen- als auch für γ-Strahlen durch zahlreiche Versuche bestätigt worden, wenn die Kammern nicht zu klein (über 1 cm^3) gehalten werden.

Zur Veranschaulichung diene Abb. 35 nach R. T. BEATTY. Darin sind die beiden Ionisationsanteile *W* (Wand) und *L* (Luft) getrennt. Die geometrische Addition ergibt eine Gerade.

Die am Anfang geforderte Bedingung muß zur definitionsgemäßen Messung mit der luftäquivalenten Kammer erfüllt sein. Die Kammer muß homogen durchstrahlt werden, d. h. an allen Punkten der Kammer muß dieselbe Strahlungsdichte vorhanden sein. Dann ersetzt das dichtere Kammerwandmaterial um das Meßvolumen herum den zur „vollen Ausnützung der Sekundärelektronen" notwendigen Luftraum vollständig und auch die Verschiedenheit des Raumwinkels, unter dem ein Sekundärelektron das Meßvolumen erreichen kann, ist dann ohne Bedeutung. Es soll diese Tatsache auch noch durch eine kleine Ableitung nach E. STAHEL und W. MINDER dargetan werden.

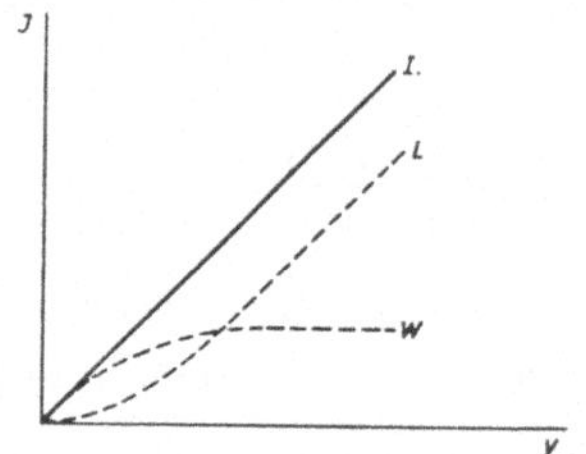

Abb. 35. Zusammensetzung der Ionisation in einer luftäquivalenten Kammer (nach BEATTY).
W Wandionisation, *L* Luftionisation, *I* Gesamtionisation.

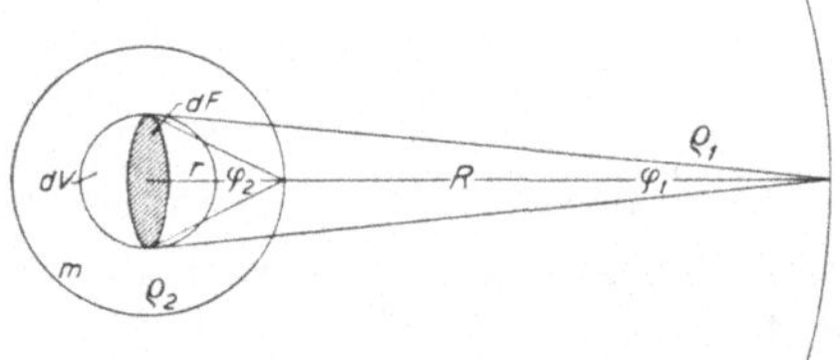

Abb. 36. Der Raumwinkel der Elektronen bei Luft und festen Wänden der Meßkammer.

In der Abb. 36 bedeutet dV das Meßvolumen, das einerseits durch freie Luft wandlos umgeben sei, anderseits durch eine luftäquivalente Wand, die den notwendigen Luftraum voll ersetzt, umschlossen werde. Es ist dann dF die Fläche des Volumelements dV, die von der sekundären Elektronenstrahlung, wenn dieselbe noch gemessen werden soll, durchlaufen werden muß. r sei der Radius der notwendigen Schicht luftäquivalentes Material und R der Radius des notwendigen Luftmantels. φ_2 und φ_1 sind die entsprechenden Raumwinkel, unter denen das Volumelement von den beiden Sekundärelektronen erreicht werden kann. Es ist dann:

$$dF \sim r^2 \varphi_2 = R^2 \varphi_1; \quad \varphi_2 : \varphi_1 = R^2 : r^2.$$

Nun verhalten sich aber die strahlenden Massen mit den verschiedenen Dichten ϱ_1 (Luft), ϱ_2 (luftäquivalentes Material), da sich deren Dichten umgekehrt wie die entsprechenden Radien verhalten, ebenfalls wie die Quadrate der Radien:

$$m = \frac{4}{3} \pi \varrho_2 r^3; \quad M = \frac{4}{3} \pi \varrho_1 R^3; \quad \varrho_1 : \varrho_2 = r : R; \quad \varrho_2 = \frac{R}{r} \varrho_1.$$

$$\frac{M}{m} = \frac{\varrho_1 R^3 r}{\varrho_1 r^3 R} = \frac{R^2}{r^2},$$

$$\frac{\varphi_2}{\varphi_1} = \frac{M}{m} = \frac{R^2}{r^2}.$$

Eine luftäquivalente Kammer muß also noch als letzte Bedingung zur definitionsgemäßen Messung eine *bestimmte* Wandstärke aufweisen. Das Luftäquivalenzprinzip hat sich in der praktischen Strahlenmessung als sehr brauchbar erwiesen. Kontrollmessungen mit der Faßkammer für Röntgenstrahlen wurden besonders von J. ALBRECHT, W. FRIEDRICH und H. KÜSTNER durchgeführt. Dabei konnte gezeigt werden, daß eine Mischung von 97% Graphit und 3% Silicium der Luft in bezug auf die Massenschwächung sehr nahekommt. Andere Materialien zeigen eine mehr oder weniger große Wellenlängenabhängigkeit.

Nach den Gesetzen des Schwächungsvorganges ist es besonders wichtig, daß die Ordnungszahl des *Luftwändematerials* mit derjenigen der Luft übereinstimmt. O. GLASSER hat zur Berechnung der effektiven Ordnungszahl von Stoffen, die aus mehreren Elementen zusammengesetzt sind, die Formel angegeben:

$$Z_{\text{eff.}} = \sqrt[3]{\frac{p_1 Z_1^4 + p_2 Z_2^4 + p_3 Z_3^4 + \ldots}{p_1 Z_1 + p_2 Z_2 + p_3 Z_3 + \ldots}},$$

wobei $p_1, p_2, \ldots$ die Prozentsätze und $Z_1, Z_2, \ldots$ die Kernladungszahlen der die Verbindung bzw. Mischung aufbauenden Elemente bedeuten.

3. Messung der Dosiskonstanten.

Mit Hilfe der Luftäquivalenz sind seit 1929 zahlreiche Bestimmungen der Anzahl r, die durch 1 mg Ra El. in 1 cm Entfernung pro Stunde bewirkt werden, vorgenommen worden. Diese Zahl ist von W. MINDER in Anlehnung an die EVEsche Konstante *Dosiskonstante* genannt worden. Dieser Ausdruck hat sich in der Folge allgemein eingebürgert. Die Dosiskonstante gibt die Anzahl r an, die von einer punktförmigen Strahlenquelle von 1 mg Ra El. im Abstand von 1 cm bei bestimmter Filterung pro Stunde bewirkt werden. Als Filterung haben sich in den letzten Jahren die beiden Dicken von 0,5 und 1 mm Pt als besonders zweckmäßig erwiesen. Sie werden deshalb auch allgemein gebraucht.

Als Beispiel für eine solche absolute Messung soll ein von W. MINDER verwendetes Verfahren näher beschrieben werden. Die verwendete Anlage ist in Abb. 37 schematisch dargestellt. Das hochempfindliche Elektrometer E ist über ein 2 m langes Rohr R mit der für γ-Strahlen luftäquivalenten Ionisationskammer K verbunden.

Rings um die Ionisationskammer sind zur möglichst homogenen Durchstrahlung derselben mehrere Radiumpräparate gleicher Stärke aufgestellt. Das Verbindungsrohr R ist zur Vermeidung von Zusatzionisation evakuiert. Vorteilhaft wird nach dem Aufladeverfahren gemessen, weil es dadurch möglich ist, die Spannungsdifferenz zwischen dem Meßsystem und der Umhüllung des Systems klein zu halten. Zu Beginn der Messung hat das Meßsystem die Spannung 0. An der Außen-

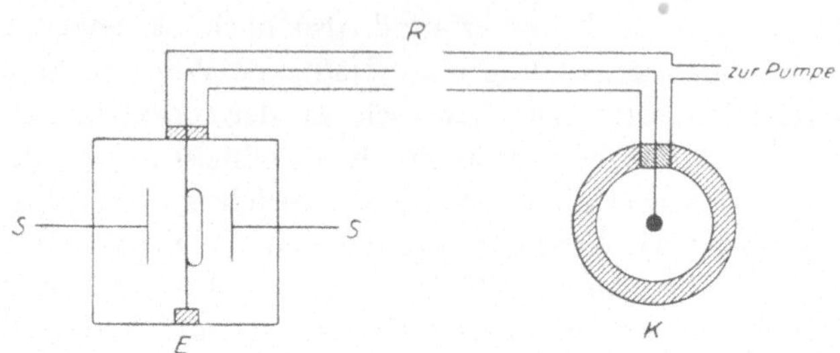

Abb. 37. Schematische Darstellung einer absoluten Messung der γ-Strahlendosis in intern. Einheiten. *E* Elektrometer, *K* luftäquivalente Kammer, *R* Verbindung, *S—S* Schneiden.

wand der Kammer liegt die Spannung V. Durch den Ionisationsstrom der Kammer wird das Meßsystem in der Zeit t auf die Spannung V aufgeladen und die Schlinge des Elektrometers verschiebt sich im elektrischen Feld der beiden Hilfselektronen S um einen der Spannung V proportionalen Betrag. Das 2 m lange Verbindungsrohr R verhindert, daß durch die Strahlung das Elektrometer selbst beeinflußt wird. Dieses befindet sich zum weiteren Schutz hinter einer dicken Bleiwand.

Beträgt die Kapazität des Meßsystems C cm, die abgelesene Spannungssteigerung ΔV und die dazu notwendige Zeit Δt, so hat der Ionisationsstrom die Stärke

$$J = \frac{C \Delta V}{300 \Delta t} \text{ ESE.}$$

Beträgt die gesamte Ra-Menge M mg, hat die Kammer das Volumen v, so berechnet sich die Dosiskonstante zu

$$K = \frac{C \cdot \Delta V \cdot 3600}{300 \cdot \Delta t \cdot M \cdot v} \text{ r/mgh.}$$

Das so erhaltene Resultat muß auf Normalzustand $b = 76$ cm Hg und $t = 0°$ C korrigiert werden nach der auf S. 84 angegebenen Formel.

Von anderen Autoren, so besonders von W. Friedrich und R. Schulze, wurden Verstärkermethoden zur Messung verwendet, wobei sich besonders die von H. Greinacher angegebene Verstärkerschaltung als sehr brauchbar erwiesen hat (vgl. Abb. 26).

Die bis zum gegenwärtigen Zeitpunkt gewonnenen Werte der Dosiskonstanten sind in Tab. 21 zusammengestellt.

Die Unterschiede der einzelnen Messungen, soweit sie mit luftäquivalenten Kammern ausgeführt worden sind, betragen nicht mehr als 10% zum Mittelwert. Für praktische Zwecke sind demnach die beiden Mittelwerte als einfache runde Zahlen mit genügender Annäherung brauchbar:

1 mg Ra El. punktförmig gedacht bewirkt in 1 cm Abstand bei einer Filterung von 0,5 mm Pt 8,0 r, bei einer solchen von 1,0 mm Pt 7,5 r in der Stunde.

$$\underline{K = 8{,}0\ \mathrm{r/mgh},\ \text{Filter } 0{,}5\ \mathrm{mm\ Pt},}$$

$$\underline{K = 7{,}5\ \mathrm{r/mgh},\ \text{Filter } 1{,}0\ \mathrm{mm\ Pt}.}$$

Das sind die beiden für die Praxis wichtigen numerischen Werte der Dosiskonstanten. In diesen Werten ist die gesamte γ-Strahlung enthalten. Dagegen ist darin nicht enthalten die Ionisation durch sekundäre β-Strahlen des Präparatfilters. Die entsprechenden Zahlenwerte sollen später angeführt werden.

Tabelle 21. Zahlenwerte der Dosiskonstanten für 0,5 und 1,0 mm Pt Filter.

Autor	K = r/mgh in 1 cm Abstand bei Filterungen von	
	0,5 mm Pt	1.0 mm Pt
V. W. Mayneord[1]	8,7	7,83
O. Glasser	8,0	
R. Paterson u. H. M. Parker	8,4	
H. Yanakawa u. M. Miwa		7,50
J. Murdoch u. E. Stahel	8,11	7,62
G. W. C. Kaye u. W. Binks	8,00	7,5
W. Friedrich u. R. Schulze	7,8	7,3
W. Minder	7,90	7,56
V. W. Mayneord u. J. E. Roberts	8,3	
O. Glassner u. L. Rovner	8,8	
W. Minder	7,98	
W. Minder (direkte Messung)		7,60
R. Sievert	7,55	
Q. C. Laurence	8,6	
V. W. Mayneord[1]	8,9	
H. Smereker[1]	7,74	
W. Minder	7,94	7,58
O. Glasser u. R. Mautz	7,4	
W. Ferrant[1]	9,2	
Mittelwert ohne[1]	8,06	7,52

4. Experimentelle Kontrolle der Luftäquivalenz.

Für die r-Messung mit Kleinkammern im Röntgengebiet bestand dauernd die Möglichkeit, solche Kammern mit der Faßkammer zu vergleichen, bzw. an derselben zu eichen. Es wurde deshalb versucht, auch für die Absolutmessung der γ-Strahlung solche Vergleichsmessungen

[1] Nicht mit luftäquivalenten Kammern gemessen.

an Kammern, die der Definition des r entsprachen, vorzunehmen. Da die Reichweite der Streuelektronen der γ-Strahlung in Luft aber sehr große Werte erreicht (Mittel 3 m), so mußten solche Meßanlagen sehr groß dimensioniert sein. Eine weitere Schwierigkeit bestand darin, daß die Messung an einem ausgeblendeten γ-Strahlenbündel vorgenommen werden mußte. Dazu sind aber sehr große Blei- oder Quecksilbermengen (KOHLRAUSCH) erforderlich.

Tabelle 22. Dosiskonstante bestimmt nach dem Faßkammerverfahren.

Autor	K = r/mgh in cm
O. BRUZAU	6,7
G. FAILLA u. P. S. HENSHAW	1,96
W. V. MAYNEORD	3,06
G. W. C. KAYE u. W. BINKS	7—8
L. S. TAYLOR	8,1

Solche Messungen wurden von O. BRUZAU, G. FAILLA und P. S. HENSHAW, V. W. MAYNEORD, G. W. C. KAYE und W. BINKS in allerletzter Zeit von L. S. TAYLOR vorgenommen. Die gefundenen Resultate weichen stark voneinander ab. Sie sind in Tab. 22 wiedergegeben.

Nur die Werte von G. BRUZAU, G. W. C. KAYE und W. BINKS liegen in derselben Größenordnung wie die auf Grund der Luftäquivalenz gewonnenen, dagegen zeigt der neueste Wert von L. S. TAYLOR (1940) sehr gute Übereinstimmung.

Die erste Messung der EVEschen Konstanten wurde von A. S. EVE mit Hilfe einer sehr dünnwandigen Kammer in einem großen Luftraum vorgenommen. Dieses Meßverfahren mußte unter günstigen Bedingungen gestatten, das Luftäquivalenzprinzip für die γ-Strahlenmessung experimentell zu kontrollieren. Unter der Voraussetzung einer homogenen Durchstrahlung der Meßkammer mußte diese, wenn der streuende Luftraum groß genug gewählt wurde, denselben Ionisationsstrom messen, wenn sie einerseits als praktisch wandlose Kammer verwendet wurde und anderseits allseitig mit einem luftäquivalenten Material genügender Dicke umgeben war. Diese Kontrolle wurde auf Vorschlag von W. FRIEDRICH von R. SCHULZE und W. MINDER durchgeführt.

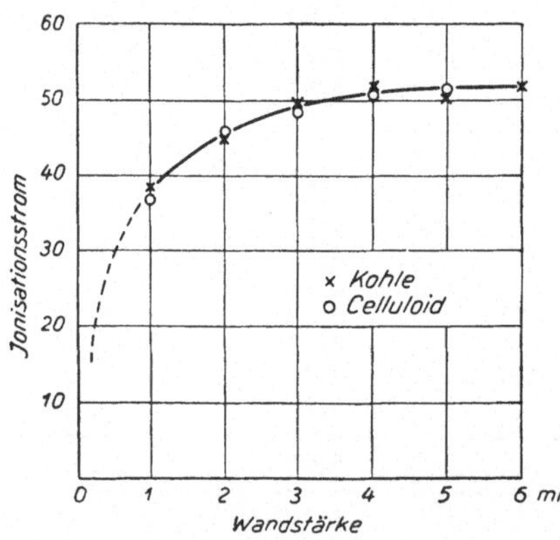

Abb. 38. Abhängigkeit des Ionisationsstromes von der Wandstärke der Meßkammer.

In einem engbegrenzten Raum (Laboratorium) wurde zunächst die Abhängigkeit des Ionisationsstromes von der Kammerwanddicke gemessen. Dabei zeigte sich das Resultat, daß bei dünner Kammerwand für geringe

Distanzen die Ionisation geringer war als bei größerer Wanddicke. Dieses Resultat war zu erwarten, wegen des Ausfalles an Streuelektronen bei kleinem Luftmantel (Abb. 38).

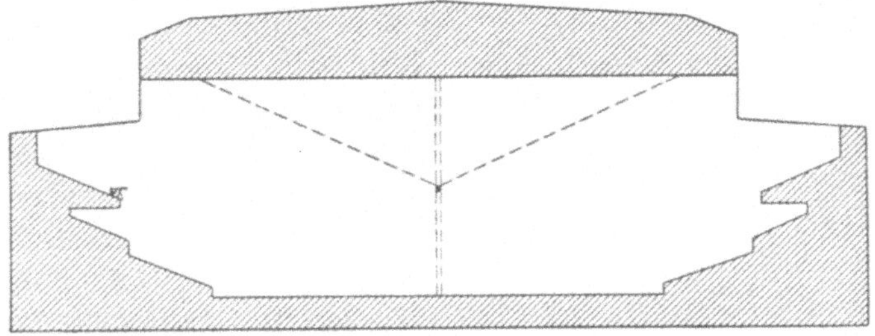

Abb. 39. Schema der Messungen in der Deutschlandhalle. Mitte: Kammer mit Elektrometer; links auf Galerie: Beobachter.

Systematische Messungen wurden daraufhin in großen Räumen (Turnhalle, später Deutschlandhalle) vorgenommen und so die Verhältnisse bis zu Abständen von 40 m geklärt. Das Meßverfahren ist in Abb. 39 wiedergegeben. Das Elektrometer befand sich in der Mitte des Innenraumes der Deutschlandhalle mit den Dimensionen $120 \times 60 \times 22$ m. Es war also allseitig mit mehr als 10 m Luft umschlossen. Das Präparat von 2 g Ra El. konnte bis zu 40 m Abstand beliebig verschoben werden. Durch eine Zugvorrichtung war es möglich, die Kammer, in der das Elektrometer selber eingebaut war, allseitig mit einem Kasten aus luftäquivalentem Material von 4 mm Dicke zu umgeben. Der Ablauf des Elektrometers wurde aus 30 m Abstand mit einem Fernrohr beobachtet.

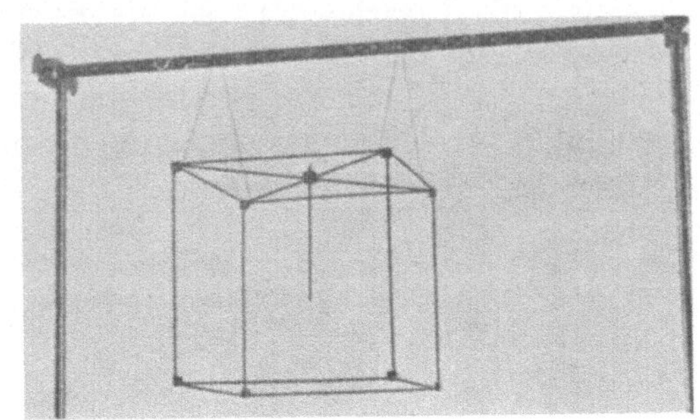

Abb. 40. Rahmen der wandlosen Kammer zur Kontrolle des Luftäquivalenzprinzips.

Das Elektrometer bestand aus einem kubischen Rahmen aus dünnen Graphitstäben, die allseitig mit dünnem graphitiertem Seidenpapier verschlossen waren. Die Dicke der Wand betrug $7\,\mu$. Eine Graphitelektrode trug ein Al-Blättchen als Elektrometer. Der Rahmen ist in Abb. 40 wiedergegeben.

Die Resultate der gesamten Meßreihe zeigt die Kurve in Abb. 41. Dargestellt ist das Verhältnis des Ionisationsstromes einer praktisch wandlosen Ionisationskammer zum Strom einer Kammer aus luftäquivalentem Material genügender Dicke für verschiedene Abstände des Präparats bis zu 40 m.

Aus der Kurve läßt sich zunächst das wichtigste Resultat entnehmen, daß eine luftäquivalente Kammer genügender Dicke (3 bis 4 mm Graphit) die γ-Strahlung der r-Definition gemäß mißt. Damit ist durch die Versuche von R. Schulze und W. Minder das Prinzip der Luftäquivalenz experimentell bestätigt worden. Weiter ist aus den Resultaten zu entnehmen, daß es unterhalb Distanzen von 10 m zwischen Präparat und Meßkammer ohne Luftäquivalenz nicht möglich ist, richtige Absolutwerte für die γ-Strahlung zu erhalten. Zu dünnwandige Meßkammern ergeben für kleine Distanzen bis zu zirka 1 m wesentlich zu kleine Werte für die Ionisation. Der Grund dafür liegt in der ungenügenden Zahl der Streuelektronen. Innerhalb der Abstände von zirka 1 bis zirka 6 m messen zu dünnwandige Kammern einen Ionisationsstrom, der wesentlich zu groß ausfällt. Die Ursache dazu ist die Richtungsverteilung der Streuelektronen wegen des Compton-Effekts (Vorwärtsstreuung, deshalb inhomogene Verteilung der Streuelektronen). Demnach sind bei kleinen Abständen Absolutenmessungen nur mit luftäquivalenten Kammern genügender Dicke durchführbar.

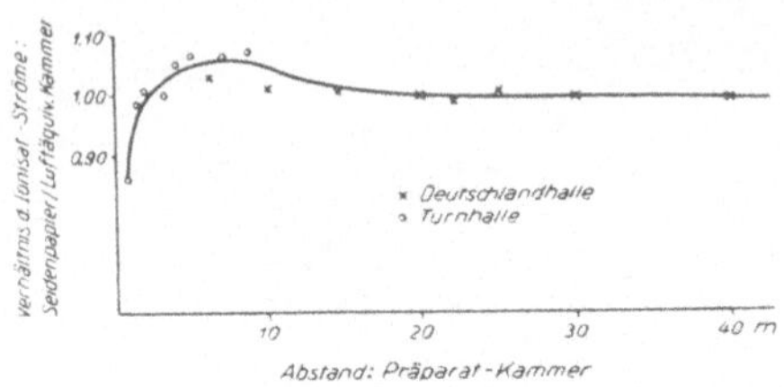

Abb. 41. Verhältnis der Ionisationsströme einer luftäquivalenten und einer wandlosen Ionisationskammer für verschiedene Abstände von der Strahlenquelle bis zu 40 m (nach Schulze und Minder).

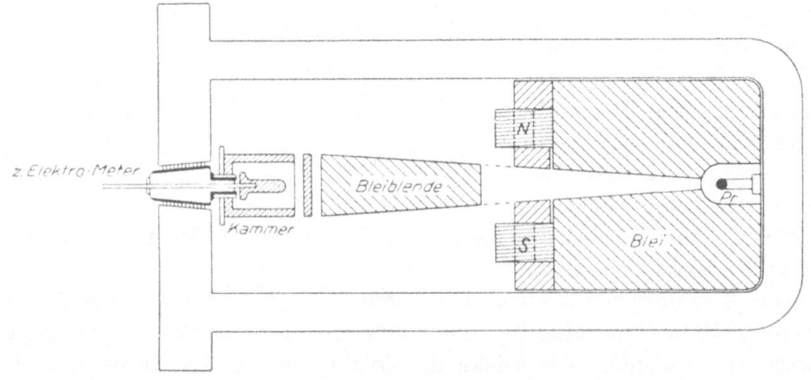

Abb 42. Druckzylinder zur experimentellen Kontrolle des Luftäquivalenzprinzips (nach Friedrich).

Durch W. Friedrich, R. Schulze und U. Henschke wurde die Kontrolle der Luftäquivalenz auf einem anderen Prinzip wiederholt. Die dazu verwendete Anordnung ist in Abb. 42 wiedergegeben. In einem

Druckzylinder befindet sich eine Ionisationskammer, die abwechselnd mit und ohne luftäquivalenten Deckel verwendet werden kann. Bei hohen Drücken wird mit und ohne Deckel derselbe Ionisationsstrom gemessen. Dieser zweite Versuch bildet eine schöne Bestätigung der Resultate, wie sie in großen Streuräumen gefunden wurden.

Trotzdem war es noch von Interesse, eine r-Messung der γ-Strahlung mit Hilfe einer Meßanlage durchzuführen, mit der anderseits auch Röntgenstrahlen gemessen werden können. Eine solche direkte Anschlußmessung wurde von W. Minder im Anschluß an eine Absolutbestimmung durchgeführt. Verwendet wurde dazu ein Momentandosismesser von Siemens. Zum Zwecke der Schutzmessung war er mit einer großen Streustrahlenkammer, die von der P. T. R. mit Röntgenstrahlen geeicht worden war, ausgestattet. Er hatte mit dieser Spezialkammer eine etwa 1000mal vergrößerte Empfindlichkeit. Die Kammer wurde für die γ-Strahlung luftäquivalent gemacht und die Messung für verschiedene Abstände vorgenommen. Die so gefundene Größe der Dosiskonstanten betrug für eine Filterung von 1,0 mm Pt

$$K = 7{,}60 \pm 0{,}08 \text{ r/mgh}.$$

Dieser Wert stimmt mit den auf anderen Wegen gefundenen ausgezeichnet überein und ist damit ein weiterer Beweis der Richtigkeit derselben. Damit darf die Dosiskonstante K als gesichert angesehen werden.

IX. Biologische Kontrolle der absoluten γ-Strahlenmessung.

Die Definition der Strahlendosis enthält als wesentlichen Bestandteil die zunächst nicht gesicherte Forderung, daß einer physikalisch auf Grund der Ionisation gemessenen Strahlenmenge eine bestimmte biologische Wirkung zukomme. Diese Forderung bildet die Grundlage der gesamten modernen Strahlentherapie. Sie darf heute für das gesamte biologische Versuchsmaterial als gesichert angesehen werden, unter der Voraussetzung gewisser Einschränkungen, die die Intensität der Strahlung (Zeitfaktor) betreffen. Diese Einschränkungen sind derart, daß nur dann eine gleiche Reaktion des biologischen Objekts zu erwarten ist, wenn die gleich großen Strahlenmengen mit derselben Intensität, also in derselben Zeit zur Anwendung kommen. Weitaus am wichtigsten war selbstverständlich die Frage der Reaktion des menschlichen Organismus, insbesondere der menschlichen Haut.

1. Die Hauterythemdosis (HED).

Eine der auffälligsten Wirkungen des menschlichen Körpers bei Bestrahlung ist die Reaktion der Haut. Man hat deshalb schon lange vor der exakten Strahlenmessung die Hautreaktion als Mittel zur Abschätzung der Strahlenwirkung herangezogen. Es hat sich gezeigt, daß die Erythembildung sowohl bei ein und demselben Patienten, als auch bei verschiedenen Patienten recht gleichmäßige Strahlenmengen erforderte, so daß auch heute noch die Bildung des Hauterythems als die Grundlage der Wirkungskontrolle für die verschiedenen Strahlungen beim Menschen angesehen werden darf. Dabei ist in neuerer Zeit das Erythem genauer definiert worden. Es ist darunter eine leichte, gut erkennbare Rötung in der dritten Welle zu verstehen.

Genauere Messungen zahlreicher Autoren, besonders H. HOLTHUSEN, AD. LIECHTI, W. FRIEDRICH, J. ALBRECHT, J. MURDOCH und E. STAHEL, haben ergeben, daß zur Erzeugung des Hauterythems eine Röntgenstrahlenmenge von 750 bis 800 r notwendig ist. Diese Strahlenmenge variiert auch von Patient zu Patient relativ wenig.

$$1 \text{ HED} = 750 \text{ bis } 800 \text{ r}.$$

H. HOLTHUSEN hat bisher eine einzige Bestimmung der HED für γ-Strahlen im Vergleich zu Röntgenstrahlen bei gleichen Intensitäten vorgenommen und konnte aus den Versuchen den Schluß ziehen, daß die HED für γ- und Röntgenstrahlen dieselbe sei.

Aus diesem Versuch darf somit gefolgert werden, daß gleiche Dosen von Röntgen- und γ-Strahlen bei gleicher Intensität auf der menschlichen Haut dieselbe Wirkung hervorrufen. Leider sind diese Arbeiten bisher nicht wiederholt worden.

Nun sind aber bei den meisten praktischen Anwendungsformen der Röntgen- und Radiumtherapie die verwendeten Strahlenintensitäten um einige Größenordnungen verschieden. Röntgenbestrahlungen werden mit Intensitäten von etwa 10 bis 100 r/min durchgeführt, während abgesehen von Spezialfällen die Bestrahlungen mit γ-Strahlen etwa mit 0,2 bis 2 r/min, also mit etwa 50mal kleineren Intensitäten vorgenommen werden. Diese Tatsache wirkt sich in der Größe der HED für γ-Strahlen aus. Messungen der HED für γ-Strahlen sind in letzter Zeit besonders von J. MURDOCH, E. STAHEL und S. SIMONS ausgeführt worden und haben gezeigt, daß bei den oben angegebenen Intensitäten von etwa 0,2 bis 2 r/min die folgenden Werte für die verschiedenen Grade des Erythems anzusetzen sind:

Schwellenerythem .... 2300 r,
Therapeutisches Erythem .... 3000 r,
Radioepidermitis sicca .... 3500 r,
Radioepidermitis exsudativa. 4000—4500 r.

Die Abhängigkeit der Erythemdosis, der Epilationsdosis und der Toleranzdosis von der verwendeten Intensität ist nach H. HOLTHUSEN in Abb. 43 wiedergegeben. Wie daraus zu entnehmen ist, sind auch für

Röntgenstrahlen die zur Erzeugung des Erythems notwendigen Dosen bei kleinen Intensitäten von angenähert 1 r/min etwa gleich wie die oben für γ-Strahlen angegebenen. Das dürfte einen weiteren Beweis für die qualitativ und quantitativ gleiche Wirkung von gleichen r-Mengen Röntgen- und γ-Strahlen für die Reaktion der menschlichen Haut darstellen. Weitere Beweise für die Richtigkeit dieser Auffassung liefern strahlenbiologische Versuche an geeigneten Objekten.

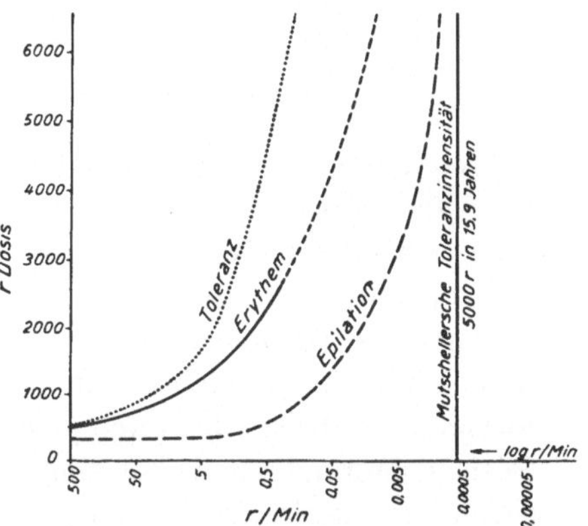

Abb. 43. Intensitätsabhängigkeit der Epilation, des Erythems und der Toleranz (nach HOLTHUSEN).

2. Strahlenbiologische Resultate.

Zahlreicher sind dagegen die Arbeiten, bei denen gleiche physikalisch gemessene Röntgen- und γ-Strahlenmengen auf einfache biologische Objekte zum Zwecke des Vergleiches ihrer Wirkung angewendet worden sind. Erwähnt sollen hier besonders werden die Versuche von H. HOLTHUSEN, A. ZUPPINGER und AD. LIECHTI an Eiern von Ascaris, ferner diejenigen von S. PACKARD und E. A. ZIMMER an Eiern von Drosophila, bei denen der Vergleich auch auf β-Strahlen ausgedehnt wurde, und schließlich die Arbeiten von AD. LIECHTI, J. H. MÜLLER und W. MINDER an Puppen von Drosophila und an Pflanzenkeimlingen, die ebenfalls noch den Vergleich mit β-Strahlen einbezogen.

Aus allen diesen Untersuchungen darf gefolgert werden, daß gleiche physikalisch gemessene Röntgen-, γ- und auch β-Strahlendosen bei gleicher Intensität dieselbe biologische Wirkung haben. Qualitative Unterschiede der biologischen Wirkung existieren demnach im Spektralbereich zwischen 5 und 500·XE nicht, wenn die Dosis in r gemessen wird und keine Unterschiede in der Intensität bestehen.

Diese Feststellung ist von großer theoretischer und praktischer Bedeutung. Zunächst gibt sie Aufschluß über den Wirkungsmechanismus der Strahlung. Der wirksame Bestandteil der Strahlung können nur die durch Absorption oder Streuung entstandenen Sekundärelektronen sein. Die Strahlenwirkung beruht demnach auf einer Ionisation im biologischen Objekt, die als Ausgangszustand für die manifest werdende Wirkung anzusehen ist.

Die Dosismessung der Röntgen-, γ- und β-Strahlen auf Grund der Ionisation ist somit die einzig sachgemäße Meßmethode, weil sie ja gerade denjenigen Anteil der Strahlung erfaßt, welcher primär wirkt.

Das int. r ist nicht nur für Röntgen-, sondern für γ- und auch β-Strahlen nach dem heutigen Stand der Kenntnisse die dem Verwendungszweck am besten angepaßte Einheit.

B. Realisierung der Dosis.

Nachdem im vorhergehenden Abschnitt gezeigt werden konnte, daß das internationale „Röntgen“ die beste Dosiseinheit auch für die γ-Strahlung der radioaktiven Substanzen darstellt, besteht die Hauptaufgabe der medizinischen Dosimetrie darin, das r in der Praxis der Radiumtherapie als Einheit anzuwenden. Bei der praktischen Dosisbestimmung in r muß aber zunächst unterschieden werden zwischen Anwendungsformen, bei denen die reine γ-Strahlung verwendet wird, und zwischen solchen Anwendungen, bei denen auch α- oder β-Strahlen wirksam sein sollen. Streng ist diese Trennung in der Praxis nicht durchführbar, weil auch bei Präparaten mit vollständiger Wegfilterung der primären β-Strahlung noch wesentliche Mengen sekundäre, durch Streuung im Filter entstandene β-Strahlen zur Wirkung gelangen können. Das ist überall dort der Fall, wo der Applikator mit dem zu bestrahlenden Gewebe in direkten Kontakt kommt, also besonders bei der Radiumpunktur. Auf die Wirkung der Filter-β-Strahlung soll am Schluß dieses Abschnittes besonders hingewiesen werden. Auch sollen dort einige, heute als gesichert geltende Zahlenangaben über die primäre β-Strahlung gemacht werden für Anwendungen, bei denen die primäre β-Strahlung eine Rolle spielt.

Bei der Anwendung der reinen γ-Strahlung muß für die Praxis auch noch unterschieden werden zwischen Fernbestrahlungen durch Bomben und den gewöhnlichen Formen der γ-Strahlentherapie. Bei der Fernbestrahlung (Telecurietherapie) ist die Dosisbestimmung von derselben in der Röntgentherapie grundsätzlich nicht verschieden und kann mit modifizierten Röntgendosimetern vorgenommen werden. Die Hauptaufgabe dieses Abschnittes wird daher sein, die praktische Dosierung für die gewöhnlichen Formen der Radiumtherapie zu erläutern.

I. Direkte Messung der γ-Strahlendosis.

Für viele Anwendungsformen und Kombinationen besteht die Möglichkeit, die wirksame γ-Strahlendosis direkt zu messen. Dazu ist es allerdings notwendig, die Meßapparatur in r für γ-Strahlen zu eichen, etwa indem man sie mit einer Standardapparatur für Präparate bekannter Stärke und Disposition vergleicht. Die Hauptschwierigkeit der direkten γ-Dosismessung liegt in den meist kleinen Dimensionen der Applikatoren. Es müssen daher die Meßkammern für die direkte Dosismessung sehr klein gehalten werden, wenn man die Dosenverteilung des Applikators gewissermaßen Punkt für Punkt ausmessen will.

Nun werden aber bei sehr kleinen Ionisationskammern die Ionisationsströme derartig klein, daß solche Messungen erhebliche technische Schwierigkeiten mit sich bringen. Ferner ist bei Kammern, die ein Volumen von weniger als etwa 0,5 cm³ aufweisen, der Meßfehler auf Grund der Isolationsverluste, der Sprüherscheinungen und anderer schlecht kontrollierbarer Umstände oft schon von der gleichen Größenordnung wie die zu messende Ionisation. Schließlich haben M. Dorneich, E. Miehlnickel sowie U. Henschke festgestellt, daß die Luftäquivalenz für sonst luftäquivalente Stoffe bei Kammern unter etwa 1 cm³ Volumen wahrscheinlich nicht mehr gewährleistet ist, so daß mit solchen Apparaten nur noch Relativmessungen mit nicht allzu großer Genauigkeit möglich sind.

Alle diese Schwierigkeiten zusammen genommen beschränken daher die direkte Dosismessung auf Applikatoren größerer räumlicher Ausdehnung, bei denen Ionisationskammern von etwa 0,5 cm³ Verwendung finden können.

Solche direkte Dosismessungen sind besonders von W. Friedrich und Mitarbeitern vorgenommen worden. Die verwendete Kammer zeigt schematisch Abb. 44. Auch die alte Dominici-Einheit war auf der Messung mit Hilfe eines solchen allerdings nicht absolut messenden Apparats des Ionomikrometers von Mallet aufgebaut.

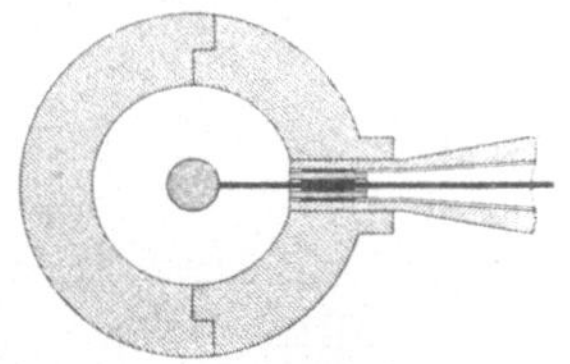

Abb. 44. Luftäquivalente Kleinkammer (nach Friedrich).

E. Stahel unternahm den Versuch, den Ionisationsstrom einer Mikroionisationskammer dadurch zu vergrößern, daß er an Stelle von Luft als Dielektrikum Flüssigkeiten der Paraffinreihe verwendete. Es war mit dieser Apparatur möglich, Moulagen recht genau zu vermessen, jedoch ohne den Absolutwert der Strahlung richtig wiederzugeben. Auch die Messungen von W. Friedrich gaben keine Absolutwerte.

In neuerer Zeit wurde das direkte Meßverfahren weiter ausgebildet und es war möglich, einen Dosismesser für γ-Strahlen zu bauen, der nach Art des Hammerdosimeters für Röntgenstrahlen arbeitet. Er ist in Abb. 45 und 46 wiedergegeben.

Besonders störend war bei allen diesen Messungen der Umstand, daß die γ-Strahlung des Präparats auf das gesamte Meßsystem einwirkte. Das bedingte entweder lange verlustfreie Leitungen zwischen Ionisationskammer und Elektrometer oder aber für das letztere einen Bleischutz von allseitig etwa 10 cm Dicke. Damit wurden aber die Messungen unpraktisch.

Die Lösung dieser Schwierigkeiten wurde von R. SIEVERT darin gefunden, daß er die Ionisationskammer als in sich abgeschlossenen Luftkondensator ausbildete und während der Bestrahlung vom Meßsystem trennte. Das Meßverfahren mit Hilfe der *Kondensatorkammer* nach R. SIEVERT bildet heute das beste direkte Meßverfahren der γ-Strahlendosis. Dabei gestattet es Meßmöglichkeiten, die mit keinem anderen direkten Verfahren erreicht werden können.

Abb. 45. Hammerdosimeter für γ-Strahlen der P. T. W. in Freiburg i. Br.

Zur Messung einer γ-Strahlendosis mit Hilfe des Kondensatorkammerverfahrens wird die Kammer K mit dem Elektrometer E in Abb. 47 verbunden und das ganze System auf die Spannung V aufgeladen. Die Spannung kann am Elektrometer abgelesen werden. Unter Erhaltung der Ladung wird die Kammer vom Elektrometer getrennt, verschlossen

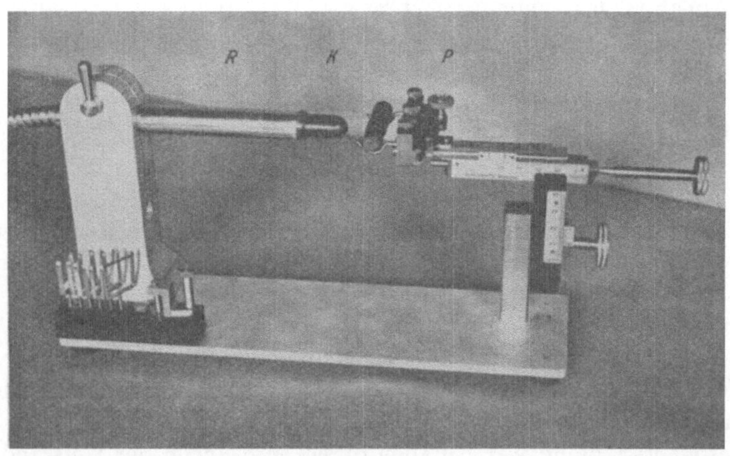

Abb. 46. Präparathalter P und Meßkammer K des Hammerdosimeters für γ-Strahlen.

und hält bei bester Isolation die Ladung mehrere Tage. Wird die Kammer eine bestimmte Zeit einer Strahlung mit der Intensität J ausgesetzt, so fällt die Spannung auf V' und die Differenz der Spannung ist dabei proportional der aufgenommenen Dosis:

$$V - V' \sim J\,t.$$

Durch eine zweite Messung am Elektrometer wird der Spannungsabfall bestimmt. Damit ist die Messung abgeschlossen. Sie ist also im Prinzip relativ sehr einfach, bietet aber doch praktisch einige Schwierigkeiten.

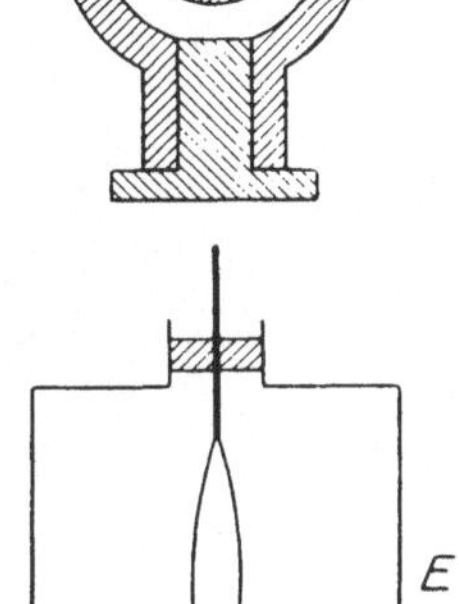

Werden Kammer und Elektrometer auf die Spannung V aufgeladen, so verteilt sich die Ladung gemäß den entsprechenden Kapazitäten. Die Kammer habe die Kapazität C, das Elektrometer diejenige von C'. Die Elektrizitätsmenge auf dem ganzen System ist demnach

$$Q = (C + C')\,V.$$

Nachdem die Kammer abgenommen worden ist, enthält sie die Ladung

$$q = C\,V.$$

Diese sinkt bei der Bestrahlung auf $q' = C\,V'$. Um nun den Abfall Δq durch die Strahlung zu bestimmen, muß die Kammer wieder mit dem Elektrometer verbunden werden. Dabei wird die Ladung q' auf Kammer und Elektrometer verteilt und ergibt die ablesbare Spannung V''. Diese ist gegeben durch die Gleichung $q' = (C + C')\,V''$.

E

Abb. 47. Prinzip des Kondensatorkammerverfahrens nach SIEVERT. K Kammer; E Elektrometer.

Die gemessene Dosis entspricht der Differenz $q - q' = C\,V - (C + C')\,V''$. Die Dosis ist demnach

$$D = J\,t \sim \Delta q = C\,(V - V'') - C'\,V''.$$

Aus dieser Gleichung ist zu ersehen, daß die Meßgenauigkeit mit der Kondensatorkammer wesentlich vom Verhältnis der Kapazitäten der Kammer und des Elektrometers abhängt. Dieses Verhältnis sollte möglichst zugunsten der Kammer ausfallen. Deshalb sind genaue Messungen mit sehr kleinen Kammern damit schwer durchzuführen. Weiter treten beim Trennen und Verbinden der Kammer mit dem Meßsystem Kontaktpotentiale auf, die die Messung erheblich stören können. Alle diese Schwierigkeiten sind von R. SIEVERT erkannt und durch Rechnungen und entsprechende Konstruktionen berücksichtigt worden. Eine der ersten Bestimmungen der Dosiskonstanten ist von R. SIEVERT auf Grund dieses Verfahrens vorgenommen worden. Damit wurde schon früh die Brauchbarkeit der Methode erwiesen.

In den letzten Jahren hat das Meßverfahren mit Hilfe der Kondensatorkammer eine starke Erweiterung erfahren. Neben der fast allgemeinen Anwendung im Gebiete der Strahlenschutzmessung gibt es auch für Zwecke der γ-Strahlendosismessung bereits Apparate, die abgesehen von speziellen Forderungen den vorgesehenen Zweck vollständig erfüllen und von Firmen der radiologischen Industrie in den Handel gebracht werden.

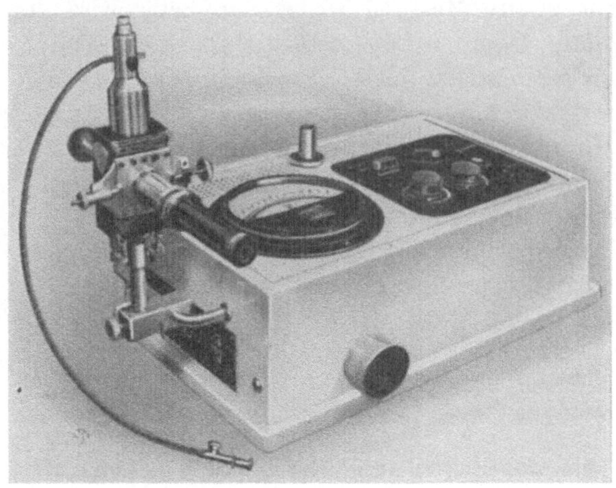

Abb. 48. Kleinkammer-Radiummeßanlage des Laboratoriums STRAUSS, Wien. Auflade- und Meßgerät.

Zwei derartige Apparate sollen hier als Beispiele näher angeführt werden. Abb. 48 zeigt die Kleinkammer-Radiummeßanlage des Laboratoriums STRAUSS in Wien. Eine Gleichrichteranlage dient zur Aufladung des daran angebrachten Elektrometers, mit welchem die Kleinkammern aufgeladen und gemessen werden können. Die Kammern können durch entsprechenden Bau dem vorgesehenen Zweck weitgehend angepaßt werden. In Abb. 49 sind einige solche Kammern wiedergegeben. Sie sind zum Zweck der Fixation bei der Bestrahlung mit einem Stiel versehen.

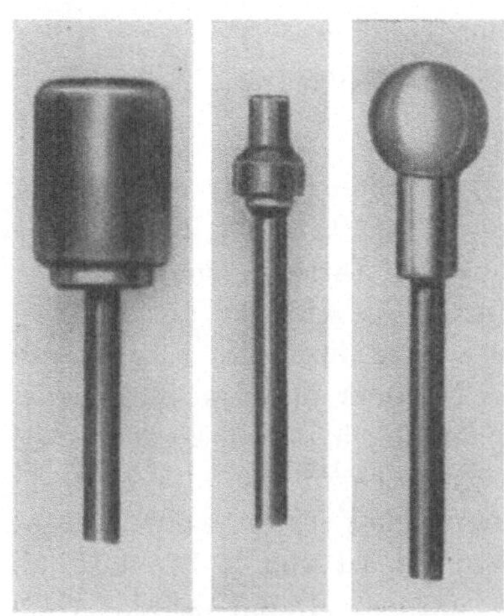

Abb. 49. Drei Kleinkammern des Laboratoriums STRAUSS, Wien. Verschiedene Form.

Das von den P. T. W. in Freiburg i. Br. gebaute Radiummeßgerät, das auch für Schutzmessungen verwendet werden kann, hat ähnliche Konstruktionsdaten. Ein Einfaden-Elektrometer wird durch ein Netzanschlußgerät aufgeladen. Der Elektrometerausschlag wird auf eine Mattscheibe projiziert und kann leicht abgelesen werden. Durch verschiedene Stellungen des Schalters ist dafür Gewähr geleistet, daß die Messung vor und nach der Bestrahlung leicht vorgenommen werden kann. Der Apparat kommt unter der Bezeichnung Kondiometer in den Handel.

Das Gerät ist in Abb. 50 wiedergegeben. In Abb. 51 a sind ferner einige der damit verwendeten Kleinkammern dargestellt und Abb. 51 b zeigt eine solche flaschenförmige Kondensatorkammer im Röntgenbild.

Abb. 50. Kondiometer.

II. Photographische Dosismessung.

Die Messung der γ-Strahlendosis mit Hilfe der Ionisation nach den vorstehend angegebenen Methoden ist nicht ganz einfach. Sie erfordert eine gewisse meßtechnische Schulung und enthält wegen der Kleinheit der zu messenden Ionisationsströme auch verschiedene Fehlermöglichkeiten, die nicht immer leicht überblickt werden können.

Die Hauptschwierigkeit der ionometrischen direkten Dosismessung besteht darin, daß es damit nicht möglich ist, die in der Radiumtherapie oft sehr kleinen Bestrahlungsräume Punkt für Punkt zu vermessen. Die Kammern müssen, wenn sie leicht gebraucht werden sollen, doch etwa Größen von 1 cm³ haben. Es ist deshalb damit nicht möglich, Räume von wenigen Kubikzentimetern zu vermessen. Dadurch wird die direkte γ-Strahlendosismessung für die Praxis sehr eingeschränkt und kommt nur für ausgedehnte Applikatoren, wie z. B. größere Moulagen, in Betracht.

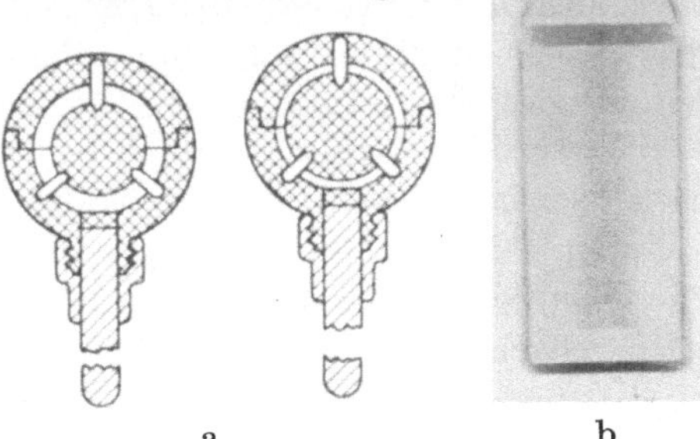

Abb. 51. Kondensatorkammern der P. T. W. in Freiburg i. Br.
b Röntgenaufnahme einer solchen Kammer.

Dieser Schwierigkeit begegnet das photographische Dosismeßverfahren von H. Holthusen und A. Hamann. Das Prinzip des Meßverfahrens beruht auf der besonderen Eigenschaft der γ-Strahlen, die photographische Schicht angenähert nach dem Bunsen-Roscoe-Gesetz, d. h. linear mit der Dosis und unabhängig mit der Intensität zu schwärzen. Die

Schwärzung ist demnach in weiten Grenzen der Dosis proportional:

$$S = c\,D = c\,J\,t.$$

Dieses Gesetz ist dabei ein Spezialfall des SCHWARZSCHILD-Gesetzes für die Schwärzung der photographischen Emulsion durch Licht:

$$S = c\,J\,t^p,$$

wobei der SCHWARZSCHILD-Exponent für γ-Strahlen $p = 1$ wird.

Nun ist aber die meßbare Schwärzung des photographischen Films neben der γ-Strahlendosis noch sehr wesentlich abhängig von der Art der Belichtung durch γ-Strahlen, ferner von den besonderen Eigenschaften der betreffenden Emulsion und besonders auch von der Art der Entwicklung und Fixation nach der Exposition. Es müssen daher zur Ausschaltung aller dieser Fehlermöglichkeiten spezielle Vorsichtsmaßnahmen getroffen werden. HOLTHUSEN und HAMANN verwenden dazu eine Standardvorrichtung. Sie lassen die zu messende Disposition eine bestimmte Zeit auf einen Röntgenfilm einwirken und vergleichen die Schwärzung dieses Films mit einem Eichfilm, der unter Standardbedingungen bestrahlt wurde. Der zu messende Film und der Eichfilm werden gemeinsam entwickelt und fixiert.

Die Bestrahlung des Eichfilms geschieht mit einem Präparat von 13,33 mg Ra El. durch einen Hartkernholzwürfel von 5 cm Kantenlänge hindurch. Der Eichfilm und der Meßfilm liegen während der Bestrahlung auf einer 2 cm dicken Hartholzplatte. Die Bestrahlung des Eichfilms dauert 30 Minuten. Innerhalb dieser Zeit ist die Zunahme der Schwärzung linear. Der Meßfilm wird mit dem Eichfilm visuell oder besser photometrisch verglichen. Dieser Vergleich gründet sich auf die Definition der Schwärzung (Extinktion) nach BUNSEN. Darnach ist die Schwärzung gleich dem negativen Logarithmus der Transparenz.

Entspricht die Intensität des durch den Film gehenden Lichtes (Photometerwert) ohne Bestrahlung J_0, diejenige durch den geschwärzten Teil durchgehende J, so ist die Transparenz

$$T = \frac{J}{J_0}.$$

Die Schwärzung beträgt dann

$$S = -\log T = \log \frac{J_0}{J}.$$

Anderseits ist die Schwärzung S bei Gültigkeit des BUNSEN-ROSCOE-Gesetzes eine lineare Funktion der Dosis

$$S = c\,J\,t = c\,D.$$

Die Größe $c = \frac{dS}{dD}$ bezeichnet man als die *Gradation* der betreffenden Emulsion. Sie entspricht der Steilheit der Geraden, die entsteht, wenn man die Schwärzung als Funktion der Dosis darstellt. Die numerische Größe der Gradation ist für eine bestimmte Strahlung (Röntgen- oder γ-Strahlung) das Charakteristikum für die verwendete Emulsion. Für sichtbares Licht und UV ist sie keine Konstante, sondern abhängig von der Intensität (SCHWARZSCHILD-Gesetz).

Zur absoluten Dosismessung mit dem photographischen Verfahren ist es noch notwendig, die Standardanordnung, die sog. *Würfelminute*, durch ionometrische Messungen zu eichen. H. HOLTHUSEN und A. HAMANN fanden als Eichwert die Intensität von 0,045 r/min. Der Eichfilm erhält also durch den Holzwürfel hindurch vom Präparat von 13,33 mg jede Minute die γ-Strahlendosis von 0,045 r. Messungen für die Erzeugung des Hauterythems derselben Autoren hatten 0,043 r/min ergeben, einen Wert, der in vorzüglicher Übereinstimmung mit dem gemessenen steht. Trotzdem scheint diese Messung zu tief ausgefallen zu sein, da der aus der Dosiskonstanten berechnete Wert etwa 20% höher liegt und nicht durch Schwächung erklärt werden kann.

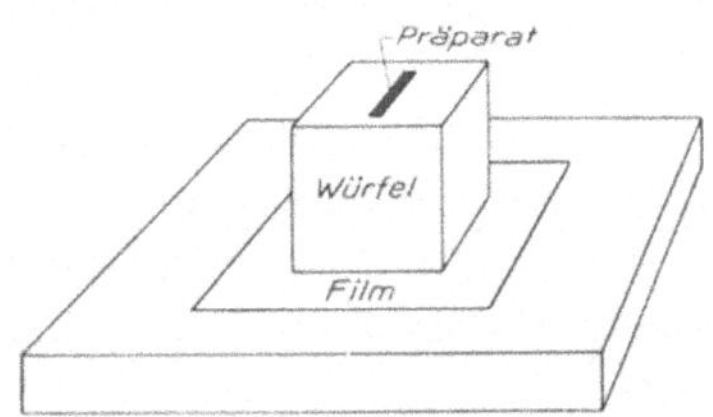

Abb. 52. Schematische Wiedergabe der photographischen Dosismessung (nach HOLTHUSEN und HAMANN).

Abb. 53. Anordnung zur ionometrischen Messung der Würfelminute (nach MINDER).

Die Würfelminute ist durch W. FRIEDRICH, U. HENSCHKE und R. SCHULZE genormt worden. Als Präparat schlagen diese Autoren ein solches von 10 mg Ra El., Filter 1,0 mm Pt vor und als Würfel einen solchen aus Wasser. Dieser wird dadurch realisiert, daß das würfelförmige Gefäß aus einem leichten, luftäquivalenten Stoff, etwa Celluloid, besteht und mit Wasser gefüllt ist. Es soll dann auf etwa $\pm$ 1% ein Gewicht von 125 g aufweisen. W. MINDER hat durch Messungen zeigen können, daß auch ein dünnwandiger Glashohlwürfel, der so weit mit Wasser gefüllt ist, daß sein Gewicht 125 g beträgt, gegenüber dem von W. FRIEDRICH und Mitarbeitern vorgeschlagenen keine meßbaren Abweichungen zeigt, was wegen der Zusammensetzung des Glases nicht weiter verwunderlich ist. Die Anordnung der Standardschwärzung ist in Abb. 52 schematisch wiedergegeben.

Ionisationsmessungen der Würfelminute sind von U. HENSCHKE und von W. MINDER vorgenommen worden. Die gefundenen Meßwerte betragen nach U. HENSCHKE für eine Expositionszeit von 30 Minuten 1,26 r. Bei einer Ladung von 1 mg, auf welchen Wert schließlich bei der Umrechnung Bezug zu nehmen ist, und bei einer Exposition von einer Stunde erhält nach diesen Messungen der Film die Dosis von 0,251 r. Die Messungen von W. MINDER ergaben den Wert von 0,253 $\pm$ 0,004 r/mgh, der mit der Messung von U. HENSCHKE vorzüglich übereinstimmt.

Die zu der Messung verwendete Kombination von Kammer und Würfel zeigt Abb. 53. Nach diesen beiden Messungen darf die Standardbestrahlung des Eichfilms (10 mg 30 Minuten Dauer) auf 1,25 r $\pm$ 2% festgesetzt werden. Auch die Übereinstimmung mit der ersten Messung von H. HOLTHUSEN darf als befriedigend angesehen werden.

Berechnet man angenähert die Dosis für die Würfelstunde aus der Dosiskonstanten und der Schwächung, so bekommt man einen Wert, der mit den gemessenen ebenfalls recht gut übereinstimmt. Bei einer Dosiskonstanten für das Filter von 1,0 mm Pt von $K = 7{,}5$ r/mgh erhält man in 5 cm Abstand die Dosis von 0,3 r/mgh. Die Schichtdicke von 5 cm Wasser schwächt die Strahlung ($\mu = 0{,}048$) auf 0,787, woraus sich ein Würfelwert von 0,236 r/mgh berechnet.

Die Differenz zwischen dem gemessenen und dem berechneten Wert (es ist in der Berechnung nur der Schwächungskoeffizient der härtesten Komponente berücksichtigt worden) ist auf die Zusatzstreustrahlung (COMPTON-Effekt) zurückzuführen, die bei der Berechnung nicht berücksichtigt worden ist.

Bei der Standardbestrahlung mit 10 mg während 30 Minuten erhält also der Eichfilm die Strahlenmenge von 1,25 r. Er wird dadurch (Röntgenfilm) etwa auf die Schwärzung 1 geschwärzt. Ein qualitatives Maß für diese Schwärzung besteht darin, daß durch einen so geschwärzten Film hindurch beim Auflegen Druckschrift gerade nicht mehr gelesen werden kann.

Genauere Angaben über den Grad der Schwärzung resultieren aus der Gleichung auf S. 106. Darnach ist $S = \log \frac{J_0}{J}$. Ist also die durch den Film durchtretende Lichtintensität gleich 100% der eintretenden, so entspricht das der Schwärzung 0. Läßt der Film noch 10% des Lichtes durch, so nimmt der Bruch den Wert von 10 an. Da $\log 10 = 1$ ist, entspricht das einer Schwärzung $S = 1$. Läßt der Film noch 1% des Lichtes durch, resultiert die Schwärzung $S = 2$.

Die Meßfilme müssen so bestrahlt werden, daß ihre Schwärzung etwa zwischen 0,5 und 1,5 variiert, damit die photometrischen Vergleichsmessungen noch hinreichend genau sind.

Zur Messung der Schwärzungen werden am besten einfache Photometer verwendet. Diese können mit kleinem Aufwand in jedem größeren

Institut selbst hergestellt werden. Als Lichtquelle dient eine an stabilierter Spannung betriebene Punktlampe und als Anzeigegerät wird am besten eine Sperrschichtphotozelle (z. B. nach B. LANGE) verwendet, da sie

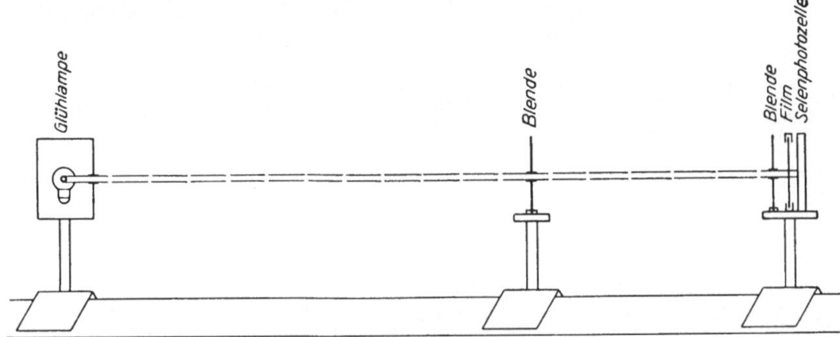

Abb. 54. Einfaches Photometer zur Schwärzungsmessung bei der photographischen Dosismessung.

ohne Spannungsquelle arbeitet. Abb. 54 zeigt eine im hiesigen Institut verwendete Anordnung, die sich gut bewährt hat. Eine der Blenden ist als Irisblende ausgebildet und befindet sich direkt vor einem Kreuztisch mit 10×10 cm Verschiebungsmöglichkeit, in welchem der Film in einen

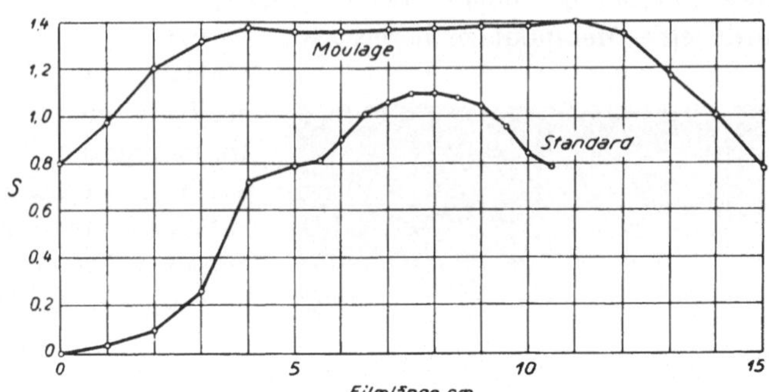

Abb. 55. Photometerkurve der Standardanordnung und der Moulage (Abb. 56) zur photographischen Dosismessung.

Rahmen eingespannt werden kann. Der Photostrom wird an einem Lichtzeigerinstrument abgelesen.

Die eigentliche Messung der Dosis geht so vor sich, daß man vor dem Einspannen des Films die Irisblende so einstellt, daß der Lichtzeiger auf Skalenteil 100 steht. Bei Einlegen des Films sinkt der Photostrom auf einen Wert w, der gerade der Transparenz entspricht. Die Schwärzung entspricht dann dem Logarithmus von $\frac{100}{w}$, also

$$S = \log \frac{100}{w}.$$

Abb. 55 gibt eine Photometerkurve durch einen Eichfilm wieder.

Will man bei einer räumlich komplizierteren Anordnung die Dosis Punkt für Punkt ausmessen, so schneidet man einen größeren Film in kleinere Stücke. Diese werden in schwarze Papiertaschen verpackt und eine bestimmte Zeit an die entsprechende Stelle gelegt. Ein Filmstück wird mit der Standardordnung bestrahlt und ein Filmstück macht die Entwicklung und Fixation unbestrahlt durch. Es dient zur Messung des *Grundschleiers*. Die Schwärzung des Grundschleiers muß von der Schwärzung durch die Strahlung subtrahiert werden. Daraus berechnet sich schließlich die Dosis durch Vergleich mit der Standardschwärzung.

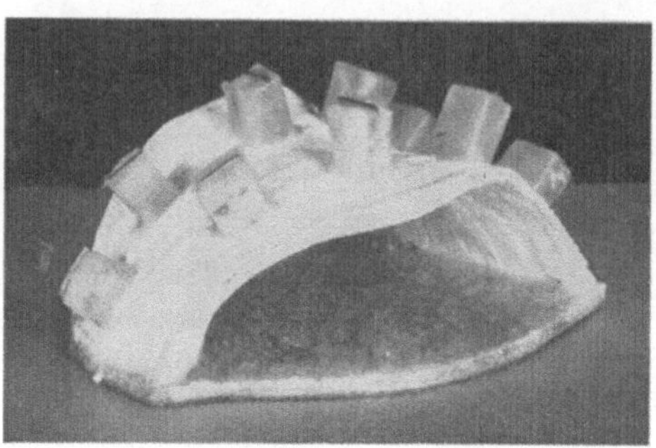

Abb. 56. Meßmoulage für Bestrahlungen von Tumoren des Halses mit neun Präparaten gleicher Stärke.

Die Berechnung der Dosis soll an Hand von einem Beispiel näher erläutert werden.

Zum Zwecke einer besonderen Bestrahlungstechnik für Tumoren des Halses wurde eine Meßmoulage hergestellt. Sie ist in Abb. 56 wiedergegeben. Die Bestrahlung des Meßfilms zeigt Abb. 57. In der rechten oberen Ecke ist die Standardanordnung auf denselben Film aufgenommen. Das jeweils nicht bestrahlte Filmstück wurde mit 12 cm Blei zugedeckt. Die Meßmoulage enthielt neun Nadeln zu je 2 mg Ra El. mit einer Primärfilterung von 0,5 mm Pt. Die Schwärzungskurven für Standard und Moulage sind in Abb. 55 wiedergegeben. Daraus ist zu entnehmen, daß dem Standard eine Schwärzung von 1,1, dem Zentrum der Moulage (Achse der angenähert zylindrischen Anordnung) eine solche von 1,35 entspricht. Die Einwirkungsdauer betrug für Standard und Moulage je 30 Minuten. Die Dosis im Zentrum berechnet sich daher zu

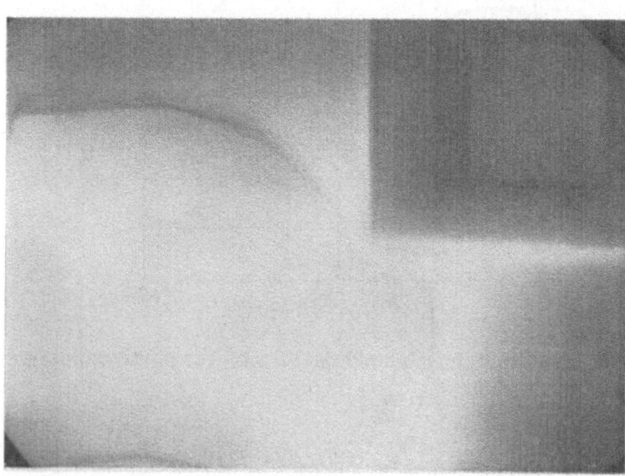

Abb. 57. Wiedergabe des durch die Moulage der Abb. 56 geschwärzten Filmes. Ecke oben rechts: Schwärzung durch die Standardanordnung.

$$D = \frac{1,25 \cdot 1,35}{1,1} = 1,54\,\mathrm{r}.$$

Unter der Voraussetzung einer Ladung derselben mit 10-mg-Präparaten ergibt sich demnach eine Dosis auf der Achse von 15,4 r/h.

Eine angenäherte Berechnung der Dosis auf Grund der Dosiskonstanten ergab einen Wert der Dosis für eine Ladung von 10 mg pro Körper von $D = 15{,}9$ r/h. Der Unterschied von 3% der beiden Dosisbestimmungen ist für eine so komplizierte Anordnung sehr klein und liegt darin, daß sowohl der photographischen wie der rechnerischen Dosenbestimmung Fehler von der Größenordnung von etwa 5% (bei genauer Arbeit) anhaften. Solche Fehler sind aber für die Praxis heute noch kaum von Bedeutung, da unzweckmäßige Anordnungen sofort mit Fehlern von oftmals weit über 100% behaftet sind.

Durch E. Haschė hat das photographische Dosierungsverfahren einen weiteren Ausbau erfahren, indem dieser Autor versucht, die gestreute β-Strahlung dabei mitzumessen. Der von ihm konstruierte Apparat gestattet in relativ einfacher Weise die Messung der Gesamtdosis. Die Frage, ob die sekundäre β-Strahlung mitgemessen werden soll (Filterstrahlung, Strahlung des Moulagematerials), kann nicht ohne weiteres entschieden werden. Handelt es sich um die Bestrahlung dünner Partien direkt unter der Haut, so ist sie unbedingt zu berücksichtigen. Will man dagegen die Dosis für einen Herd unter der Haut bestimmen, so würden bei Berücksichtigung der β-Streustrahlung größere Fehler gemacht werden. In diesem Fall ist die Basierung der photographischen Messung auf der Würfelminute entschieden vorzuziehen. Ein Nachteil des Apparats von Haschė besteht darin, daß er in r geeicht werden muß und für die Konstanz des Eichwertes keine besondere Kontrolle besteht.

III. Bestimmung der γ-Strahlendosis an Radiumkanonen.

Bei Radiumkanonen oder Radiumbomben, die mit sehr großen Mengen radioaktiver Substanz geladen sind (etwa zwischen 1 und 10 g), bietet die Dosismessung keine grundsätzlichen Schwierigkeiten. Bei einer Dosiskonstanten von 7,5 r/mgh gibt eine solche Apparatur mit einer Ladung von 1 g in 10 cm Distanz angenähert eine Intensität von 1,3 r/min bei 10 g den zehnfachen Wert davon. Intensitäten dieser Größenordnung lassen sich aber ohne weiteres mit gewöhnlichen Röntgendosimetern messen, und es gibt zahlreiche derartige Anlagen, bei denen die Dosis laufend mit der Bestrahlung gemessen wird. Hauptbedingung der richtigen Messung ist eine genügende Wandstärke der luftäquivalenten Kammer (4 mm Graphit). Ferner ist für die Isolation der Leitungen und der Meßapparatur Sorge zu tragen.

Besonders geeignet ist hier das Verfahren mit Kondensatorkammern. Auch diese müssen genügend dicke Wände haben, wenn die r-Messung genau sein soll. Standardmessungen sollen dabei in freier Luft erfolgen, da bei so großen Ra-Mengen durch die gestreute γ-Strahlung erhebliche Fehler auftreten können. Auch sollten die verwendeten Meßkammern durch Eichmessungen im Laboratorium kontrolliert werden. Mit diesem Verfahren sind auch mit Kammern Messungen möglich, bei denen die Forderung der Luftäquivalenz nicht streng erfüllt ist (z. B. Magnesium, Elektron). Ausgedehnte Messungen an solchen Anlagen sind in letzter Zeit besonders von R. GUDZENT, H. T. FLINT, C. W. WILSON, L. G. GRIMMETT, W. H. RANN und anderen ausgeführt worden.

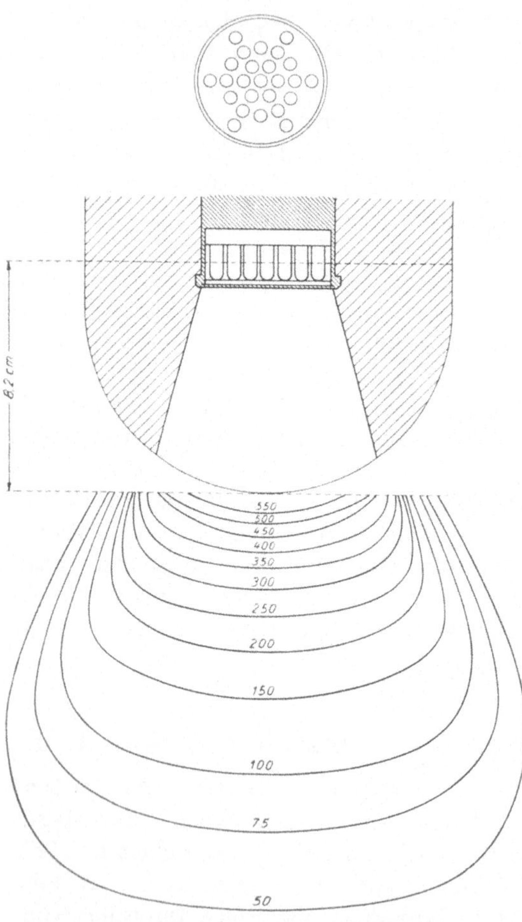

Abb. 58 Dosenverteilung in r/h einer Radiumbombe mit 5 g Ra El. (nach RANN). Oben: Verteilung der Ra-Präparate.

Als Beispiel soll die Ausmessung einer 5-g-Einheit durch W. H. RANN näher angeführt werden. Die Anlage mit den *Isodosenkurven* ist in Abb. 58 wiedergegeben. Der Ra-Träger enthält in einer Grundplatte 25 Präparate zu je 200 mg Ra El. total also 5 g. Der Abstand zwischen der Ebene des Radiumträgers und der Mündung der Einheit beträgt 8,2 cm. Die Dosis fällt mit steigendem Abstand von der Mündung der Bombe bis zu 15 cm ab von 550 r/h (Abstand 0,5 cm) auf 50 r/h. Man erhält mit dieser Anlage demnach Intensitäten auf der Haut von etwa 10 r/min. Es ist von Vorteil, die Messungen zur Aufstellung der Isodosenkarten im Wasserphantom vorzunehmen, obschon auch Freiluftmessungen brauchbare Werte geben. Dabei zeigt sich gegenüber den Röntgenstrahlen das bemerkenswerte Resultat, daß die Zusatzstreustrahlung bei größeren Wassertiefen wesentlich ins Gewicht fällt. Der Grund dazu liegt in der Tatsache, daß die gestreute Strahlung eine Vorwärtskomponente in Richtung des Primärstrahles aufweist. Deshalb ist der Streuzusatz nicht so beschaffen wie bei Röntgenstrahlen, sondern er äußert sich einfach in einer Verminderung der Schwächung. Die gemessenen Werte liegen demnach durchwegs über den berechneten. Dagegen steigt die Dosis nirgends über die Oberflächendosis an (Abb. 59).

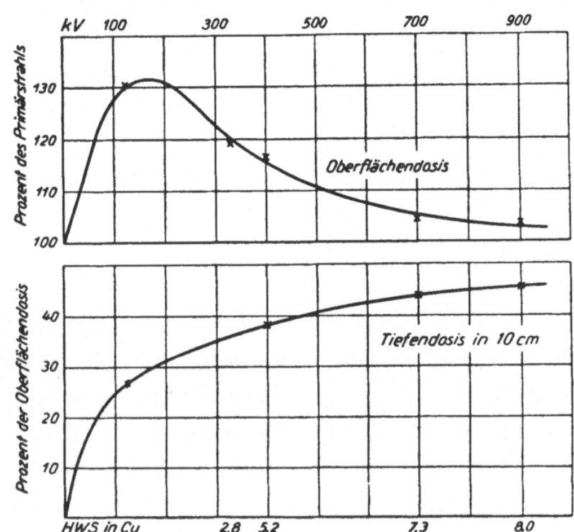

Abb. 59. Prozentuale Oberflächen- und Tiefendosis in 10 cm Tiefe für verschiedene Spannungen in kV und HWS in Cu (nach COMPTON).

IV. Berechnung der γ-Strahlendosis.

Alle Meßverfahren der γ-Strahlendosis schließen einige Nachteile und Schwierigkeiten in sich. Sie haben deshalb für ihre praktische Brauchbarkeit ihre Grenzen. Beim direkten Meßverfahren sind diese Grenzen derart, daß wichtige Fragen, wie beispielsweise die Dosisgröße in Abständen von wenigen Millimetern in der Umgebung kleiner Strahlenträger (kleine Nadeln), nicht genau oder überhaupt nicht beantwortet werden können. Ferner haben alle direkten Meßverfahren den grundsätzlichen Nachteil, daß sie bei Kombinationen mehrerer Träger nur die Dosenverteilung der fertigen Kombination liefern, und es deshalb nicht möglich ist, primär über die zu treffende Anordnung Angaben zu machen. In allen Fällen, bei denen die Anwendung der radioaktiven Stoffe in kurzer Zeit erfolgen muß, also z. B. während Operationen, bei Einlagen, Spickungen, und das ist der Großteil der praktischen Anwendungen, sind direkte Messungen demnach überhaupt nicht durchführbar.

Es ist deshalb schon früh der Versuch unternommen worden, die Dosisverteilung angenähert zu berechnen. Die Resultate solcher Berechnungen stehen, wenn sie wirklich und sachgemäß durchgeführt werden, bezüglich ihrer Genauigkeit nicht hinter denen direkter Messungen zurück. In vielen Fällen wird es zudem möglich sein, die Berechnung durch eine Messung oder umgekehrt die Messung durch eine Berechnung kontrollieren zu können. Ferner können durch Berechnungen und Messungen gewisse praktische Regeln der Anordnung aufgestellt werden, deren Anwendung in der Praxis durch zahlreiche Untersuchungen bestätigt wurde. Allerdings setzt die richtige Berechnung ein gewisses mathematisches Können voraus. Diese Tatsache mag in vielen Fällen als Nachteil empfunden werden. Trotzdem ist das mathematische

Dosierungsverfahren, vom Standpunkt der Praxis aus betrachtet, bei weitem das einfachste, da mit Hilfe berechneter Isodosenpläne oft schon in wenigen Minuten ein angenähert richtiges Bild der Dosenverteilung gewonnen werden kann. Die genaue Dosisberechnung setzt allerdings die Anordnung der strahlenden Substanz in relativ einfachen geometrischen Kombinationen voraus. Aber gerade solche Kombinationen erweisen sich bezüglich der Homogenität der Dosenverteilung als besonders günstig.

Demgegenüber hat auch das mathematische Dosierungsverfahren seine natürlich gezogenen Grenzen. Neben der Unmöglichkeit, kompliziertere Anordnungen genau berechnen zu können, ist es nicht einfach, die Wirkung der sekundären β-Strahlung der verwendeten Filter zu berücksichtigen. Diese muß dabei in unmittelbarer Umgebung der Träger, falls dieselben mit der Haut oder einem anderen Gewebe in direkte Berührung kommen, abgeschätzt werden. Dazu dienen quantitative Messungen von E. Stahel, H. Smereker, R. Sievert, E. Hasché, W. Minder und anderen. Auf die Art, wie die sekundäre β-Strahlung berücksichtigt werden kann, soll am Schlusse dieses Abschnittes näher eingegangen werden. Die folgenden Überlegungen, Gleichungen, Tabellen und Schemata beziehen sich auf die reine γ-Strahlung, entsprechend einer Intensität, wie sie durch die Ionisationsmessung durch eine luftäquivalente Kammer genügender Wandstärke gemessen werden kann. Die darin enthaltenen Zahlenangaben sind mit einem Fehler von $\pm$ 10% behaftet. Die Schemata haben demnach eine Genauigkeit, die für praktische Zwecke genügen dürfte. Die Ursache dieser relativ hohen Fehlergrenze ist zum Teil in der Größe der gewählten Maßstäbe zu suchen.

1. Grundlagen der mathematischen Dosierung.

Denkt man sich die Radiummenge von M mg in einem Punkt konzentriert, so beträgt die Intensität der Strahlung an einem Punkte P, der vom strahlenden Punkt einen Abstand von a cm hat, bei Vernachlässigung der Schwächung:

$$J = C \frac{M}{4 \pi a^2}.$$

Wählt man in dieser Gleichung die Ra-Menge zu $M = 1$ mg und den Abstand zu $a = 1$ cm, so wird die Intensität $J = \frac{C}{4 \pi}$. Dabei hängt die Größe C im wesentlichen nur von der Primärfilterung des Präparats ab. Verwendet man als Einheit der Zeit die Stunde, so wird die Größe

$$J = \frac{D}{t} = \frac{C}{4 \pi} = K.$$

Die Konstante K bezeichnet man als die Dosiskonstante. Ihre numerische Größe ist durch zahlreiche Messungen mit hinreichender Genauigkeit bestimmt worden (vgl. Kap. 3. VIII). Die praktisch verwendbaren Werte von K betragen:

Filter 0,1 mm Platin .... $K =$ 11,5 r/mgh
Filter 0,5 mm Platin .... $K =$ 8,0 r/mgh
Filter 1,0 mm Platin .... $K =$ 7,5 r/mgh
Filter 2,0 mm Platin .... $K =$ 6,5 r/mgh

Bei einem punktförmigen Präparat von 1 mg Radiumelement beträgt also in 1 cm Abstand die applizierte, aufgenommene und damit wirksame γ-Strahlenmenge pro Stunde bei einer Filterung von 0,1 mm Pt 11,5 r, bei einer Filterung von 0,5 mm Pt 8,0 r, bei einer Filterung von 1,0 mm Pt 7,5 r und bei einer Filterung von 2,0 mm Pt 6,5 r.

Um die Wirkungen bestimmter Strahlendosen überblicken zu können, seien die folgenden Erythemwerte des Centre des Tumeurs de Bruxelles aus dem Jahre 1936 angegeben. Diese Werte beziehen sich auf Strahlenintensitäten von 0,25 r/min bis zirka 2 r/min, wie sie in der gewöhnlichen Therapie auftreten:

Schwellenerythem .... 2300 r
Therapeutisches Erythem .... 3000 r
Radioepidermitis sicca .... 3500 r
Radioepidermitis exsudativa .... 4000—4500 r

Man setzt die zur Zerstörung einer malignen Geschwulst notwendige Strahlenmenge auf etwa den doppelten Wert der oben angegebenen Dosen, also auf etwa 6000 r an. Diese Dosis ist allerdings nur ein Anhaltspunkt und hat keine allgemeine Bedeutung. Sie dürfte nach eigenen Erfahrungen der unteren Grenze entsprechen. Die notwendige Dosis variiert auch für verschiedene Lokalisationen und infolge anderer biologischer Faktoren, wie Alter, Natur, Vorgeschichte des Tumors, die nicht im Rahmen dieses Buches behandelt werden können.

2. Praktische Berechnung der Strahlendosis.

Es sollen im folgenden die wichtigsten berechneten Dosenverteilungen um einzelne Präparate und Kombinationen, soweit sie berechenbar sind, angeführt werden. Die Berechnungen stammen von verschiedenen Autoren, so besonders von R. Sievert, O. Glasser, E. v. Schweidler, W. V. Mayneord, H. S. Souttar, E. Stahel und S. Simons, W. Minder und anderen. Bei den einzelnen Berechnungen wird auf eine Angabe des Autors verzichtet.

a) Beliebige Anordnungen punktförmiger Quellen.

α) **Der strahlende Punkt.** Die in der therapeutischen Praxis tatsächlich verwendeten radioaktiven Präparate sind von der Fiktion des strahlenden Punktes verschieden. In den meisten Fällen sind die Präparate zylinderförmig. Ausnahmsweise haben sie auch etwa Kugelform. Häufig sind auch flächenartige Präparate mit kreisförmiger, rechteckiger oder quadratischer Form.

Es ist selbstverständlich notwendig, diesen besonderen Formen Rechnung zu tragen.

Unter der Voraussetzung, daß die Präparate kleine Dimensionen aufweisen und daß man die Dosis in Abständen, die zwei- bis dreimal größer sind als diejenigen des Präparats, berechnen will, ist es mit genügender Annäherung gestattet, das beispielsweise zylinderförmige Präparat als strahlenden Punkt anzusehen.

Für strahlende Punkte gilt die Gleichung für die Dosis in r pro Stunde im Abstand r cm, wenn der Träger mit M mg Ra El. geladen ist:

$$D = \frac{K M}{r^2}.$$

β) **Mehrere strahlende Punkte in beliebiger Anordnung.** Die einzelnen Radiumpräparate enthalten die Radiummengen $m_1, m_2, m_3, \ldots$ in mg Ra El. Die Summe der Radiummengen sei M, also $\Sigma m_i = M$. Der zu betrachtende Punkt habe von den einzelnen Präparaten in der obigen Reihenfolge die Abstände $r_1, r_2, r_3, \ldots$. Dann beträgt die Dosis in diesem betrachteten Punkt pro Stunde in int. r:

$$D = K\left[\frac{m_1}{r_1^2} + \frac{m_2}{r_2^2} + \frac{m_3}{r_3^2} + \ldots\right] = K M \sum \frac{1}{r_i^2}.$$

b) Flächenhafte Anordnung punktförmiger Strahlenträger.

1. Drei gleich starke Träger m in den Ecken eines gleichseitigen Dreieckes von der Seitenlänge a:

a) Schwerpunkt des Dreieckes. Die Abstände des Schwerpunktes des Dreieckes von den einzelnen Strahlungsquellen sind alle gleich. Also

$$r_1 = r_2 = r_3 = \frac{a}{3}\sqrt{3}.$$

Die Dosis im Schwerpunkt beträgt also pro Stunde:

$$D = K m \frac{9}{a^2} = K M \frac{3}{a^2}.$$

b) Mitte einer Dreieckseite. Die Abstände des betrachteten Punktes von den strahlenden Punkten m betragen

$$r_1 = r_2 = \frac{a}{2};\; r_3 = \frac{a}{2}\sqrt{3}.$$

Die Dosis berechnet sich zu:

$$D \sim K m \frac{9}{a^2} = K M \frac{3}{a^2}.$$

Es ergibt sich schon bei dieser einfachen Anordnung das bemerkenswerte Resultat, daß die wirksame Strahlendosis im Schwerpunkt des

Dreieckes und in der Mitte der Seitenlinie innerhalb eines Fehlers von zirka 3% denselben Wert besitzt. An allen übrigen Punkten des Dreieckes ist die Dosis höher, und zwar um so höher, je näher der Punkt bei einem der Präparate liegt. In einer Fläche, die ein Viertel der Dreieckfläche ausmacht, ist die Dosis praktisch konstant.

In Abb. 60 und 61 ist die Dosenverteilung der Dreieckanordnung unter Berücksichtigung der Verhältnisse für zylinderförmige Präparate (Herdlänge 1 cm) für Dreieckseiten von 2,5 und 1 cm angegeben.

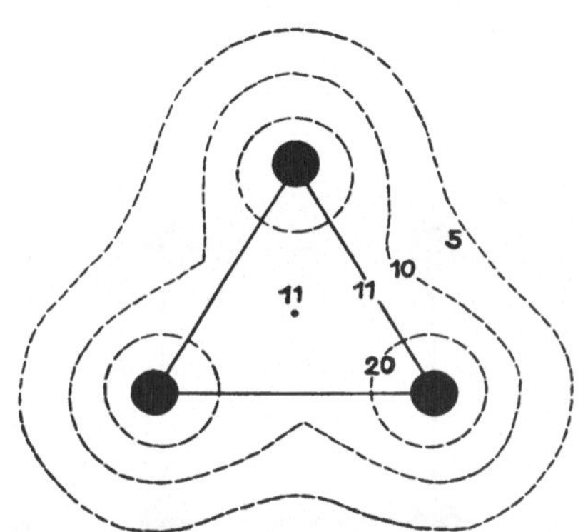

Abb. 60. Approximativer Isodosenplan für die Anordnung von 3 Trägern à 1 mg Ra El. Filterung 0,5 mm Pt in den Ecken eines regulären Dreieckes von der Seitenlänge a = 2,5 cm in r/h. Nat. Größe.

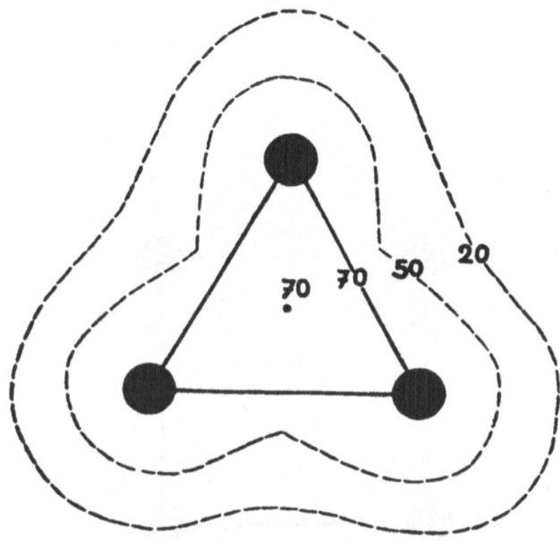

Abb. 61. Approximativer Isodosenplan für die Anordnung von 3 Trägern à 1 mg Ra El. Filterung 0,5 mm Pt in den Ecken eines regulären Dreieckes von der Seitenlänge a = 1 cm in r/h. 2,5fach nat. Größe.

2. Vier gleich starke Träger m in den Ecken eines Quadrates von der Seitenlänge a.

a) Schwerpunkt des Quadrates:

$$r_1 = r_2 = r_3 = r_4 = \frac{a}{2}\sqrt{2};$$

$$D = K m \frac{8}{a^2} = K M \frac{2}{a^2}.$$

b) Mitte der Quadratseite:

$$r_1 = r_2 = \frac{a}{2}; \; r_3 = r_4 = \frac{a}{2}\sqrt{5};$$

$$D \sim K m \frac{10}{a^2} = K M \frac{2,5}{a^2}.$$

c) Mitte der halben Diagonale:

$$r_1 = \frac{a}{4}\sqrt{2}; \; r_2 = \frac{3a}{4}\sqrt{2}; \; r_3 = r_4 = \frac{a}{4}\sqrt{10};$$

$$D \sim K m \frac{12}{a^2} = K M \frac{3}{a^2}.$$

Die Anordnung im Quadrat zeigt ebenfalls eine recht homogene Dosenverteilung. Die wirksamen Dosen an den drei betrachteten Punkten, Zentrum, Mitte einer Seite und Mitte einer halben Diagonale, verhalten sich zueinander wie 2:2,5:3. Naturgemäß ist die Dosis im Zentrum am kleinsten. Sie steigt aber gegen die Mitte einer Seite um nur 25% und gegen die Mitte der Verbindung Zentrum—Träger um nur 50% an. Das besagt, daß die Hälfte des Quadrates, nämlich das um die Hälfte kleinere Quadrat, das entsteht, wenn man die Mitten der Seiten des ursprünglichen Quadrates miteinander verbindet, eine Homogenität der Dosis von 125 ± 25% des Zentrums aufweist.

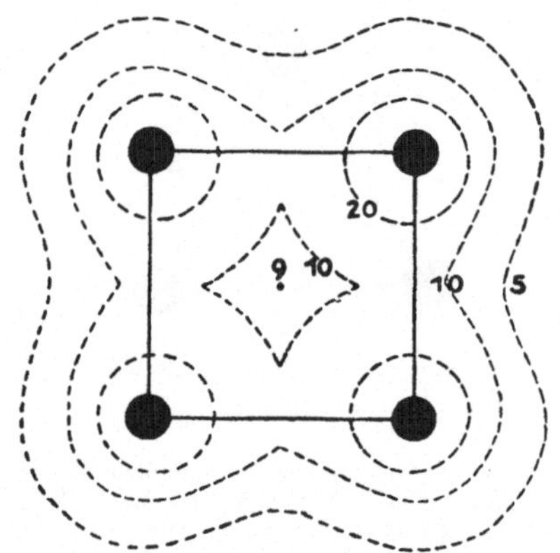

Abb. 62. Approximativer Isodosenplan für die Anordnung von 4 Trägern à 1 mg Ra El. Filterung 0,5 mm Pt, in den Ecken eines Quadrates von der Seitenlänge $a = 2,5$ cm in r/h. Natürliche Größe.

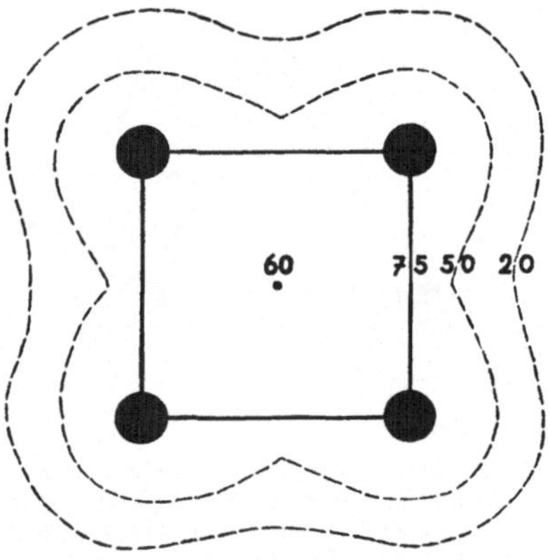

Abb. 63. Approximativer Isofosenplan für die Anordnung von 4 Trägern à 1 mg Ra El. Filterung 0,5 mm Pt, in den Ecken eines Quadrates von der Seitenlänge $a = 1$ cm in r/h. 2,5fach natürliche Größe.

In Abb. 62 und 63 sind die Dosenverhältnisse für die Anordnung von vier gleichen Trägern zu je 1 mg Ra El. in den Ecken eines Quadrates von der Seitenlänge 2,5 und 1 cm dargestellt. Dabei ist angenommen worden, die Präparate hätten zylindrische Form mit einer Herdlänge von 1 cm. Das entspricht der Anwendung der kürzesten Nadeln zu 1 mg Ra El.

Wird bei größeren Flächen das Minimum im Zentrum dadurch kompensiert, daß darin ein weiterer Träger derselben Stärke angeordnet wird, so wächst die Dosis in der Mitte der Quadratseiten auf $D = K\,m\,\frac{14}{a^2}$ und in der Mitte der halben Diagonalen auf $D = K\,m\,\frac{20}{a^2}$. Die Dosis wird also über die gesamte Fläche etwa auf das Doppelte erhöht, ihre Verteilung aber wesentlich inhomogener.

3. Sechs gleich starke Träger m in den Ecken eines gleichseitigen Sechseckes von der Seitenlänge a.

a) Zentrum des Sechseckes:

$$r_1 = r_2 = \ldots r_6 = a;$$

$$D = K m \frac{6}{a^2} = K M \frac{1}{a^2}.$$

b) Mitte der Sechseckseite:

$$r_1 = r_2 = \frac{a}{2};\ r_3 = r_4 = \frac{a}{2}\sqrt{7};\ r_5 = r_6 = \frac{a}{2}\sqrt{13};$$

$$D \sim K m \frac{10}{a^2} = K M \frac{1{,}66}{a^2}.$$

c) Mitte eines halben Durchmessers:

$$r_1 = \frac{a}{2};\ r_2 = \frac{3a}{2};\ r_3 = r_4 = \frac{a}{2}\sqrt{3};\ r_5 = r_6 = \frac{a}{2}\sqrt{7};$$

$$D \sim K m \frac{8{,}3}{a^2} = K M \frac{1{,}37}{a^2}.$$

Bei der Anordnung von sechs gleich starken Trägern in den Ecken eines regelmäßigen Sechseckes ist die Dosis im Innern der Fläche ebenfalls weitgehend homogenisiert. Die Dosen an den drei betrachteten Punkten, Zentrum, Mitte einer Seite und Mitte der Verbindung Zentrum—Träger, verhalten sich wie 1:1,66:1,37. Auch bei dieser Abbildung befindet sich das Minimum der Dosis naturgemäß im Zentrum. Die Fläche mit der relativ homogenen Dosenverteilung von $130 \pm 30\%$ des Zentrums ist ein sechszackiger Stern, dessen Zackenspitzen auf der Mitte der Sechseckseiten, und dessen einspringende Winkel auf der Mitte der Verbindung Zentrum—Träger liegen. Die Fläche dieses Sternes beträgt die Hälfte der Sechseckfläche.

Bei Kompensation des Minimums im Zentrum durch die Anordnung eines siebenten Trägers derselben Stärke resultiert in der Mitte der Sechseckseite eine Dosis von $D \sim K m \frac{11}{a^2}$ und in der Mitte der Verbindung Zentrum—Träger eine solche von $D \sim K m \frac{13}{a^2}$. Dadurch wird also die Dosis auf das 1,5- bis 2fache erhöht und die Homogenität vergrößert. Sie entspricht dann ungefähr derjenigen des regulären Dreieckes.

In Abb. 64 und 65 sind die Verhältnisse für die Anordnung von sechs gleich starken Trägern zu je 1 mg Ra El. in den Ecken eines regelmäßigen Sechseckes dargestellt. Abb. 64 zeigt die Dosenverteilung für eine Seitenlänge von $a = 2{,}5$ cm und Abb. 65 dieselbe für eine Seitenlänge von 1 cm. Die angegebenen Zahlen geben die pro Stunde absorbierte Dosis an. Bei der Konstruktion der Isodosenpläne Abb. 64 und 65 ist auf die wirkliche Dosenverteilung um einen Träger von zylindrischer Gestalt mit einer Herdlänge von 1 cm Rücksicht genommen worden.

Für die drei besprochenen Flächen, gleichseitiges Dreieck, Quadrat und gleichseitiges Sechseck, verhalten sich die Zahlen der Träger wie

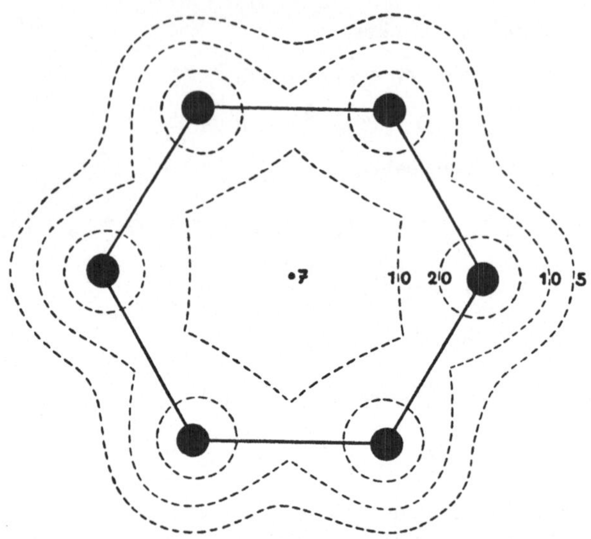

Abb. 64. Approximativer Isodosenplan für die Anordnung von 6 Trägern à 1 mg Ra El. Filterung 0,5 mm Pt in den Ecken eines regulären Sechseckes von der Seitenlänge a = 2,5 cm in r/h. Nat. Größe.

3:4:6, wenn das Minimum in der Mitte nicht kompensiert wird. Bei Kompensation desselben wie 3:5:7. Die relativen Flächen aber verhalten sich etwa wie 1:2:5. Daraus folgt, daß die Dreieckform nur bei kleinen Flächen, die unkompensierte Quadratform bei größeren Flächen und die im Zentrum kompensierte Sechseckform bei relativ großen Flächen angewendet werden sollte. Kleine Flächen im obigen Sinne wären etwa solche von 1 bis 2 cm Durchmesser, große solche von 3 bis 5 cm Durchmesser.

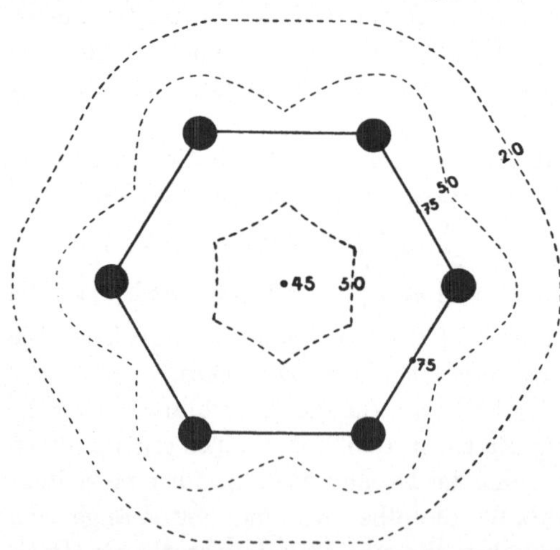

Abb. 65. Approximativer Isododosenplan für die Anordnung von 6 Trägern à 1 mg Ra El. Filterung 0,5 mm Pt, Herdlänge 1 cm in den Ecken eines regulären Sechsecks von der Seitenlänge a = 1 cm in r/h. 2fach natürliche Größe.

c) Anordnung punktförmiger Träger in quasi isometrischen Räumen.

Es wurde der Versuch unternommen, in Anlehnung an die Berechnung der elektrostatischen Kräfte in Kristallgittern die wirksame Strahlendosis zu bestimmen, wenn die einzelnen Radiumträger für die Bestrahlung eines quasi isometrischen Raumes in regulären Konfigurationen angeordnet werden. Die Resultate dieser Berechnungen sind, was die Homogenität der Strahlungsverteilung im Innern dieser geometrisch einfachen und leicht überblickbaren Körper anbetrifft, derartig interessant, daß sie direkt als Vorschläge für die Anordnung von Strahlungsträgern bei der Bestrahlung mehr oder weniger isometrischer Bestrahlungsräume gedacht sind. Da es besonders bei der Radiumpunktur nicht einfach ist, sich ohne weitgehende Rechnung ein auch nur einigermaßen angenähertes Bild der Dosenverteilung zu machen, so sollen die folgenden Anordnungen besonders als Vorschläge für die Radiumpunktur angesehen werden. Bei der Berechnung der Dosenverteilung sind punktförmige Strahlenquellen angenommen worden. Der dabei in unmittelbarer Umgebung der Einzelpräparate gemachte Fehler wird bei Anwendung mehrerer durch die verschiedene räumliche Lage derselben von selbst teilweise aufgehoben und wirkt sich, wie schon bei der Besprechung der Dosenverteilung flächenförmiger Anordnungen hervorgehoben wurde, in für die Dosenverteilung günstigem Sinne aus, indem in der Nähe der Einzelpräparate die wirksame Dosis bei Zylinderpräparaten kleiner ist als bei punktförmigen. In Abständen, die größer sind als etwa die Länge des strahlendes Herdes, d. h. bei Nadeln mit 1 cm Herdlänge in Abständen von über 1 cm, ist der Fehler für Einzelpräparate kleiner als 10% und bei Kombination mehrerer Präparate noch wesentlich geringer.

In den folgenden Abbildungen sind an Stelle der beispielsweise nadelförmigen Präparate „punktförmige“ Träger eingezeichnet. Das soll für die folgenden Anordnungen für den praktischen Therapeuten eine gewisse Freiheit gestatten. Man wird bei Verwendung von beispielsweise nadelförmigen Präparaten bei der Bestrahlung relativ kleiner Räume für eine der folgenden Anordnungen die Nadeln dann mit Vorteil zu den angegebenen Abbildungen tangential, bei größeren Räumen mit Vorteil radial anordnen. Will man sich sehr genau Rechenschaft über die wirksamen Dosen verschaffen, so sind bei der Besprechung der Gleichungen für die Strahlung einer Geraden die Isodosenpläne für die wirklichen Dosenstärken bei den verschiedenen gebräuchlichen Nadeln berechnet worden.

1. Vier gleich starke Träger *m* in den Ecken eines Tetraeders von der Kantenlänge *a*.

a) Schwerpunkt:

$$r_1 = r_2 = r_3 = r_4 = \frac{a}{2}\sqrt{\frac{3}{2}};$$

$$D \sim K m \frac{11}{a^2} \sim K M \frac{2{,}66}{a^2}.$$

b) Mitte einer Seitenfläche:

$$r_1 = r_2 = r_3 = \frac{a}{3}\sqrt{3}; \quad r_4 = a\sqrt{\frac{2}{3}};$$

$$D \sim K m \frac{10}{a^2} \sim K M \frac{2{,}63}{a^2}.$$

c) Mitte einer Kante:

$$r_1 = r_2 = \frac{a}{2}; \quad r_3 = r_4 = \frac{a}{2}\sqrt{3};$$

$$D \sim K m \frac{11}{a^2} \sim K M \frac{2{,}66}{a^2}.$$

Innerhalb einer Fehlergrenze von weniger als 2% sind die wirksamen Dosen an den betrachteten drei Punkten gleich. Der Raum, der durch die Mitte der Tetraederkanten umschlossen ist, stellt ein Oktaeder dar, dessen Volumen die Hälfte des Volumens des Tetraeders beträgt. Innerhalb dieses Oktaeders ist die Dosis beinahe absolut homogen. In der Umgebung der vier Einzelträger steigt die Dosis naturgemäß relativ stark an. Dieser Umstand ist bei keiner Anwendungsform zu umgehen, bei der die einzelnen Präparate mit dem zu bestrahlenden Gewebe in direkte Berührung kommen.

Die Tetraederanordnung dürfte neben den im folgenden noch zu besprechenden weiteren geometrischen Konfigurationen eine der wenigen Möglichkeiten sein, bei denen zum mindesten ein Teil des bestrahlten Raumes eine homogene Dosis erhält.

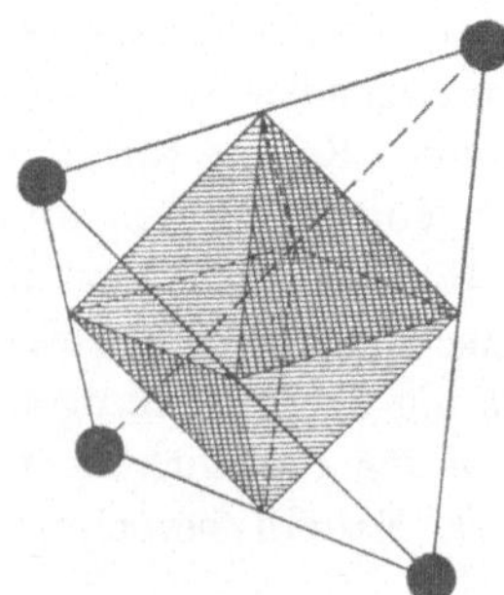

Abb. 66. Tetraeder-Anordnung.

In Abb. 66 ist die Tetraederanordnung mit der Einzeichnung des homogen bestrahlten Raumes dargestellt.

2. Sechs gleich starke Träger *m* in den Ecken eines Oktaeders von der Kantenlänge *a*.

a) Schwerpunkt:

$$r_1 = r_2 = \ldots = r_6 = \frac{a}{2}\sqrt{2};$$

$$D = K m \frac{12}{a^2} = K M \frac{2}{a^2}.$$

b) Mitte einer Fläche:

$$r_1 = r_2 = r_3 = \frac{a}{3}\sqrt{3}; \quad r_4 = r_5 = r_6 = a\sqrt{\frac{5}{6}};$$

$$D \sim K M \frac{12}{a^2} = K M \frac{2}{a^2}.$$

c) Mitte einer Kante:

$$r_1 = r_2 = \frac{a}{2}; \quad r_3 = r_4 = \frac{a}{2}\sqrt{3}; \quad r_5 = r_6 = \frac{a}{2}\sqrt{5};$$

$$D \sim K m \frac{12}{a^2} = K M \frac{2}{a^2}.$$

Innerhalb eines Fehlers von weniger als 3% ist die Dosis an den drei berechneten Punkten konstant.

Das Volumen des Oktaeders mit der Kantenlänge a beträgt $V = \frac{a^3}{3}\sqrt{2}$. Der Raum mit homogener Dosenverteilung hat ein Volumen von $V = \frac{5a^3}{24}\sqrt{2}$. Er umfaßt also fünf Achtel oder 62,5% des Gesamtvolumens des Oktaeders.

Wie aus Abb. 67 leicht zu ersehen ist, hat der homogen bestrahlte Raum eine Gestalt, die der Kugelform schon recht nahekommt. Die Oktaederanordnung wird also bei Bestrahlungen von quasi kugeligen Bestrahlungsräumen mit Vorteil angewendet werden.

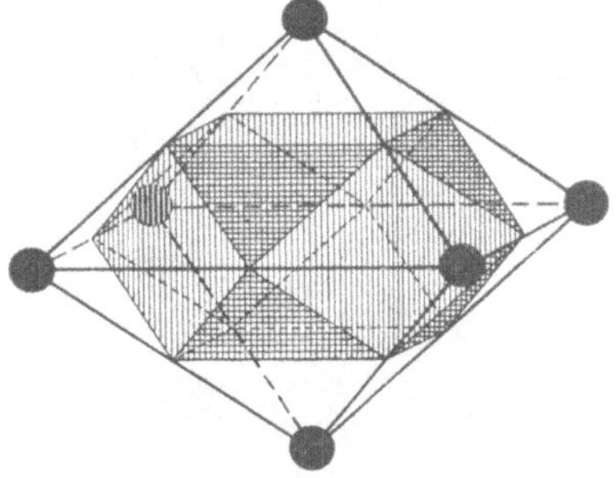
Abb. 67. Oktaeder-Anordnung.

3. Acht gleich starke Träger *m* in den Ecken eines Würfels von der Kantenlänge *a*.

a) Schwerpunkt:

$$r_1 = r_2 = \ldots = r_8 = \frac{a}{2}\sqrt{3};$$

$$D \sim K m \frac{11}{a^2} \sim K M \frac{1{,}37}{a^2}.$$

b) Mitte einer Fläche:

$$r_1 = r_2 = r_3 = r_4 = \frac{a}{2}\sqrt{2}; \quad r_5 = r_6 = r_7 = r_8 = \frac{a}{2}\sqrt{6};$$

$$D \sim K m \frac{11}{a^2} \sim K M \frac{1{,}37}{a^2}.$$

c) Mitte einer Kante:

$$r_1 = r_2 = \frac{a}{2}; \quad r_3 = r_4 = r_5 = r_6 = \frac{a}{2}\sqrt{5}; \quad r_7 = r_8 = \frac{3a}{2};$$

$$D \sim K m \frac{12}{a^2} \sim K M \frac{1{,}5}{a^2}.$$

Ebenfalls über das Volumen des Würfels ist die Dosenverteilung sehr homogen. Das Zentrum und die Mitte der Flächen erhalten absolut dieselbe Dosis. Gegen die Mitte der zwölf Kanten steigt sie um zirka 10% an, was aber noch weit innerhalb der therapeutischen Zulässigkeit liegt. Der Raum mit praktisch homogener Verteilung beträgt fünf Sechstel des Gesamtvolumens des Würfels mit den Volumen $V = a^3$. Bei dieser Anordnung ist also nur noch ein Rest von 16,5% des Gesamtvolumens vorhanden, der eine höhere Dosis aufweist als das praktisch homogene Bestrahlungsfeld. Der Würfelanordnung dürfte deshalb therapeutisch eine besonders hohe Bedeutung zukommen (Abb. 68).

4. Zwölf gleich starke Träger *m* in den Ecken eines regelmäßigen sechsseitigen Prismas von der Seitenlänge und der Höhe *a*.

a) Schwerpunkt:

$$r_1 = r_2 = \ldots = r_{12} = \frac{a}{2}\sqrt{5};$$

$$D \sim K m \frac{10}{a^2} = K M \frac{0{,}8}{a^2}.$$

b) Mitte der Grundfläche:

$$r_1 = r_2 = \ldots = r_6 = a; \quad r_7 = r_8 = \ldots = r_{12} = a\sqrt{2};$$

$$D = K m \frac{9}{a^2} = K M \frac{0{,}75}{a^2}.$$

c) Mitte einer Seitenfläche:

$$r_1 = r_2 = r_3 = r_4 = \frac{a}{2}\sqrt{2}; \quad r_5 = \ldots = r_8 = \frac{3a}{2}; \quad r_9 = \ldots = r_{12} = \frac{3a}{2}\sqrt{2};$$

$$D \sim K m \frac{11}{a^2} \sim K M \frac{0{,}88}{a^2}.$$

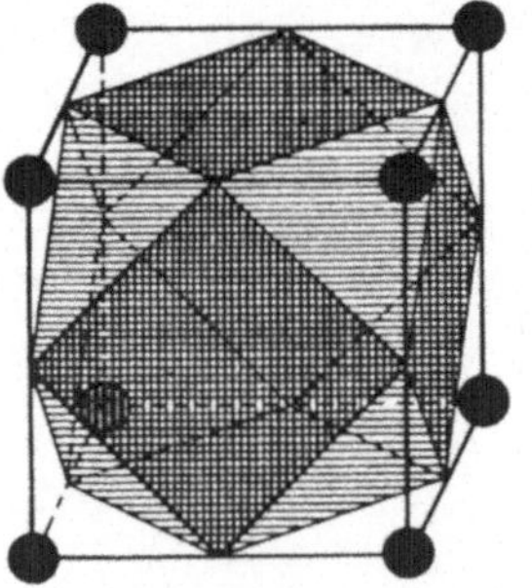

Abb. 68. Würfelanordnung.

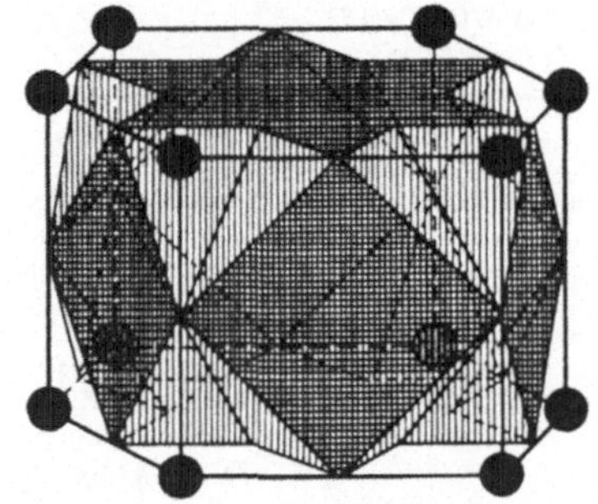

Abb. 69. Anordnung auf hexagonalem Prisma.

d) Mitte einer Seitenkante:

$$r_1 = r_2 = \frac{a}{2}; \quad r_3 = \ldots = r_6 = \frac{a}{2}\sqrt{5}; \quad r_7 = \ldots = r_{10} = \frac{a}{2}\sqrt{13};$$

$$r_{11} = r_{12} = \frac{a}{2}\sqrt{17};$$

$$D = K m \frac{13}{a^2} \sim K M \frac{1{,}1}{a^2}.$$

e) Mitte einer Grundkante:

$$r_1 = r_2 = \frac{a}{2}; \quad r_3 = r_4 = \frac{a}{2}\sqrt{5}; \quad r_5 = r_6 = \frac{a}{2}\sqrt{7};$$

$$r_7 = r_8 = \frac{a}{2}\sqrt{11}; \quad r_9 = r_{10} = \frac{a}{2}\sqrt{13}; \quad r_{11} = r_{12} = \frac{a}{2}\sqrt{21};$$

$$D = K m \frac{12{,}5}{a^2} \sim K M \frac{1}{a^2}.$$

An den fünf betrachteten Punkten schwankt bei dieser Anordnung die Dosis nun schon um zirka 20%. Das ist aber *immer noch ein relativ* geringer Wert. Das Volumen des Prismas beträgt $V = \frac{3a^3}{2}\sqrt{3} \sim 2{,}6a^3$. Die Summe der Volumina der nicht praktisch homogen bestrahlten Räume um die einzelnen Träger beträgt $V = \frac{a^3}{4}\sqrt{3} = {}^1/_6$ des Prismavolumens. Der Raum, innerhalb dessen die Dosis nur um $\pm$ 20% schwankt, nimmt also fünf Sechstel des Gesamtvolumens des Prismas ein. Auch dieser Anordnung dürfte deshalb eine erhöhte therapeutische Bedeutung zukommen (Abb. 69).

d) Beispiele.

Für den praktischen Gebrauch der vorstehenden Schemata und Gleichungen seien einige Beispiele angegeben. Der Einfachheit halber sei die Ladung des Einzelträgers überall zu 1 mg Radiumelement angenommen. Für den Wert der HED sei der Mittelwert von 3000 r gewählt. Die Einheitsmaßstäbe der Schemata sollen in ganzen Vielfachen von Zentimetern gemessen werden.

α) **Flächenförmige Felder.** 1. *Gleichseitiges Dreieck.* Menge: Drei Träger zu je 1 mg Ra El. Filterung 0,5 mm Pt, Dosiskonstante $K = 8$ r/mgh.

A. Seitenlänge $a = 1$ cm. Fläche = 0,435 cm³.

a) Zentrum: $D = Km\frac{9}{a^2} = 72$ r/h; HED $= \frac{3000}{72} = 42$ h.

b) Seitenmitte: $D = 72$ r/h; HED = 42 h.

B. Seitenlänge des Dreieckes $a = 2$ cm (obere Grenze für diese Anordnung). Fläche = 1,732 cm².

$$D = \frac{72}{4} = \text{r/h}; \quad \text{HED} = \frac{3000}{18} = 167\text{ h}.$$

2. *Quadrat.* Menge: Vier Träger zu je 1 mg Ra El. Filterung: 0,5 mm Pt, Dosiskonstante $K = 8$ r/mgh.

A. Seitenlänge $a = 1$ cm, Fläche = 1 cm².

a) Schwerpunkt:	$D = 64$ r/h;	HED = 47 h.
b) Mitte Quadratseite:	$D = 80$ r/h;	HED = 38 h.
c) Mitte halbe Diagonale:	$D = 96$ r/h;	HED = 32 h.

B. Seitenlänge $a = 2$ cm, Fläche = 4 cm².

a) Schwerpunkt:	$D = 16$ r/h;	HED = 188 h.
b) Mitte Seite:	$D = 20$ r/h;	HED = 162 h.
c) Mitte halbe Diagonale:	$D = 24$ r/h;	HED = 128 h.

C. Seitenlänge $a = 3$ cm, Fläche = 9 cm².

a) Schwerpunkt:	$D = 7$ r/h;	HED = 423 h.
b) Mitte Seite:	$D = 9$ r/h;	HED = 342 h.
c) Mitte halbe Diagonale:	$D = 11$ r/h;	HED = 288 h.

3. *Reguläres Sechseck.* Menge: Sechs Träger zu je 1 mg Ra El. Filterung: 0,5 mm Pt, Dosiskonstante $K = 8$ r/mgh.

A. Seitenlänge $a = 1$ cm, Fläche $= 2{,}61$ cm².

a) Schwerpunkt:	$D = 48$ r/h;	HED = 63 h
b) Mitte Seite:	$D = 80$ r/h;	HED = 38 h
c) Mitte halber Durchmesser:	$D = 66$ r/h;	HED = 46 h

B. Seitenlänge $a = 2$ cm, Fläche 10,44 cm².

a) Schwerpunkt:	$D = 12$ r/h;	HED = 250 h.
b) Mitte Seite:	$D = 20$ r/h;	HED = 150 h.
c) Mitte halber Durchmesser:	$D = 16$ r/h;	HED = 187 h.

C. Seitenlänge $a = 3$ cm, Fläche $= 23{,}5$ cm².

a) Schwerpunkt:	$D = 5{,}5$ r/h;	HED = 548 h.
b) Mitte Seite:	$D = 9$ r/h;	HED = 333 h.
c) Mitte halber Durchmesser:	$D = 7{,}5$ r/h;	HED = 400 h.

Aus den Beispielen für das Quadrat und das Sechseck ist sofort zu sehen, daß diese Anordnungen für größere Felder $a > 2$ cm nicht mehr anwendbar sind, auch wenn für die Ladung pro Träger Stärken von 2 bis 3 mg Ra El. gewählt werden. Da aber derartige Felder häufig bespickt werden müssen, so sollen noch die Dosen berechnet werden, für die Quadrat- und Sechseckanordnung, bei denen das Minimum im Zentrum durch Hinzufügen eines weiteren Trägers derselben Stärke kompensiert worden ist.

2a. *Quadrat.* Menge: Fünf Träger zu je 1 mg Ra El. Filterung: 0,5 mm Pt, Dosiskonstante $K = 8$ r/mgh.

A. Seitenlänge $a = 2$ cm, Fläche $= 4$ cm².

a) Seitenmitte:	$D = 28$ r/h;	HED = 107 h.
b) Mitte halbe Diagonale:	$D = 40$ r/h;	HED = 76 h.

B. Seitenlänge $a = 3$ cm, Fläche $= 9$ cm².

a) Mitte Seite:	$D \sim 13$ r/h;	HED = 240 h.
b) Mitte halbe Diagonale:	$D \sim 18$ r/h;	HED = 170 h.

3a. *Sechseck.* Menge: Sieben Träger zu je 1 mg Ra El. Filterung: 0,5 mm Pt, Dosiskonstante $K = 8$ r/mgh.

A. Seitenlänge $a = 2$ cm, Fläche $= 10{,}44$ cm².

a) Mitte Seite:	$D = 22$ r/h;	HED = 136 h.
b) Mitte halber Durchmesser:	$D = 24$ r/h;	HED = 125 h.

B. Seitenlänge $a = 3$ cm, Fläche $= 23{,}5$ cm².

a) Mitte Seite:	$D \sim 10$ r/h;	HED = 300 h.
b) Mitte halber Durchmesser:	$D = 11$ r/h;	HED = 275 h.

Wie aus den obigen Zahlen ersichtlich ist, sind mit den in der Mitte durch Hinzufügen eines weiteren Trägers verstärkten Anordnungen bei Verwendung von Trägern mit 2 bis 3 mg Ra El. leicht Dosen von der Größe der HED in relativ kurzen Zeiten unter 100 h zu erreichen. Daraus folgt für die praktische Anwendung, daß für größere Bestrahlungsfelder von etwa 3 bis 5 cm Durchmesser diese letzteren Anordnungen verwendet werden sollten.

β) **Quasi isometrische Räume.** 4. *Tetraeder.* Menge: Vier Träger zu je 1 mg Ra El. Filterung: 0,5 mm Pt, Dosiskonstante $K = 8$ r/mgh.

A. Kantenlänge $a = 1$ cm, Volumen $V = 0{,}12$ cm³.

a) Schwerpunkt:	$D = 85$ r/h;	HED = 36 h.
b) Mitte Seitenfläche:	$D = 84$ r/h;	HED = 36 h.
c) Mitte Kante:	$D = 85$ r/h;	HED = 36 h.

B. Kantenlänge $a = 2$ cm, Volumen $V = 1$ cm³.

a) Schwerpunkt: b) Mitte Fläche: c) Mitte Kante:	$D = 21$ r/h;	HED = 143 h.

C. Kantenlänge $a = 3$ cm, Volumen $V = 3{,}2$ cm³.

a) Schwerpunkt: b) Mitte Fläche: c) Mitte Kante:	$D = 9{,}5$ r/h;	HED = 316 h.

5. *Oktaeder.* Menge: Sechs Träger zu je 1 mg Ra El. Filterung: 0,5 mm Pt, Dosiskonstante $K = 8$ r/mgh.

A. Kantenlänge $a = 1$ cm, Volumen $V = 0{,}47$ cm³.

a) Schwerpunkt:	$D = 96$ r/h;	HED = 31 h.
b) Mitte Fläche:	$D = 101$ r/h;	HED = 30 h.
c) Mitte Kante:	$D = 98$ r/h;	HED = 31 h.

B. Kantenlänge $a = 2$ cm, Volumen $V = 3{,}77$ cm³.

a) Schwerpunkt:	$D = 24$ r/h;	HED = 120 h.
b) Mitte Fläche:	$D = 25$ r/h;	HED = 120 h.
c) Mitte Kante:	$D = 25$ r/h;	HED = 120 h.

C. Kantenlänge $a = 3$ cm, Volumen $V = 12{,}73$ cm³.

a) Schwerpunkt: b) Mitte Fläche: c) Mitte Kante:	$D = 11$ r/h;	HED = 272 h.

6. *Würfel.* Menge: Acht Träger zu je 1 mg Ra El. Filterung: 0,5 mm Pt, Dosiskonstante $K = 8$ r/mgh.

A. Kantenlänge $a = 1$ cm, Volumen $V = 1$ cm³.

a) Schwerpunkt:	$D = 86$ r/h;	HED = 35 h.
b) Mitte Fläche:	$D = 86$ r/h;	HED = 35 h.
c) Mitte Kante:	$D = 96$ r/h;	HED = 31 h.

B. Kantenlänge $a = 2$ cm, Volumen $V = 8$ cm³.

a) Schwerpunkt:	$D = 21{,}5$ r/h;	HED = 140 h.
b) Mitte Fläche:	$D = 21{,}5$ r/h;	HED = 140 h.
c) Mitte Kante:	$D = 24$ r/h;	HED = 124 h.

C. Kantenlänge $a = 3$ cm, Volumen $V = 27$ cm³.

a) Schwerpunkt:	$D = 9{,}5$ r/h;	HED = 315 h.
b) Mitte Fläche:	$D = 9{,}5$ r/h;	HED = 315 h.
c) Mitte Kante:	$D = 10{,}5$ r/h;	HED = 279 h.

7. *Sechsseitiges Prisma.* Menge: Zwölf Träger zu je 1 mg Ra El. Filterung: 0,5 mm Pt, Dosiskonstante $K = 8$ r/mgh.

A. Kantenlänge $a = 1$ cm, Volumen $V = 2{,}61$ cm³.

a) Schwerpunkt:	$D = 78$ r/h;	HED = 39 h.
b) Mitte Grundfläche:	$D = 72$ r/h;	HED = 42 h.
c) Mitte Seitenfläche:	$D = 85$ r/h;	HED = 36 h.
d) Mitte Seitenkante:	$D = 105$ r/h;	HED = 29 h.
e) Mitte Grundkante:	$D = 96$ r/h;	HED = 31 h.

B. Kantenlänge $a = 2$ cm, Volumen $V = 21$ cm³.

a) Schwerpunkt:	$D = 19$ r/h;	HED = 157 h.
b) Mitte Grundfläche:	$D = 18$ r/h;	HED = 168 h.
c) Mitte Seitenfläche:	$D = 21$ r/h,	HED = 144 h.
d) Mitte Seitenkante:	$D = 26$ r/h;	HED = 116 h.
e) Mitte Grundkante:	$D = 24$ r/h;	HED = 124 h.

C. Kantenlänge $a = 3$ cm, Volumen $V = 70$ cm³.

a) Schwerpunkt:	$D = 8{,}5$ r/h;	HED = 355 h.
b) Mitte Grundfläche:	$D = 8$ r/h;	HED = 375 h.
c) Mitte Seitenfläche:	$D = 9{,}5$ r/h;	HED = 325 h.
d) Mitte Seitenkante:	$D = 11{,}5$ r/h;	HED = 260 h.
e) Mitte Grundkante:	$D = 10{,}5$ r/h;	HED = 290 h.

Aus den obigen Zahlenangaben geht hervor, daß es mit Hilfe der angegebenen Anordnungen relativ leicht möglich ist, auch größere quasi isometrische Räume mit Strahlenmengen von der Größe der HED zu behandeln, wenn man für den Einzelträger die Radiummengen von 1 bis 3 mg anwendet.

Haben die Räume noch größere Dimensionen als die oben angegebenen, d. h. sind die Durchmesser größer als 4 bis 6 cm, so sind die vorstehenden Anordnungen nicht mehr in der angegebenen Form brauchbar, und es müssen bei der Bespickung derartiger Räume längere Träger verwendet werden.

Auf die Berechnung der Dosis bei Verwendung von Kombinationen längerer Träger (Herdlängen größer als 1 cm) soll später noch näher eingegangen werden.

e) *Einige allgemeine Gleichungen.*

Es sollen im folgenden einige allgemeine Gleichungen angegeben und im Prinzip hergeleitet werden, deren Gehalt für die Praxis der Radiumtherapie von wesentlicher Bedeutung ist. Es sind das die Funktionen der Dosenverteilung um eine Gerade, einen Kreis, einer Kreisfläche, in einer Kugel und einem Zylinder. Die Herleitung ist nur da vollständig durchgeführt, wo sie mit einfachen mathematischen Hilfsmitteln möglich ist. Soweit die Gleichungen für die Praxis unmittelbar benutzt werden können, sind sie als Kurven oder Isodosenpläne graphisch dargestellt worden.

α) **Die strahlende Gerade.** Die Dosenverteilung um längere Radiumnadeln und Radiumsonden entspricht recht genau der theoretischen Dosenverteilung um eine strahlende Gerade. Das gilt ganz besonders dann, wenn der Durchmesser der Radiumkammern von der Größenordnung = 1 mm ist. Es ist dann die Abweichung der wirklichen Dosenverteilung von derjenigen um eine mathematische strahlende Gerade nach R. Sievert selbst bei relativ kurzen Kammern auf der Oberfläche des Trägers kleiner als 8%. In Entfernungen von 0,5 cm oder bei längeren Kammern ist der Fehler schon geringer als 1%. Da die meisten in der praktischen Therapie verwendeten Radiumträger die Form von Zylindern mit geringem Durchmesser haben, und oftmals derartige Träger relativ sehr großer Länge verwendet werden, so ist die Gleichung für die Praxis der Dosenberechnung sehr wichtig.

Für Träger mit kleiner Kammerlänge (zirka 1 cm) ist die Gleichung weniger wesentlich, da derartige Träger, wie gezeigt werden soll, recht genau die Dosenverteilung eines strahlenden Punktes aufweisen, und für Abstände, die der Größenordnung nach mit der Kammerlänge übereinstimmen, innerhalb der therapeutisch zulässigen Fehlergrenze als solche betrachtet werden dürfen.

Die Gerade habe die Länge l. Auf ihr sei die radioaktive Substanz von der Menge M homogen verteilt. Dann ist die strahlende Dichte: $\varrho = \frac{M}{l}$. Das Längenelement dl enthalte die Menge $dm = \varrho\, dl$. Die Dosis soll berechnet werden für irgendeinen Punkt P, der von der Geraden den senkrechten Abstand a hat.

Das Längenelement habe vom Punkt P den variablen Abstand x.

Es ist dann, wenn φ der Winkel des Abstandes x zum Lot a darstellt:

$$x = \frac{a}{\cos\varphi} \text{ und } d\,l = \frac{x\,d\varphi}{\cos\varphi} = \frac{a\,d\varphi}{\cos^2\varphi}.$$

Die Dosis dD, die im Punkte P durch das Element $dm = \varrho\, dl$ hervorgerufen wird, hat die Größe:

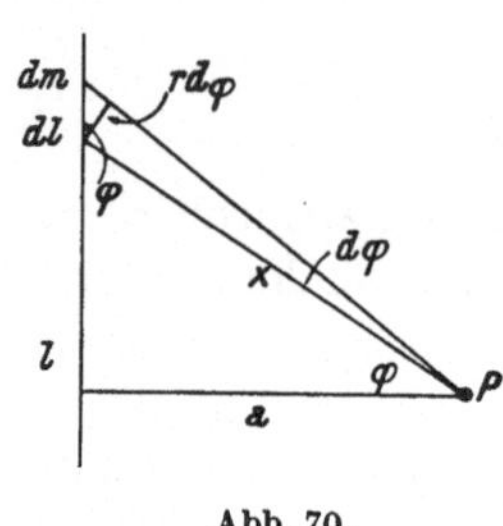

Abb. 70.

$$d\,D = K\,\varrho\,\frac{dl}{x^2} = K\,\varrho\,a\,\frac{d\varphi\cos^2\varphi}{a^2\cos^2\varphi},$$

$$d\,D = K\,\varrho\,\frac{d\varphi}{a}$$

und die Gesamtdosis der ganzen Geraden auf denselben Punkt:

$$D = \frac{K\,\varrho}{a}\int_{\varphi_1}^{\varphi_2} d\varphi = \frac{K\,\varrho}{a}(\varphi_1 - \varphi_2),$$

und da nun

$$\varrho = \frac{M}{l},$$

so ist

$$D = \frac{K\,M}{l\,a}(\varphi_1 - \varphi_2).$$

In dieser Form ist die Gleichung wegen der darin vorkommenden Winkel nicht ohne weiteres für eine Abschätzung der Dosis zu verwerten. Dagegen gestattet sie, mit Hilfe der Tabellen der tg-Funktionen die Konstruktion der Isodosen um langgestreckte Träger.

Für lange Träger und besonders in der Nähe derselben wird die Differenz der Winkel $\varphi_1 - \varphi_2$ angenähert $180^\circ = \pi$. Dadurch wird für den betrachteten Punkt die Gerade praktisch unendlich lang, und die Gleichung geht dann über in

$$D = \frac{K\,\varrho}{a}\int_{-\frac{\pi}{2}}^{+\frac{\pi}{2}} d\varphi = \frac{\pi\,K\,\varrho}{a}.$$

An diesem Resultat ist besonders bemerkenswert, daß die Dosis nicht mehr quadratisch mit dem Abstand, wie für den strahlenden Punkt nach außen anfällt, sondern nur mehr linear. Dieser lineare Abfall gilt für die in der Praxis gebrauchten Träger besonders in deren unmittelbarer Umgebung, so daß die wirksame Dosis in der Nähe des Trägers anfänglich geringer ist als bei punktförmigen Präparaten, um dann bei größeren Abständen allmählich sich dem Abfall eines punktförmigen Trägers zu nähern. Dadurch wird bei Verwendung längerer Träger in deren Umgebung die Inhomogenität der Dosenverteilung teilweise aufgehoben.

Der Gebrauch der vorstehenden Gleichungen soll an einigen Beispielen näher dargetan werden:

Als erstes Beispiel sei die Dosenverteilung um eine *lange Nadel* berechnet.

Platinnadel, Länge 60 mm, Herdlänge 50 mm, Ladung 5 mg Ra El. $\varrho = 1$ mg/cm. Filterung 0,5 mm Pt. Dosiskonstante $K = 8$ r/mgh.

1. Mitte der Nadel:

a cm	tg φ	D in r/h	Str. Punkt mit gleicher Ladung
0,5	5,0	44,0	160
1,0	2,5	19,3	40
1,5	1,667	11,2	17,8
2,0	1,25	7,4	10
2,5	1,0	5,1	6,4
3,0	0,833	3,8	4,4
3,5	0,715	2,9	3,3
4,0	0,625	2,3	2,5
4,5	0,555	1,8	1,9
5,0	0,5	1,5	1,6

2. Ebene senkrecht vier Fünftel der Herdlänge:

a cm	tg φ_1	tg φ_2	D in r/h
0,5	8	2	41
1,0	4	1	17
1,5	2,66	0,66	9,7
2,0	2	0,5	6,2
2,5	1,58	0,4	4,4

3. Ebene senkrecht Herdende:

a cm	tg φ	D in r/h
0,5	10	24,5
1,0	5	11,5
1,5	3,33	7,5
2,0	2,5	5,5
2,5	2	4,3

Aus diesen Tabellen ist es möglich, die Isodosenkurven um eine Nadel von 60 mm Länge mit einer Herdlänge von 50 mm zu konstruieren. Die Fehlergrenze ist dabei geringer als $\pm$ 10%. Diese Konstruktion ist in Abb. 71 dargestellt. Bei höherer Ladung der Nadel sind die entsprechenden Dosen in linearer Abhängigkeit höher. So wären die angewendeten Dosen bei einer Ladung von beispielsweise 10 mg Ra El. doppelt so groß.

Aus der Abbildung ist zu ersehen, daß die Dosenverteilung bis zu zirka 1 cm Abstand fast zylinderförmig verläuft. Bis zu etwa diesem Abstand ist auch der Abfall praktisch linear.

Wie aus der vierten Kolonne der Tab. 1 zu entnehmen ist, ist die Dosis in der Nähe der Nadel zuerst wesentlich geringer als diejenige um ein punktförmiges Präparat. Im Abstand 0,5 cm ist sie etwa viermal geringer, in 1 cm noch ungefähr die Hälfte, bei 2 cm beträgt die Differenz noch zirka 25%, um dann bei Abständen von über 4 cm unter 10% herabzusinken. Von dieser Entfernung an, die der Größenordnung nach etwa der Herdlänge entspricht, ist also die wirksame Dosis in der Mitte der Nadel praktisch dieselbe, wie wenn die Gesamtstrahlung auf einen Punkt konzentriert wäre.

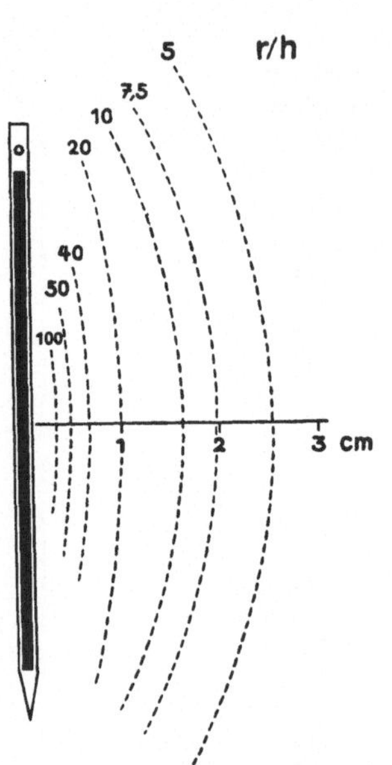

Abb. 71. Berechnete Isodosenverteilung um eine Pt-Ir-Nadel von 60 mm Länge und einer Herdlänge von 50 mm in r/h. Ladung 5 mg Ra El. Filter 0,5 mm Pt. $K = 8$ r/mgh. $\varrho = 1$ mg/cm. Nat. Größe.

Als zweites Beispiel soll die Dosenverteilung um eine *kurze Nadel* mit einer Herdlänge von 1 cm berechnet werden. Platinnadel, Länge 19 mm, Herdlänge 10 mm, Ladung 1 mg Ra El. $\varrho = 1$ mg/cm. Filterung 0,5 mm Pt. Dosiskonstante $K = 8$ r/mgh.

1. Mitte der Nadel:

a cm	tg φ	D in r/h	Str. Punkt mit gleicher Ladung
0,25	2	71	128
0,5	1	25,2	32
0,75	0,667	12,5	14,2
1,0	0,5	7,4	8
1,5	0,333	3,4	3,6
2,0	0,25	1,98	2
2,5	0,2	1,26	1,27
3,0	0,167	0,89	0,9
4,0	0,125	0,5	0,5
5,0	0,1	0,32	0,32

2. Ebene senkrecht vier Fünftel der Herdlänge:

a cm	tg φ_1	tg φ_2	D in r/h
0,25	3,22	0,80	62
0,5	1,60	0,40	22,3
0,75	1,07	0,27	11,6
1,0	0,8	0,2	7,1
1,5	0,53	0,133	3,3
2,0	0,4	0,1	1,92
2,5	0,32	0,08	1,20
3,0	0,267	0,067	0,87

3. Ebene senkrecht Herdende:

a cm	tg φ	D in r/h
0,25	4	42
0,5	2	17,6
0,75	1,33	9,8
1,5	1	6,3
1,5	0,667	3,14
2,0	0,5	1,83
2,5	0,4	1,19
3,0	0,33	0,85

Als weiteres Beispiel sei die Dosenverteilung um eine *Radiumnadel* berechnet, die bei einer totalen Länge von 33 mm eine Herdlänge von 20 mm aufweist.

Platinnadel, Länge 33 mm, Herdlänge 20 mm, Ladung 2 mg Ra El. $\varrho = 1$ mg/cm. Filterung 0,5 mm Pt. Dosiskonstante $K = 8$ r/mgh.

1. Mitte der Nadel:

a cm	tg φ	D in r/h	Str. Punkt mit gleicher Ladung
0,25	4	84	256
0,5	2	35	64
0,75	1,33	19,6	28,5
1,0	1	12,5	16
1,5	0,667	6,2	7,4
2,0	0,5	3,6	4
3,0	0,33	1,7	1,8

2. Ebene senkrecht drei Viertel der Herdlänge:

a cm	tg φ_1	tg φ_2	D in r/h
0,25	6	2	80
0,5	3	1	32
0,75	2	0,667	18
1,0	1,5	0,5	11,5
1,5	1	0,333	5,8
2,0	0,75	0,25	3,4
3,0	0,5	0,167	1,6

3. Ebene senkrecht Herdende:

a cm	tg φ	D in r/h
0,25	8	47
0,5	4	21
0,75	2,667	12,8
1,0	2	8,8
1,5	1,33	4,8
2,0	1	3,1
3,0	0,667	1,5

Die praktische Auswertung der beiden letzten Beispiele ist in Abb. 72 dargestellt. Für die Nadel von nur 1 cm Herdlänge zeigt sich, daß die Dosen nur bis zu Abständen von unter 1 cm von denjenigen eines strahlenden Punktes derselben Stärke merklich (über 10%) abweichen. Solche Nadeln dürfen also mit recht guter Annäherung als strahlende Punkte betrachtet werden. Für die Nadel mit 2 cm Herdlänge ist die Dosenverteilung bis zu zirka 0,5 cm Abstand praktisch zylinderförmig, um bei größeren Abständen nach und nach sich der Dosenverteilung des strahlenden Punktes zu nähern. In Abständen über 2 cm ist das praktisch bereits der Fall.

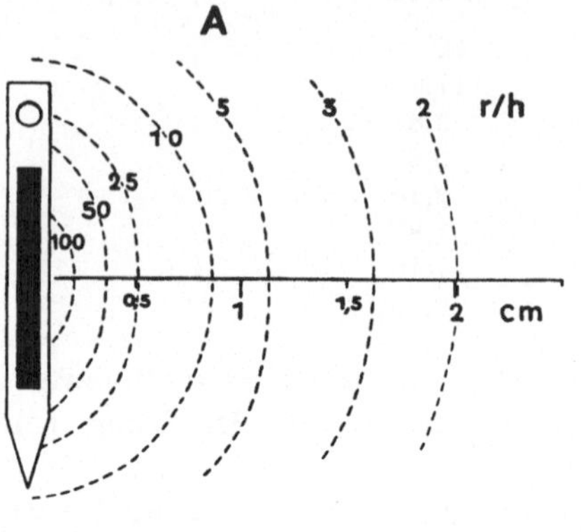

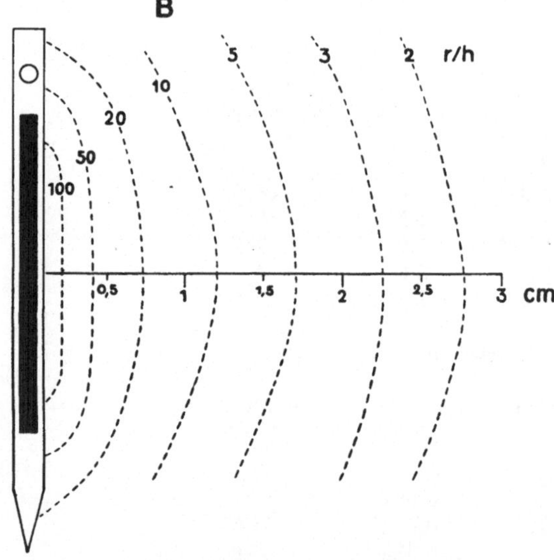

Abb. 72. Berechnete Isodosenpläne.
A) für eine Pt-Ir-Nadel von 19 mm Länge, Herdlänge 1 cm, Ladung 1 mg, $\varrho = 1$ mg/cm. Filter 0,5 mm Pt. $K = 8$ r/mgh.
B) für eine Pt-Ir-Nadel von 33 mm Länge, Herdlänge 2 cm, Ladung 2 mg Ra El. $\varrho = 1$ mg/cm, Filter 0,5 mm Pt. $K = 8$ r/mgh. Angaben in r/h. 2fach nat. Größe.

Als letztes Beispiel dieser Art sei die Dosenverteilung um eine Sonde von 10 cm strahlender Länge berechnet, eine Anordnung, wie sie bei Bestrahlungen besonders der Speiseröhre sehr häufig Anwendung findet.

Kette, bestehend aus drei Platinkapseln von je 32 mm Länge, totale Länge der Kette 10 cm, Ladung je 10 mg Ra El. pro Kapsel, Totalladung 30 mg Ra El. $\varrho = 3$ mg/cm. Filterung 1,0 mm Pt. Dosiskonstante $K = 7{,}5$ r/mgh.

1. Mitte der Kette:

a cm	tg φ	D in r/h	Str. Punkt mit gleicher Ladung	∞ lange Gerade mit gleichem ϱ
0,5	10	133	900	139
1,0	5	62	225	70
1,5	3,33	38	100	46
2,0	2,5	26,8	56	35
2,5	2	20,2	36	28
3,0	1,667	15,7	25	23
3,5	1,42	12,4	18,3	19,8
4,0	1,25	10,2	13,8	17,5
4,5	1,11	8,2	11,1	15,5
5,0	1	7,1	9,1	13,9

2. Ebene senkrecht sieben Zehntel der Kettenlänge:

a cm	tg φ_1	tg φ_2	D in r/h
0,5	14	6	132
1,0	7	3	61
1,5	4,667	2	37,5
2,0	3,5	1,5	25,8
2,5	2,78	1,21	19
3,0	2,32	1	14,7
3,5	2	0,86	11,7
4,0	1,74	0,75	9,6
4,5	1,55	0,667	7,9
5,0	1,39	0,6	6,6

3. Ebene senkrecht neun Zehntel der Kettenlänge:

a cm	tg φ_1	tg φ_2	D in r/h
0,5	18	2	119
1,0	9	1	51
1,5	6	0,667	30
2,0	4,5	0,5	20,5
2,5	3,6	0,4	15,7
3,0	3	0,33	11,8
3,5	2,57	0,286	9,5
4,0	2,25	0,25	7,8
4,5	2	0,22	6,6
5,0	1,8	0,2	5,7

4. Ebene senkrecht Ende der Kette:

a cm	tg φ	D in r/h	a cm	tg φ	D in r/h
0,5	20	70	3,0	3,33	9,7
1,0	10	33,5	3,5	2,86	7,9
1,5	6,67	21,3	4,0	2,5	6,8
2,0	5	15,5	4,5	2,22	5,9
2,5	4	11,9	5,0	2	5,1

Wie aus Abb. 73 zu ersehen ist, ist die Dosenverteilung um die Kette bis zu Distanzen von etwa 2,5 cm von der Kettenachse praktisch zylinderförmig. Gegen das Ende der Kette nähern sich die Isodosen der Ketten-

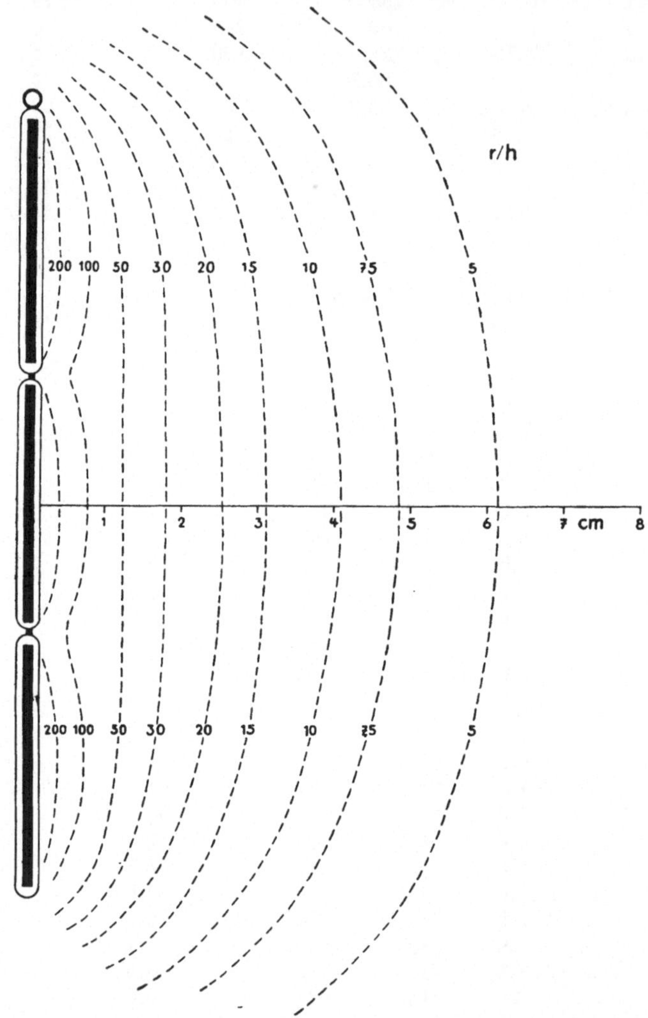

Abb. 73. Berechneter Isodosenplan für eine Kette von 10 cm Länge, Filterung 1,0 mm Pt. $K =$ 7,5 r/mgh. Ladung 10 mg Ra El pro Glied. Angaben in r/h. Natürliche Größe.

achse schon beträchtlich, so daß an den Enden der Kette, normal zur Achse der Kette gemessen (Tab. 4) die wirksamen Dosen etwa halb so groß sind wie in der Mitte der Kette (Tab. 1). Derartige Ketten sind also so lang zu wählen, daß sie das ganze zu bestrahlende Feld ausfüllen.

In der Nähe der Kette, bis zu Abständen von zirka 1 cm, ist die Strahlenverteilung innerhalb eines Fehlers von 10% dieselbe, wie wenn die Substanz auf eine unendlich lange Gerade verteilt wäre, dagegen ist sie um ein Vielfaches geringer als diejenige um einen strahlenden Punkt derselben Ladung (Tab. 1).

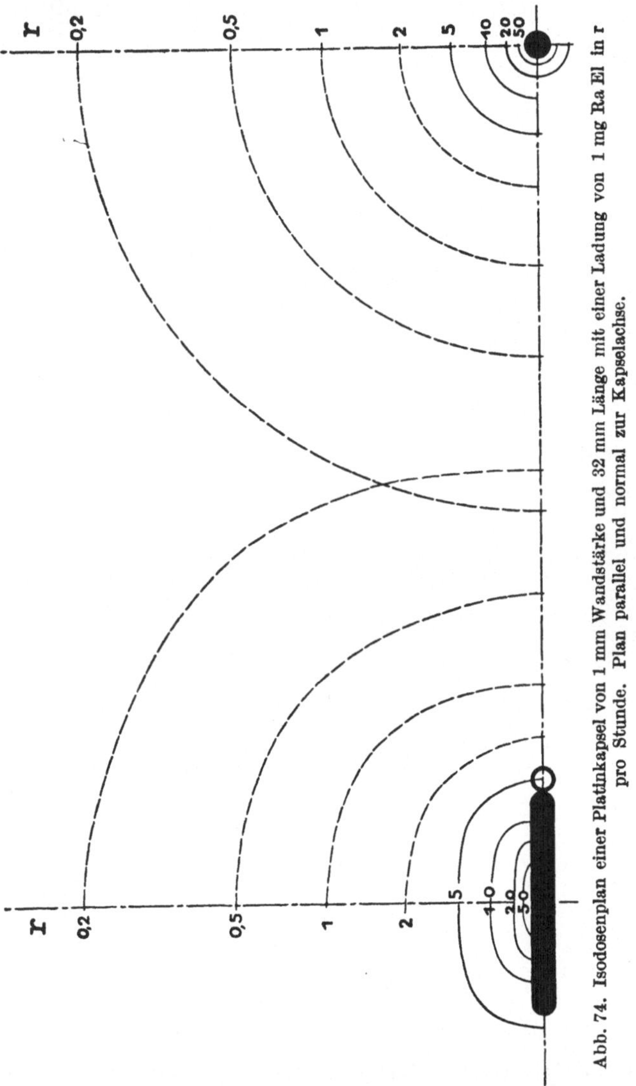

Abb. 74. Isodosenplan einer Platinkapsel von 1 mm Wandstärke und 32 mm Länge mit einer Ladung von 1 mg Ra El in r pro Stunde. Plan parallel und normal zur Kapselachse.

In Distanzen von über 5 cm nähern sich dann die Dosengrößen der Kette und des strahlenden Punktes einander auf etwa 20%, um bei noch größeren Abständen allmählich ineinander überzugehen. Für die praktische Therapie dürften aber nur etwa Abstände bis zu maximal 4 cm in Frage kommen.

Es ist natürlich auch möglich, die Dosen für Kombinationen von linienförmigen Trägern zu berechnen. Man verfährt dabei so, daß man

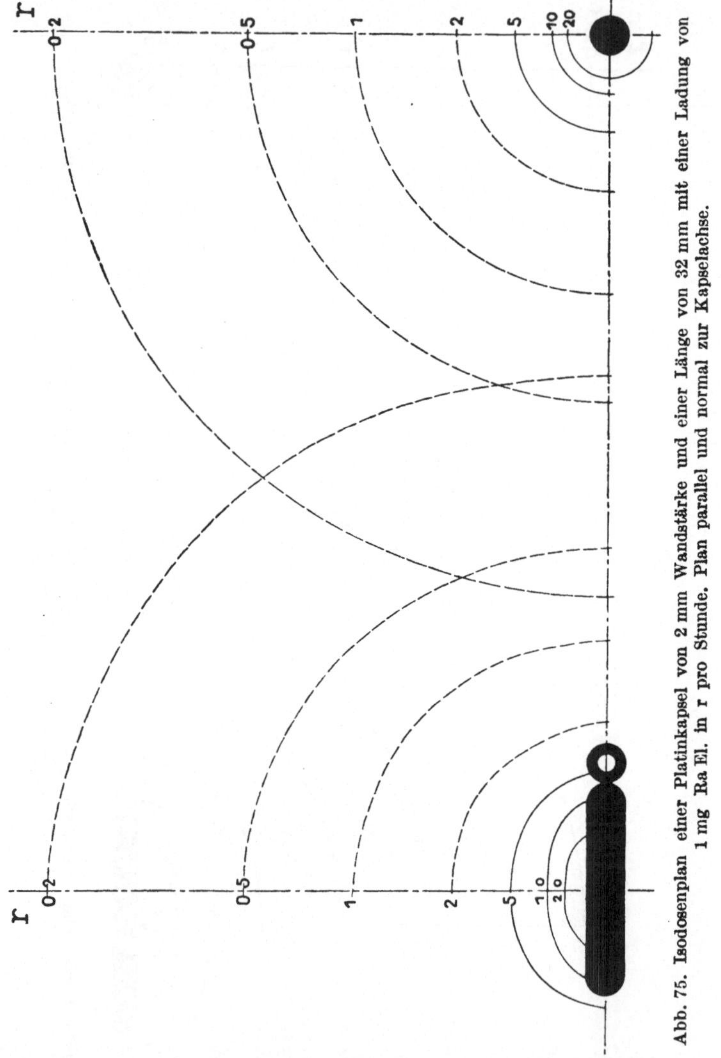

Abb. 75. Isodosenplan einer Platinkapsel von 2 mm Wandstärke und einer Länge von 32 mm mit einer Ladung von 1 mg Ra El. in r pro Stunde. Plan parallel und normal zur Kapselachse.

die Dosis für den Einzelträger für einen bestimmten Abstand den Isodosenplänen des entsprechenden Einzelträgers entnimmt und dann die Gesamtdosis nach den Angaben der punktförmigen Träger berechnet. Die Berechnung ist leicht für den ganzen Raum innerhalb der Trägerkombination durchführbar.

Schemata weiterer Einzelträger.

Für Einzelträger befinden sich die Isodosen (Abb. 75) auf konzentrischen Rotationsellipsoiden, deren Rotationsachsen mit der Achse des Radiumträgers zusammenfallen.

Die Einheitsisodosenpläne gestatten, für jeden beliebigen Ort und Abstand um einen Radiumträger herum die Dosis zu bestimmen.

Um beispielsweise mit einer Nadel zu 1 mg (Filterung 0,5 mm Pt) im Abstand von 0,5 cm ein Hauterythem zu erzeugen, wäre eine Applikation dieser Nadel nötig von 120 h (Isodose 25 im Abstand 0,5 ergibt: 3000:25 = 120 h). In 1 cm Distanz wären nötig zirka 450 h (Abb. 72).

Bei höherer Strahlenintensität des Trägers sind die Isodosen in linearer Abhängigkeit entsprechend größer. Eine Kapsel (1 mm Wandstärke), geladen mit beispielsweise 10 mg, erzeugt in 7 mm Entfernung von der Kapselachse (Isodose 10 r für 1 mg) ein Hauterythem in 3000:100 = 30 Stunden. Mit der Ladung 20 mg ist im Abstand 12 mm ebenfalls in 30 Stunden die HED erreicht.

So lassen sich alle beliebigen Kombinationen durchführen. Wenn man sich z. B. fragt, welche Strahlenenergie erhält 1 cm^3 Gewebe bei der Bestrahlung mit 40 mg Ra El. während 100 Stunden, Filterung 1 mm Pt *(Intrauterinbestrahlung)*, in der Richtung 45° zur Kapselachse in einer Entfernung von 2 cm, so erhält man die Antwort auf folgende Weise: Mit Hilfe eines Steckzirkels steckt man 2 cm ab und findet in der 45°-Stellung im Abstand von 2 cm die Isodose 2 r. 1 cm^3 Gewebe erhält also von 1 mgh die Dosis von 2 r, was bei 4000 mgh 8000 r, also nicht ganz die dreifache HED ausmacht.

Trägerkombinationen. In diesem Abschnitt werden Isodosenpläne einiger einfacher Trägerkombinationen wiedergegeben, wie sie in der Praxis vorkommen können. Dabei werden idealisierte Kombinationen gewählt, beispielsweise die Anordnung von zwei Trägern in einer Ebene oder die Anordnung mehrerer Träger auf geometrischen Flächen. Die Wahl derartig idealisierter Zustände hat einen doppelten Zweck:

1. Sie gestattet die graphische Integration an Hand einer mathematischen nachzuprüfen, eine Kontrolle, die bei einfachen Verhältnissen nötig und möglich ist, und

2. erlauben die idealisierten Kombinationen dem Praktiker viel eher, sich ein Bild von der Energieverteilung zu machen, so daß er ohne weiteres in der Lage ist, für reale Fälle die notwendige Verteilung der einzelnen Träger zu treffen.

Die Isodosenpläne (Abb. 76 bis 80) enthalten Kombinationen in etwa natürlicher Größe. Dies soll gestatten, die Felderverteilung besonders in der Nähe der Radiumträger genauer zu verfolgen. Für die Kombinationen zu zwei Trägern (Abb. 76) ist die Ladung pro Träger wie für die einfachen Pläne, zu 1 mg Ra El, angenommen worden.

Um bei kleinen Bestrahlungsflächen eine homogene Feldverteilung zu erreichen, gibt es zwei besonders einfache und empfehlenswerte Verteilungen, die Dreieckverteilung und die Kreuzverteilung.

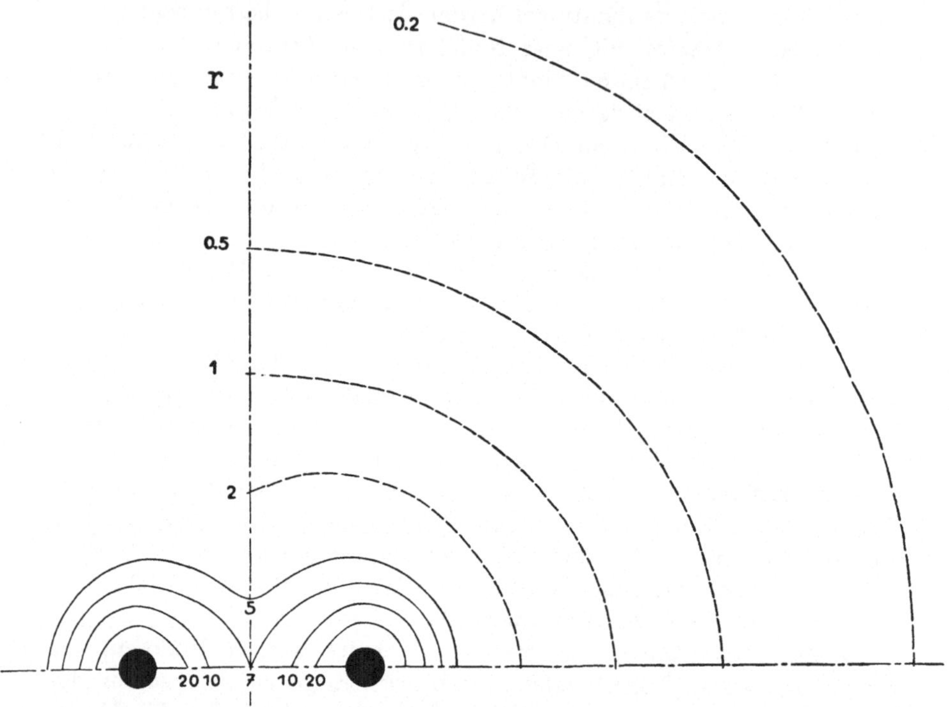

Abb. 76. Isodosenplan für zwei Platinkapseln zu je 1 mg Ra El. Filterung 2 mm Platin, Abstand der Kapselachsen 3 cm. Berechnet in r pro Stunde. Plan normal Kapselachsen. Natürliche Größe.

Für die Kreuzverteilung wählt man vier Träger gleicher Stärke, und diese werden auf den Tumor so verteilt (1 cm Abstand), daß die inneren Enden der Träger auf einem Kreis von ungefähr 0,8 bis 1 cm liegen. Die Feldverteilung ist dann homogen und beträgt für eine Fläche von 4×4 cm etwa 8 r pro Stunde, bezogen auf die Ladung 1 mg pro Träger (Abb. 77). Selbst bei einer so einfachen und leicht übersichtlichen Kombination ist es unmittelbar nicht möglich, sich ohne Rechnung oder Konstruktion die Dosenverteilung vorzustellen. Um ein Bild zu geben von der Wichtigkeit des angegebenen Abstandes der Träger (1 cm), wollen wir sie nur 5 mm auseinanderschieben. Es resultiert dann im Zentrum der Abbildung eine Fläche, in der die absorbierte Dosis auf zirka 4 r pro Stunde gefallen ist. Umgekehrt würde ein Zusammenrücken der Träger um denselben Betrag die Dosis im Zentrum um dasselbe Verhältnis ansteigen lassen.

Für die Bestrahlung kleiner Tumoren (1,5 bis 2 cm im Durchmesser) eignet sich sehr gut die Dreieckform, bei der drei gleich starke Träger so in einem gleichseitigen Dreieck angeordnet werden, daß ihre Enden ungefähr 1 cm auseinanderliegen. Die Feldverteilung ist dabei in 1 cm Abstand von der Trägerebene in einem Kreis um den Schwerpunkt des Dreieckes herum von ungefähr 1 cm Radius homogen und beträgt 10 r pro Stunde bei einer Ladung der Träger von je 1 mg (Abb. 78).

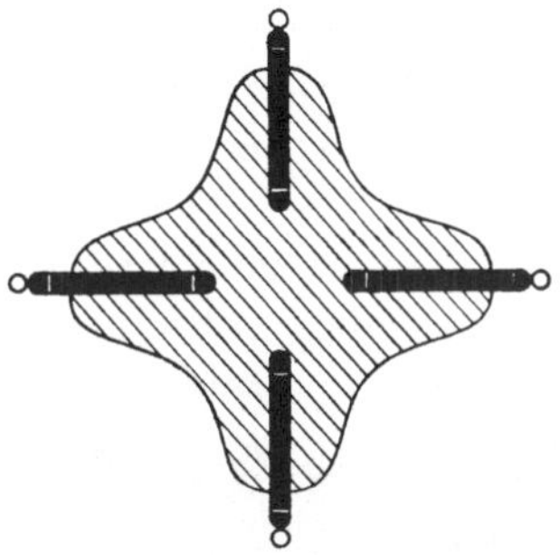

Abb. 77. Kreuzverteilung von vier gleich starken Radiumkörpern. Das schraffierte Feld besitzt approximative Homogenität der absorbierten Dosis und befindet sich in 1 cm Abstand von der Trägerebene.

Abb. 78. Dreieckverteilung von drei gleich starken Radiumkörpern. Homogenes Feld in 1 cm Abstand von der Ebene der Radiumkörper.

Für größere Bestrahlungsflächen müssen größere Kombinationen angewendet werden. Abb. 79 zeigt die Bestrahlung einer Fläche von mehreren Quadratzentimetern. Die Verteilung ist so gewählt, daß die einzelnen Träger dem Rand entlang aufgestellt werden und dann die Unterdosierung in der Mitte durch Einlage eines oder mehrerer Träger kompensiert wird. Die Dosenschwankungen betragen nicht mehr als $\pm$ 15%, was innerhalb der zulässigen Grenze liegt.

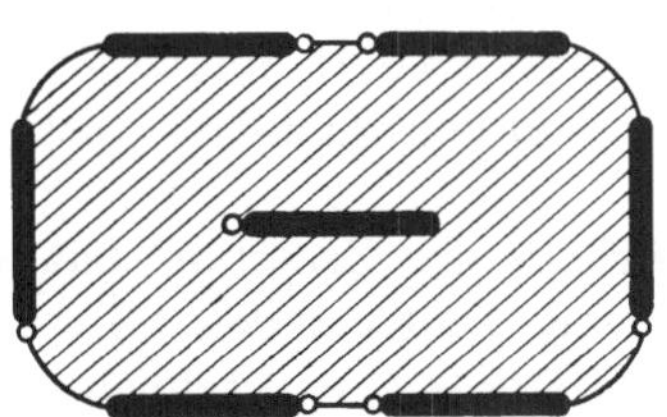

Abb. 79. Schachbrettverteilung mehrerer Radiumkörper. Homogenes Feld in 1 cm Abstand von der Ebene der Radiumkörper.

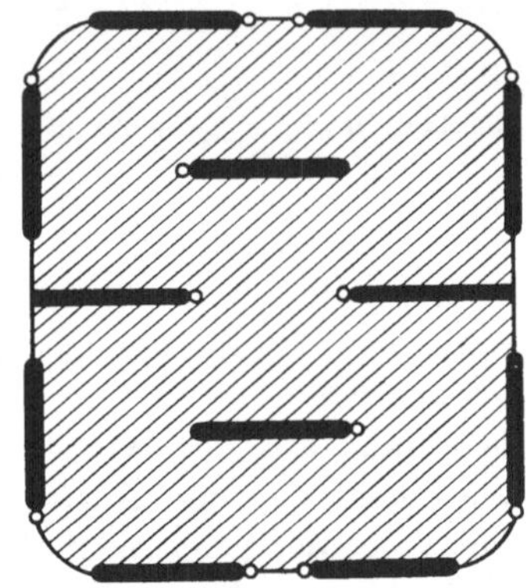

Abb. 80. Schachbrettverteilung für größere Flächen.

Für noch größere Flächen können die Felder Abb. 79 aneinandergereiht werden nach Abb. 80. Die Dosis einer derartigen Kombination beträgt (für die Ladung der Körper zu je 1 mg) in 1 cm Abstand im Mittel 9 bis 10 r pro Stunde.

Bei geometrisch nicht übersichtlichen Bestrahlungsflächen ist es angebracht, die absorbierte Strahlenmenge von Fall zu Fall durch Superposition der Dosen der einzelnen Träger zu bestimmen.

β) **Die strahlende Kreislinie.** Von den für die moulageartige Bestrahlung vorteilhaften Anordnungen soll für ungefähr ebene Bestrahlungsfelder die Funktion der strahlenden Kreislinie hergeleitet werden, weil sie gewissermaßen den Prototyp für alle derartigen Anordnungen darstellt.

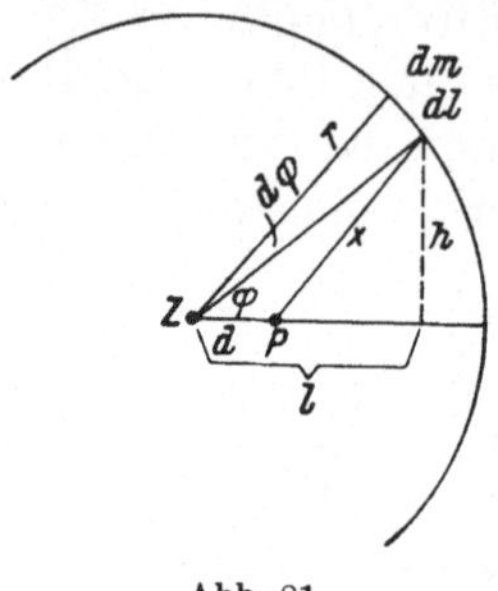

Abb. 81.

Auf der Linie des Kreises vom Radius r sei die Menge M an strahlender Substanz gleichmäßig verteilt, so daß die strahlende Dichte $\varrho = \frac{M}{2 r \pi}$ beträgt und also die Menge $M = 2 r \pi \varrho$ ausgedrückt werden kann.

Auf dem Längenelement dl der Kreislinie befindet sich die Menge dm Das Längenelement läßt sich auch ausdrücken durch $dl = r\, d\varphi$ (Abb. 81).

Die Dosis im Zentrum des Kreises, hervorgerufen durch das Mengenelement $dm = \varrho\, dl = \varrho\, r\, d\varphi$ beträgt dann:

$$dD = K \frac{\varrho\, d\varphi}{r}$$

und die Dosis der gesamten Kreislinie:

$$D = K \int_0^{2\pi} \frac{\varrho\, d\varphi}{r} = K \frac{2 \pi \varrho}{r}.$$

Nun ist aber $\varrho = \frac{M}{2 \pi r}$, also $M = \varrho\, 2 \pi r$. Daraus folgt:

$$D = K \frac{M}{r^2}.$$

Die Dosis ist also im Zentrum des Kreises vom Radius r so groß, als ob die ganze Radiummenge M in einem einzigen Punkt im Abstand r konzentriert wäre.

Ein Punkt auf der Kreisfläche außerhalb des Zentrums hat vom Mengenelement dm den Abstand x und vom Zentrum den Abstand d. Das Lot vom Mengenelement dm auf den Radius $\varphi = 0$ schneidet den Radius im Abstand l vom Zentrum und hat die Länge h. Nun ist:

$$x^2 = h^2 + (l - d)^2$$

$$\left.\begin{aligned} h &= r \sin \varphi \\ l &= r \cos \varphi \end{aligned}\right\} \text{Kreisgleichung.}$$

Die Dosis im Punkt P, hervorgerufen durch das Mengenelement dm, beträgt also, da $x^2 = r^2 + 2 r d \cos \varphi$,

$$dD = K\frac{\varrho\, r\, d\varphi}{r^2 + d^2 - 2\, r d \cos\varphi}$$

und die Gesamtdosis im Punkt P, hervorgerufen durch die ganze Kreislinie:

$$D = K\int_0^{2\pi}\frac{\varrho\, r\, d\varphi}{r^2 + d^2 - 2\, r d \cos\varphi},$$

und da

$$\int\frac{d\varphi}{a - b\cos\varphi} = \frac{\pi}{\sqrt{a^2 - b^2}}$$

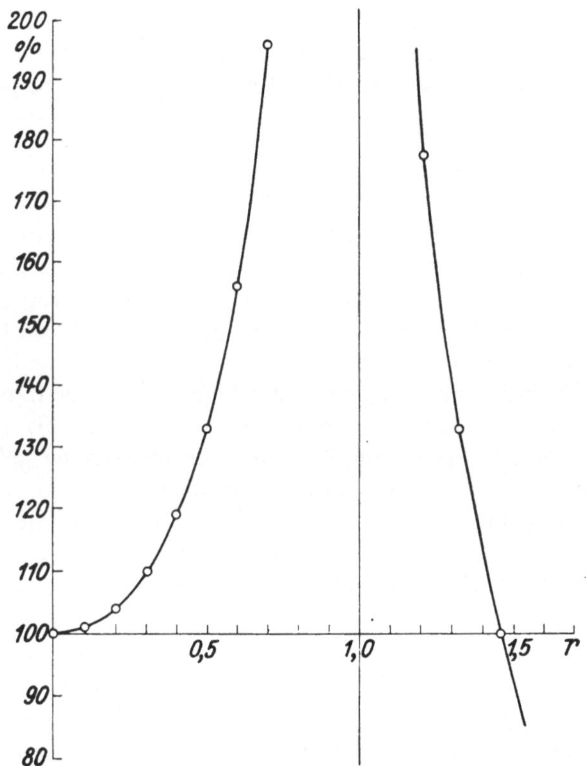

Abb. 82. Dosenverteilung im Innern und in der Nähe einer strahlenden Kreislinie vom Radius = r als Funktion des Abstandes vom Zentrum in Prozenten der Dosis im Zentrum für die Ebene des Kreises.

Zentrum: $D = \frac{K M}{r^2} = 100\,\%$; Ebene des Kreises: $D = \frac{K M}{r^2 - d^2}$.

und $M = 2\pi r\varrho$ ist, so ergibt sich für die Gesamtdosis der Wert:

$$D = K\frac{2\pi r\varrho}{r^2 - d^2} = \frac{K M}{r^2 - d^2}.$$

Die Gleichung $D = \frac{KM}{r^2 - d^2}$ ist in Abb. 82 graphisch dargestellt. Wie aus der Abbildung zu entnehmen ist, variiert die wirksame Dosis in der Ebene des Kreises bis zu Abständen von der Hälfte des Radius um nur 33% der Dosis im Zentrum. Für eine Kreisfläche mit dem halben Radius ist die Dosis also praktisch fast konstant. Bei größeren Distanzen vom Zentrum steigt dann die Dosis rasch zu größeren Werten an, so daß sie bei Abständen von drei Vierteln des Radius vom Zentrum schon auf das Doppelte derjenigen im Zentrum angestiegen ist.

Für einen Punkt außerhalb der Ebene des Kreises läßt sich die Dosis ebenfalls berechnen. Wegen der wesentlich komplizierten Rechnung sei hier nur das Resultat angegeben. Es beträgt die wirksame Dosis in einem Punkt, der vom Zentrum des Kreises in der Ebene des Kreises gemessen, den Abstand d und normal zur Ebene des Kreises gemessen den Abstand h hat:

$$D = \frac{KM}{[(r^2 + d^2 + h^2)^2 - 4\, r^2 d^2]^{\frac{1}{2}}}.$$

Diese Gleichung ist in Abb. 83 für einen Kreis vom Radius $r = 3$ cm und eine strahlende Dichte von $\varrho = 1$ mg/cm dargestellt. Wie aus der Abbildung zu ersehen ist, ist die Dosis von Abständen von zirka einem Drittel des Ringdurchmessers an über die ganze Kreisfläche fast absolut homogen. Die Dosis beträgt für diesen Abstand etwas weniger als zwei Drittel der Dosis im Zentrum der Kreisfläche. In Abständen von der Kreisebene von der Größe des Kreisradius ist die Dosis bis auf ziemlich genau die Hälfte der Dosis im Zentrum der Kreisfläche gefallen. Die Kreisanordnung eignet sich deshalb ausgezeichnet zur Bestrahlung flächenförmiger Felder nahe der Oberfläche. Der Raum mit angenähert homogener Dosis wird dabei durch die beiden Grenzen ein Drittel bis die Hälfte des Kreisdurchmessers vorgeschrieben.

In dem gewählten Beispiel mit einem Kreisdurchmesser von 6 cm und einer Ladung von 1 mg/cm beträgt die Dosis im Zentrum des Kreises 17 r/h. Normal zur Ebene des Kreises gemessen beträgt die Dosis im Abstand von 2 cm zirka 11,5 r/h und in 3 cm Abstand zirka 8,5 r/h. Innerhalb dieser zylindrischen Fläche von 6 cm Durchmesser und einer Dicke von 1 cm ist also die wirksame Dosis recht homogen mit einer Variation von nur etwa 33%. Weiter außen fällt sie dann relativ rasch ab.

Für praktische Zwecke sind ringförmige Anordnungen sehr leicht so herzustellen, daß beispielsweise sechs oder acht langgestreckte Träger (Nadeln oder längere Kapseln) als Seiten eines regelmäßigen Sechseckes oder Achteckes angeordnet werden. Dann ist es innerhalb praktischer Grenzen zulässig, für einen mittleren Radius die Dosis nach den Gleichungen für die strahlende Kreislinie zu berechnen.

γ) **Dosenverteilung einer Kreisscheibe.** Im Anschluß an die Dosenverteilung um einen Kreis läßt sich die Dosis einer homogen mit strahlender Substanz belegten Kreisscheibe berechnen. Diese Berechnung ist mathematisch ziemlich kompliziert, so daß hier nur das Resultat angeführt werden soll. Beträgt $\varrho = \frac{M}{r^2 \pi}$ die Dichte der strahlenden Substanz auf der Kreisscheibe vom Radius r, und befindet sich der Punkt, für den die Dosis pro Stunde berechnet werden soll, in einem Normalabstand von h von der Ebene der Kreisscheibe, beträgt ferner der

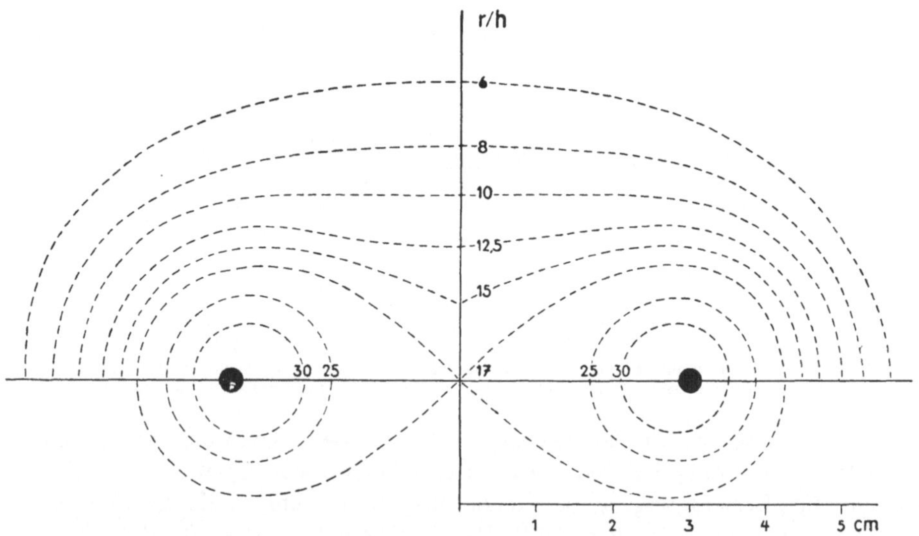

Abb. 83. Approximative Dosenverteilung in der Umgebung einer strahlenden Kreislinie von der strahlenden Dichte $\varrho = 1$ mg/cm, und für einen Kreisradius von $r = 3$ cm in r/h. $K = 8$ r/mgh. (Modifiziert nach MAYNEORD.)

$$D = \frac{K\,M}{[(r^2 + d^2 + h^2)^2 - 4\,r^2\,d^2]^{\frac{1}{2}}}.$$

Abstand der Projektion des betrachteten Punktes P auf der Kreisscheibe d cm vom Zentrum, so beträgt die stündliche Dosis in P:

$$D = \frac{K\,M}{r^2} \lg \frac{r^2 - d^2 + h^2 + \sqrt{(r^2 - d^2 + h)^2 + 4\,d^2\,h^2}}{2\,h^2}.$$

Diese Gleichung ist für die praktische Berechnung ziemlich unbeweglich. In vielen Fällen wird es schon genügen, wenn die Größe der Dosis für verschiedene Abstände auf der Achse der Kreisscheibe bekannt ist. Man setzt also dazu $d = o$. Die Gleichung reduziert sich dann zu

$$D = K \frac{M}{r^2} \lg \left(1 + \frac{r^2}{h^2}\right).$$

Es soll damit ein praktisches Beispiel berechnet werden. Ein gynäkologischer kreisförmiger Plattenapplikator von 3 cm Durchmesser enthält

50 mg Ra El. Die Dosis soll in Abständen von $h = 0{,}5$, 1, 1,5 und 2 cm in der Achse berechnet werden. Filterung äquivalent 1 mm Pt. Dosiskonstante $K = 7{,}5$ r/mgh.

1. $h = 0{,}5$ cm,

$$D = \frac{7{,}5 \cdot 50}{2{,}25} \lg\left(1 + \frac{2{,}25}{0{,}25}\right) = 166{,}7 \cdot \lg 10,$$

$$D = 383 \text{ r/h}.$$

2. $h = 1$ cm; $D = 166{,}7 \lg 3{,}25 = 196$ r/h.
3. $h = 1{,}5$ cm; $D = 166{,}7 \lg 2 = 115$ r/h.
4. $h = 2$ cm; $D = 166{,}7 \lg 1{,}56 = 74$ r/h.

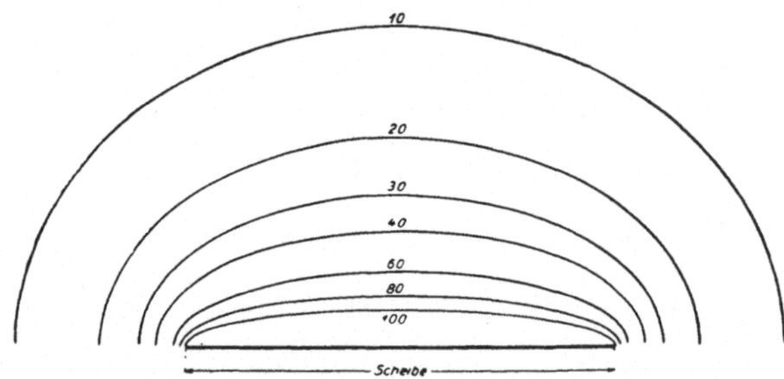

Abb. 84. Dosenverteilung um eine homogen mit radioaktiver Substanz belegte kreisförmige Scheibe von 4 cm Durchmesser. Strahlende Dichte $\varrho = 1$ mg/cm². Dosisangabe in r pro Stunde.

Wie man aus diesen Zahlen ersieht, ist der Dosisabfall bei kleinen Abständen anfänglich fast linear. Diese Trägerform eignet sich demnach gut für Bestrahlungen, bei denen man nur wenig tiefe flächenhafte Gewebepartien bestrahlen will. Bei größeren Abständen ist die Dosenverteilung ähnlich der um einen geschlossenen Kreisträger. Es sind daher bei größeren Hautabständen beide Anordnungen etwa gleich gut brauchbar. In Abb. 84 ist die Gesamtverteilung der Dosis pro Stunde für einen solchen Träger von 4 cm Durchmesser wiedergegeben. Dabei beträgt die Ra-Menge 12,56 mg entsprechend einer strahlenden Dichte von $\varrho = 1$ mg/cm². Für die Vorstellung über verschiedene Kreisscheibenträger ist die Tatsache wichtig, daß die stündliche Dosis für die Achse bei gleicher strahlender Dichte ϱ mit dem Verhältnis von $\frac{r^2}{h^2}$ veränderlich ist. Demnach ist beispielsweise die stündliche Dosis bei konstanter Dichte ϱ die gleiche in 1 cm Abstand von einer Scheibe von 1 cm Radius wie in 10 cm Abstand von einer Scheibe von 10 cm Radius.

J. Murdoch, E. Stahel und S. Simons haben für die Praxis der Oberflächentherapie mit zylinderförmigen Präparaten in polygonartiger Anordnung sehr brauchbare Tabellen angegeben. Die Angaben beziehen sich auf Röhrchen von 1,6 cm Länge und eine Filterung von 1,0 mm Pt. Als Grundlage wird angenommen, daß die Präparate mit je 1 mg Ra El. geladen sind. Bei anderen Ladungen ist der jeweilige Bruchteil angegeben. Die Tabellen, welche auch die prozentuale Tiefendosis in 2 cm Tiefe enthalten, sollen hier in Originalfassung wiedergegeben werden.

Tabelle 23. Anordnung der Röhrchen bei FHD von 1 cm.

Radius des Bestrahlungsfeldes in mm	Anordnung	Oberflächendosis für 1 mg pro Präparat	% Tiefendosis in 2 cm Tiefe
6	3 Röhrchen im gleichseitigen Dreieck	12,5 r	18,5
8	3 „ „ „ „	11,6 r	20,0
13	4 „ „ Quadrat	12,0 r	24,0
15	4 „ „ „ + 1 Nadel mit $^1/_{10}$-Gehalt diagonal	10,3 r	25,0
20	6 Röhrchen im Sechseck + 1 Röhrchen mit $^1/_2$-Gehalt Zentrum	13,0 r	30,0
25	6 Röhrchen im Sechseck + 1 Röhrchen mit $^1/_2$-Gehalt + 1 Nadel mit $^1/_{10}$-Gehalt im Zentrum	10,2 r	34,0
32	6 Röhrchen im Sechseck + 6 Röhrchen halber Stärke radiär, innere Enden 8 mm vom Zentrum	11,4 r	38,0
45	12 Röhrchen im Zwölfeck + 8 Röhrchen halber Stärke radiär, innere Enden 14 mm vom Zentrum + 1 Röhrchen halber Stärke im Zentrum	13,3 r	44,0

Tabelle 24. Anordnung der Röhrchen bei FHD von 2 cm.

Radius des Bestrahlungsfeldes in mm	Anordnung	Oberflächendosis für 1 mg pro Präparat	% Tiefendosis in 2 cm Tiefe
10	3 Röhrchen im gleichseitigen Dreieck	4,0 r	32,0
15	4 „ „ Quadrat	4,3 r	35,0
20	5 „ „ Fünfeck	4,5 r	37,0
25	6 „ „ Sechseck..................	4,8 r	37,5
30	8 „ „ Achteck	4,75 r	40,0
35	8 „ „ „ + 1 Röhrchen halber Stärke im Zentrum	4,75 r	40,0
40	Gleiche Anordnung auf Kreis von 35 mm Radius	4,3 r	43,0
45	Gleiche Anordnung auf Kreis von 35 mm Radius	3,6 r	45,0
55	12 Röhrchen im Zwölfeck + 1 Röhrchen halber Stärke im Zentrum	4,7 r	45,0
60	12 Röhrchen im Zwölfeck + 3 Röhrchen	4,1 r	45,0

Tabelle 25. Anordnung der Röhrchen bei FHD von 3 cm.

Radius des Bestrahlungsfeldes in mm	Anordnung	Oberflächendosis für 1 mg pro Präparat	% Tiefendosis in 2 cm Tiefe
10	3 Röhrchen im Dreieck	2,2 r	40
15	4 „ „ Quadrat	2,65 r	40
20	5 „ „ Fünfeck	2,8 r	44
25	6 „ „ Sechseck	2,9 r	45
30	8 „ „ Achteck	3,3 r	50
35	8 „ „ „	2,82 r	52
40	8 „ „ „	2,52 r	55
45	8 „ „ „	2,2 r	57
55	12 „ „ Zwölfeck	2,6 r	58
60	12 „ „ „	2,42 r	60
75	12 „ „ „ + 1 Röhrchen halber Stärke im Zentrum	1,9 r	60

Zur raschen Berechnung der zur Erreichung einer bestimmten Dosis nötigen Zeit mit Röhrchen zu 10 mg Ra El. dient Tab. 26.

Tabelle 26. Bestrahlungszeit für Moulagen mit 10-mg-Präparaten.

Dosis in r für 1 mg pro Präparat	Erforderliche Bestrahlungszeit für				
	1000 r	2000 r	3000 r	4000 r	5000 r
0,1	1000 h	2000 h	3000 h	4000 h	5000 h
0,5	200 h	400 h	600 h	800 h	1000 h
1,0	100 h	200 h	300 h	400 h	500 h
2,0	50 h	100 h	150 h	200 h	250 h
3,0	33,3 h	66,7 h	100 h	133,3 h	166,7 h
4,0	25 h	50 h	75 h	100 h	125 h
5,0	20 h	40 h	60 h	80 h	100 h
10,0	10 h	20 h	30 h	40 h	50 h

Sind die Flächen der Moulagen gekrümmt und darf die Krümmung als Kugelkalotte angesehen werden, so erhöht sich die Intensität der Strahlung auf die in Tab. 27 angegebenen Werte.

Tabelle 27.

Radius der Krümmung in cm	Intensität im Verhältnis zu einer ebenen Moulage in %
3	125
4	120
6	115
8	110
10	110

δ) Die strahlende Kugelfläche. Von therapeutischem Interesse zur moulageartigen Bestrahlung von größeren, ungefähr kugelförmigen Räumen (Schädel, Mamma) ist die Dosenverteilung innerhalb einer mit strahlender Substanz belegten Kugelfläche von Interesse. Die Berechnung läßt sich mit elementaren Methoden ebenfalls durchführen und sei hier gekürzt wiedergegeben.

Die Kugel habe den Radius r und sei mit der Menge M strahlender Substanz homogen belegt. Dann beträgt die Dichte derselben

$$\varrho = \frac{M}{4\pi r^2} \quad \text{also} \quad M = 4\pi \varrho r^2.$$

Für das Zentrum der Kugel ergibt sich folgendes: Das Mengenelement dm hat vom Zentrum den festen Abstand r. Das Mengenelement läßt sich ausdrücken (Abb. 85) $dm = \varrho\, dF = \varrho\, r^2 \sin\varphi\, d\varphi\, d\Phi$.

Die Dosis, hervorgerufen durch das Element $dm = \varrho\, r^2 \sin\varphi\, d\varphi\, d\Phi$, ergibt sich dann zu

$$dD = K \frac{\varrho\, r^2 \sin\varphi\, d\varphi\, d\Phi}{r^2},$$

und die Gesamtdosis der ganzen Kugeloberfläche auf das Zentrum wird zu

$$D = K \int_0^{\pi}\int_0^{2\pi} \frac{r^2 \varrho \sin\varphi\, d\varphi\, d\Phi}{r^2} = K\, 4\pi\, \varrho,$$

und da nun wieder $\varrho = \frac{M}{4\pi r^2}$, so folgt

$$D = \frac{K M}{r^2}.$$

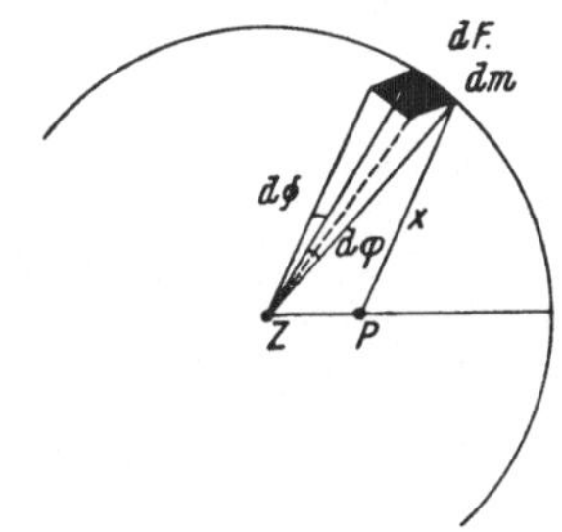

Abb. 85.

Dieses Resultat sagt aus, daß die Dosis im Zentrum der Kugel dieselbe ist, wie wenn die gesamte strahlende Substanz in einem Punkt im Abstand r konzentriert wäre.

Wichtig ist für den praktischen Gebrauch, daß die Gleichung auch für Halbkugeln ohne weiteres anwendbar ist, wie eine einfache Rechnung beweist: Die Oberfläche der Halbkugel beträgt $2\pi r^2$. Die Menge M darauf verteilt gibt dann die Dichte $\varrho = \frac{M}{2\pi r^2}$, und die Dosis berechnet sich für die Halbkugeln zu $D = \int_0^{\pi}\int_0^{\pi} \varrho \sin\varphi\, d\varphi\, d\Phi = K\, \varrho\, 2\pi$, und da und $\varrho = \frac{M}{2\pi r^2}$, so ist also $D = \frac{K M}{r^2}$.

Für einen Punkt außerhalb des Zentrums der Kugel hat das Mengenelement vom Punkt Z aus betrachtet die Größe $dm = \varrho\, r^2 \sin\varphi\, d\varphi\, d\Phi$. Dann ist die Dosis im Punkt P, hervorgerufen durch das Mengenelement mit dem Abstand x,

$$dD = K \frac{\varrho\, r^2 \sin\varphi\, d\varphi\, d\Phi}{x^2},$$

und die Gesamtdosis ergibt sich, da $x^2 = r^2 + d^2 - 2 r d \cos\varphi$, zu

$$D = \int_0^{\pi}\int_0^{2\pi} \frac{\varrho\, r^2 \sin\varphi\, d\varphi\, d\Phi}{r^2 + d^2 - 2 r d \cos\varphi},$$

da nun $\varrho = \frac{M}{4\pi r^2}$, so ergibt das:

$$D = K\frac{4\varrho\pi r}{2d}\lg\frac{r+d}{r-d} = \frac{KM}{2rd}\lg\frac{r+d}{r-d}.$$

Die graphische Darstellung dieser Funktion ist höchst bedeutsam. Sie zeigt nämlich, daß bis zu Abständen von sieben Zehnteln des Radius der Kugel die Dosis nur um 25% der Dosis im Zentrum ansteigt und erst bei Werten über 0,95 des Radius auf das Doppelte der Dosis im Zentrum angestiegen ist (Abb. 86). Man ist also mit der Kugelanordnung in der Lage, Dosen von 70 bis 80% der Oberflächendosis im Zentrum zur Applikation zu bringen, wenn man die Distanz der Kugelfläche von der Oberfläche zu etwa einem Viertel bis einem Fünftel des Kugelradius wählt. Außerhalb der Kugel fällt die Dosis sehr rasch auf kleine Werte ab.

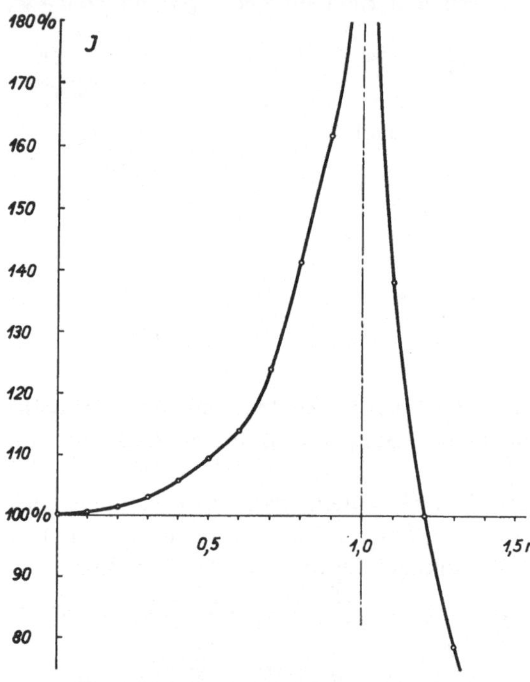

Abb. 86. Dosenverteilung im Innern und in der Nähe einer homogen strahlenden Kugelfläche vom Radius = r als Funktion des Abstandes vom Zentrum in Prozenten der Intensität im Zentrum.

Zentrum: $D = \frac{KM}{r^2} = 100\%$.

Übrige Punkte: $D = \frac{KM}{2rd}\cdot\lg\frac{r+d}{r-d}$.

Für den praktischen Gebrauch dieser Gleichung und der darin ausgedrückten Tatsachen verteilt man auf der Oberfläche der kugel- oder halbkugelförmigen Moulage eine möglichst große Zahl von Radiumträgern möglichst homogen und geht mit der Distanzierung wegen der größeren Dosis um den einzelnen Träger herum auf Oberflächendistanzen von etwa einem Drittel des Kugelradius.

Verteilt man z. B. acht gleiche Träger von je 10 mg Ra El. möglichst gleichmäßig auf die Oberfläche einer Halbkugel vom Radius 5 cm, so hat man im Zentrum derselben eine Dosis von 24 r/h und kann mit dieser Anordnung über den ganzen Raum in 125 h die HED erreichen. Der Raum mit homogener Dosis beträgt dabei etwa die Hälfte des Gesamtraumes.

ε) **Die strahlende Zylinderfläche.** Für die Therapie von Bedeutung zur Bestrahlung von Extremitäten und des Halses als quasi zylinderförmige Organe soll noch die Dosenstärke in einem Punkt der Achse eines homogen mit strahlender Substanz belegten Zylinders berechnet werden. Die Lösung der allgemeinen Gleichung ist leider mit elementaren Methoden nicht durchzuführen.

Immerhin kann soviel ausgesagt werden, daß die Dosis an allen dem Zylindermantel näher gelegenen Punkten höher sein muß als auf der Achse, und daß die Dosenverteilung für praktische Fälle zwischen derjenigen des Kreises als einer Grenze und derjenigen der Kugel als anderer Grenze verlaufen muß. Diese Tatsache gestattet die Aussage, daß bei Abständen, die nicht größer sind als der halbe Radius, die Dosis um die Achse herum nur um maximal 30% höher sein kann als auf der Achse. Diese Angabe ist für den praktischen Gebrauch der Anordnung von wesentlicher Bedeutung.

Für Halbzylinder gilt nach den Überlegungen an der Halbkugel die Anwendung der Gleichung ebenfalls.

Der Zylinder habe den Radius r und die Höhe h. Er sei homogen mit strahlender Substanz belegt. Die Gesamtmenge derselben sei M. Die Dichte der strahlenden Substanz ist dann (Abb. 87)

$$\varrho = \frac{M}{2\pi r h}.$$

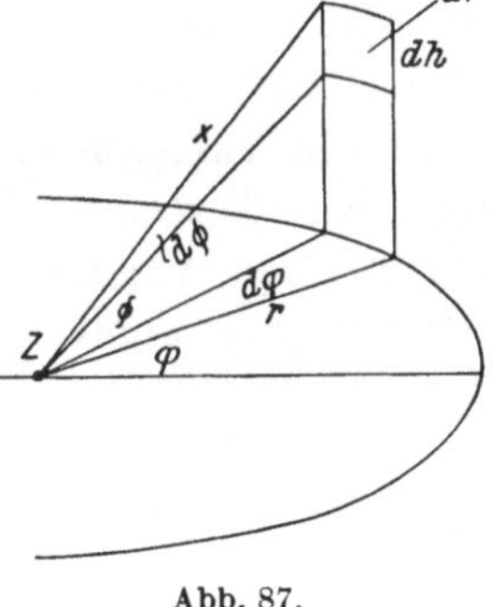

Abb. 87.

Auf dem Flächenelement $dF = r\,d\varphi\,dh$ befinde sich die Menge $dm = \varrho\,dF$.

Da nun $h = r \operatorname{tg} \Phi$ und also $dh = \frac{r d\Phi}{\cos^2\Phi}$, so ist $dm = \varrho\, r^2 \frac{d\varphi d\Phi}{\cos^2\Phi}$.

Das Flächenelement habe vom betrachteten Punkt auf der Achse den Abstand $x = r\sqrt{1 + \operatorname{tg}^2\Phi}$. Dann ist die Dosis im Punkt Z auf der Achse, hervorgerufen durch das Mengenelement dm,

$$dD = K \frac{\varrho\, r^2 d\varphi d\Phi}{r^2 \cos^2\Phi (1 + \operatorname{tg}^2\Phi)},$$

und die Gesamtdosis im Punkt P ergibt sich zu

$$D = K \int_0^{2\pi} \int_{\Phi_1}^{\Phi_2} \frac{\varrho\, d\varphi d\Phi}{\cos^2\Phi + \cos^2\Phi \operatorname{tg}^2\Phi}.$$

Da nun φ und Φ voneinander unabhängig sind und $\operatorname{tg}^2\Phi = \frac{\sin^2\Phi}{\cos^2\Phi}$, ferner $\cos^2\Phi + \sin^2\Phi = 1$, so erhält die Gleichung die einfache Form:

$$D = K \int_0^{2\pi} \int_{\Phi_1}^{\Phi_2} \varrho\, d\varphi d\Phi = 2\pi K \varrho\, (\Phi_1 - \Phi_2).$$

Weil $\varrho = \frac{M}{2\pi r h}$, so wird

$$D = \frac{K M}{r h} (\Phi_1 - \Phi_2).$$

Für einen sehr langen Zylinder nimmt die Gleichung die Form an:

$$D = 2\pi^2 K \varrho.$$

Man sieht sofort, daß die Gleichung für einen Punkt der Zylinderachse die gleiche Form hat wie die Gleichung der Dosis in einem Punkte im Abstand r von einer strahlenden Geraden. Diese Tatsache ist an sich selbstverständlich und ergibt sich ohne weiteres aus dem Reziprozitätsgesetz, welches besagt, daß die Strahlung eines Punktes auf einen Raum und die Strahlung des Raumes auf einen Punkt durch dasselbe Gesetz ausgedrückt werden können.

Die Gleichung für die Zylinderachse besagt ferner, daß ein Punkt auf derselben die gleiche Strahlendosis erhält, wie wenn die gesamte strahlende Substanz auf einer Geraden von der Länge h konzentriert wäre. Diese Tatsache ist von Bedeutung deshalb, weil es möglich ist, die Isodosenpläne für die Strahlenquellen von der Form einer Geraden ohne weiteres sinngemäß auf zylindrische Anordnungen zu übertragen. Für eine ∞ lange Zylinderfläche mit gegebener Strahlungsdichte ϱ ist die Dosis auf der Achse vom Zylinderradius unabhängig.

ζ) **Die Vaginalbestrahlung.** Die Bestrahlung des Uterus zerfällt nach den Dispositionen von REGAUD in eine Intrauterinbestrahlung und in eine Vaginalbestrahlung, welche gleichzeitig (MURDOCH) oder getrennt angewendet werden können. Die Intrauterinbestrahlung besteht in der Applikation von 4000 mgh Emissionsenergie (40 mg $\times$ 100 h) bei einer Filterung von 1 mm Pt. Die Isodosenverteilung bei dieser Anwendung kann aus dem Isodosenplan (Abb. 74) durch Multiplikation mit 4000 herausgelesen werden.

Die Disposition der Vaginalbestrahlung ist in Abb. 88 in natürliche Größe dargestellt. Sie enthält zwei Träger zu 15 und einen Träger zu 10 mg Ra El. Filterung 1,5 mm Pt (Sekundärfilter sind nicht nötig), angeordnet (für den in Abb. 88 idealisierten Fall) in einer Ebene mit Abstand zwischen den Trägern zu 15 mg von 3 cm. Der Träger zu 10 mg ist von der Verbindungsebene der beiden anderen 3,5 cm entfernt. Diese Entfernungen entsprechen einer normalen Lage und Spannung der zur Applikation verwendeten Stahlfeder, so daß die beiden Enden mit den 15-mg-Kapseln ungefähr parallel stehen.

Es zeigt sich folgendes: Die Feldverteilung im Innern der Stahlfeder ist praktisch homogen. Sie beträgt in 1 cm Distanz in der Verbindungsgeraden der beiden Trägerachsen zu 15 mg zirka 150 r pro Stunde, in 1,5 cm Distanz noch 100 r pro Stunde. Im 1 cm Distanz auf der Verbindungsgeraden zwischen dem Träger zu 10 mg und den Trägern zu 15 mg beträgt die Dosis um den Träger zu 10 mg herum 140 r pro Stunde, in 1,5 cm Abstand noch 100 r pro Stunde.

Das Minimum der Strahlung findet sich als schmales, dreieckförmiges Prisma zwischen der Verbindungsgeraden von der Mitte der beiden

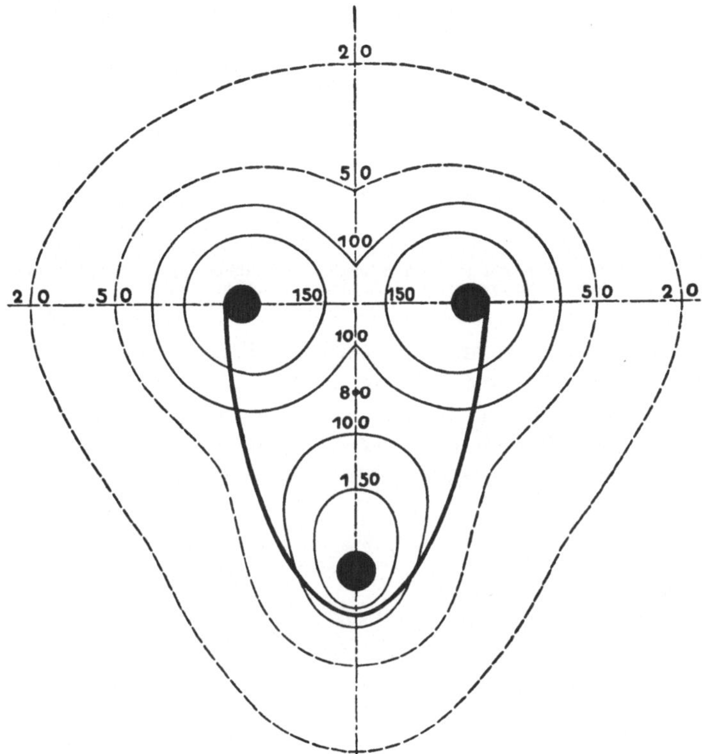

Abb. 88. Isodosenplan für die moderne Vaginalapplikation (REGAUD) bestehend aus zwei Platinkapseln mit 15 mg und einer Platinkapsel mit 10 mg Ra El. Filterung 1,5 mm Platin. Konstruiert in r pro Stunde.

Träger zu 15 mg nach den Trägern zu 10 mg und zeigt als Minimum eine Dosierung von 80 r pro Stunde.

Dadurch, daß z. B. der Träger zu 10 mg nur um 0,5 cm gegen die beiden anderen vorgeschoben wird, verschwindet das Minimum schon vollkommen, und die drei Träger begrenzen dann einen herzförmigen Raum mit einer Dosis von zirka 100 r pro Stunde, der in seiner Länge (Zeichenebene) 3,5 cm, in seiner Breite 5,2 cm und in seiner Dicke (normal zur Zeichenebene) 4 cm mißt. Um die einzelnen Träger herum wächst die Dosis bis zu 200 r pro Stunde an (Kontakt mit dem Kork). Die HED ist im Innern des angegebenen Raumes nach zirka 30 Stunden erreicht, die normale Applikation von 100 Stunden gibt also eine Dosis zwischen 8000 und 20000 r, im Mittel also ungefähr 3 bis 5 HED.

Eine besonders zweckmäßige Bestrahlungstechnik der gynäkologischen Fälle bietet der Universalkolpostat. Er besteht aus einer Intrauterin-

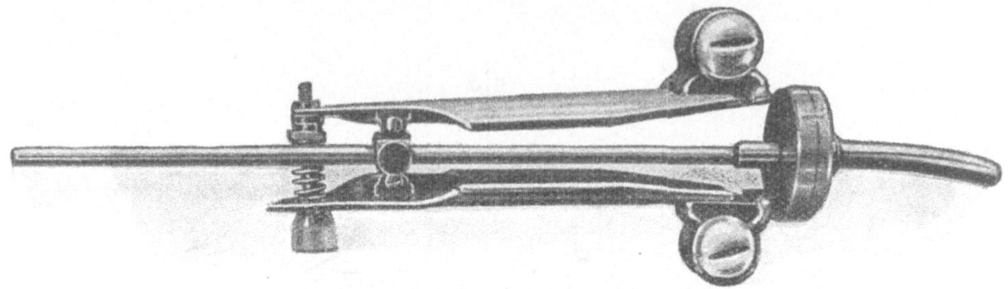

Abb. 89. Universalkolpostat zu gynäkologischen Bestrahlungen, mit Intrauterinsonde, Portioplatte und Parametrienapplikatoren.

kapsel, einer Portioplatte und zwei seitlichen Trägern für die Parametrien. In Abb. 89 ist der Kolpostat wiedergegeben. Die häufig angewendeten Ladungen betragen für die Intrauterinkapsel 30 mg, für die Portioplatte 60 mg und für die Parametrienträger je 20 mg Ra El. Für diese Ladung ist die Dosenverteilung in r/h in Abb. 90 dargestellt.

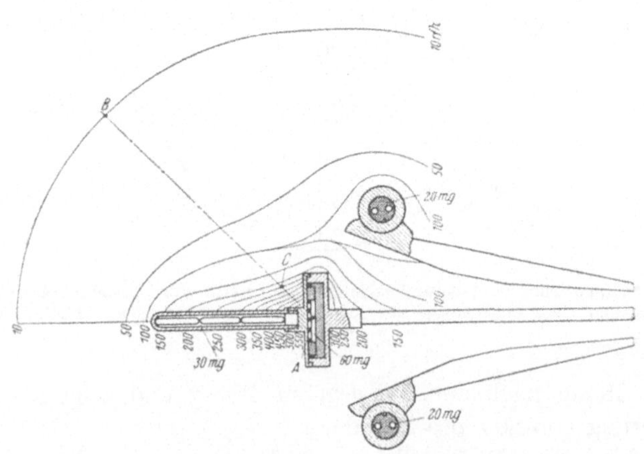

Abb. 90. Dosenverteilung in r/h des Universalkolpostaten.

Wie aus der Abb. 90 zu ersehen ist, erreicht die Dosenverteilung in dem Gebiet, das besonders bestrahlt werden soll, ein Maximum von 500 r/h. In 24 Stuuden sind also an dieser Stelle bereits 12000 r erreicht.

Bei anderen Ladungen sind die Isodosen quantitativ verschieden, jedoch ohne daß ihre Form dadurch eine wesentlich andere wird.

3. Zahlenmäßiger Einfluß der β-Strahlung.

Alle γ-strahlenden radioaktiven Substanzen senden auch (sekundäre und teilweise primäre) β-Strahlen aus. Ferner ist bei allen zur Therapie verwendeten Präparaten, bei denen die β-Strahlung der Substanz weggefiltert ist (Filter minimal 0,5 mm Pt), eine durch den Schwächungsvorgang der γ-Strahlung im Filter entstandene sekundäre β-Strahlung vorhanden. Diese Strahlungen gelangen besonders bei intratumoraler Therapie zur Wirkung und sind ihrer Intensität nach von der gleichen Größenordnung wie die γ-Strahlung. Wegen der verschiedenen Entstehungsweise ist es angebracht, die Strahlung der Substanz als „primäre" β-Strahlung und die sekundäre Filter-β-Strahlung gesondert zu behandeln.

α) **Wirkung der primären β-Strahlung.** Dosimetrische Messungen der primären β-Strahlung sind von H. Smereker und K. Juris und von W. Minder ausgeführt worden. Dabei war die Vorfilterung der verwendeten Präparate sehr verschieden. Die Messungen von W. Minder beschränkten sich auf die für die Therapie wichtige Fragestellung, welcher Prozentsatz der gemessenen Ionisation bei den in der Praxis gelegentlich verwendeten schwach gefilterten Präparaten der primären β-Strahlung zukommt. Solche Präparate („Radon seeds") haben Wandstärken von etwa 0,1 mm Au, Pt, oder Glasfilter von äquivalenter Wandstärke.

Für Präparate, die mit 0,1 mm Pt gefiltert sind, ergab sich der Anteil der β-Strahlung zu 585% der γ-Strahlung. Diese selbst hat bei der verwendeten Filterung eine Dosiskonstante von $K = 11{,}5$ r/mgh. Demnach bewirkt die primäre β-Strahlung von mit nur 0,1 mm Pt gefilterten Präparaten pro mg in 1 cm Abstand eine Dosis pro Stunde von 67,3 r. Dabei wurde eine HWS für diese β-Strahlung von 2,33 mm Wasser gefunden.

H. Smereker und K. Juris haben mit Hilfe einer Topfkammer Messungen der primären β-Strahlung vorgenommen. Sie erhielten für die ungefilterte β-Strahlung einen Wert von 1720 r/mgh in 1 cm Abstand. Die von ihnen angegebene Tabelle der Schwächungsmessungen in Cellon sind in Tab. 28 wiedergegeben.

Tabelle 28. Schwächungsmessungen der primären β-Strahlung von H. Smereker und K. Juris.

Cellonfilter in mm	Intensität	HWS in mm Cellon	% Intensität bezogen auf die γ-Strahlung
0,0	100	0,29	19900
0,1	78,5	0,30	15600
0,2	62,8	0,32	12340
0,3	49,3	0,36	9760
0,4	39,8	0,43	7860
0,6	27,6	0,57	5420
0,8	20,9	0,70	4080
1,0	16,6	0,84	3220
1,2	13,6	0,96	2620
1,4	11,3	1,04	2160
1,6	9,6	1,10	1820
1,8	8,5	1,17	1600
2,0	7,5	1,22	1400

Es ist an Hand dieser Tabelle möglich, den Faktor zu bestimmen, mit dem die bekannten Werte der γ-Strahlung zu multiplizieren sind, um die Wirkung der β-Strahlung zu erhalten. So sieht man z. B., daß die β-Strahlung bei einer Filterung mit 1 mm Cellon 32,2mal stärker ionisierend wirkt als die γ-Strahlung. In 0,84 mm Tiefe ist ihre Intensität auf die Hälfte gefallen, in 1,68 mm auf ein Viertel, und in fünfmal 0,84 mm

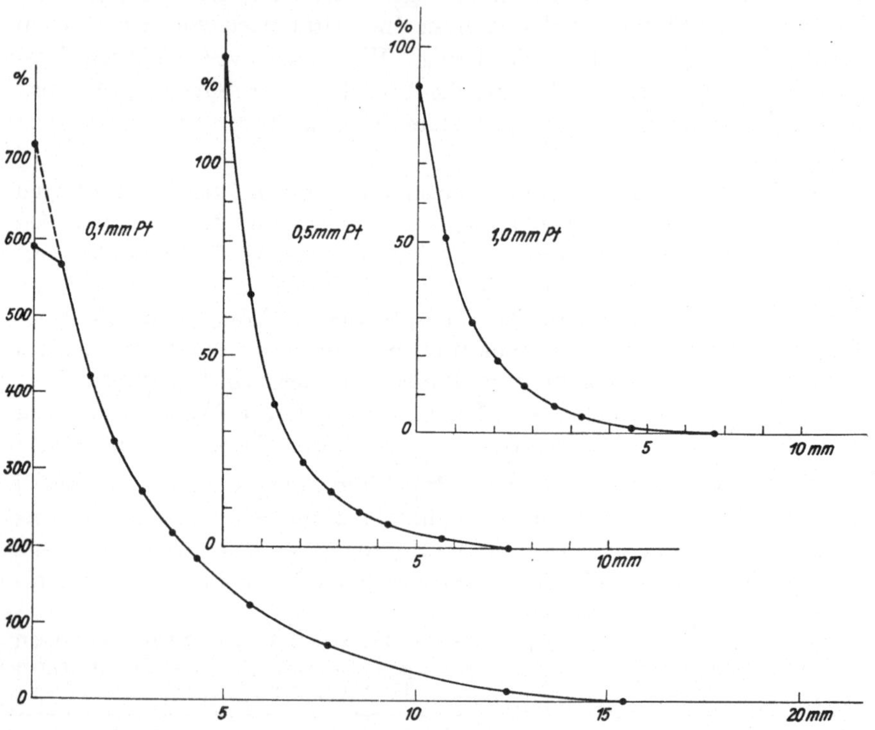

Abb. 91. Schwächungskurven in Wasser der β-Strahlen bei 0,1, 0,5 und 1,0 mm Pt Primärfilterung. Ordinaten: % der γ-Strahlung.

Cellon = 4,2 mm wäre ihre Wirkung die gleiche wie die der γ-Strahlung. Für andere Filtermaterialien, wie etwa für den in der Praxis häufig verwendeten Kautschuk, sind dieselben Massenschwächungen verwendbar wie für Cellon. Will man bei primär nur schwach (unter 0,5 mm Pt) gefilterten Präparaten bei Oberflächenbestrahlungen die β-Strahlung ausschalten, so sind etwa 1 cm dicke Zwischenschichten aus leichtatomigen Stoffen zu wählen. Abb. 91 zeigt die Schwächungskurven der durch 0,1 mm Pt vorgefilterten β-Strahlung sowie die Schwächungskurven der sekundären Filter-β-Strahlung bei 0,5 und 1,0 mm Pt Filter in Wasser nach Messungen von W. MINDER.

β) **Wirkung der sekundären β-Strahlung.** Über die Bedeutung der sekundären β-Strahlung der verwendeten Filter bei der therapeutischen Anwendung liegen nur wenige Messungen vor. Es haben sich mit dieser Frage besonders R. Sievert, S. Benner, A. Piccard, E. Stahel, W. Minder und E. Hasché beschäftigt. Für die Praxis sind aber nur die Messungen der beiden letzteren direkt brauchbar.

Bei den verwendeten Filterungen ergab sich für die Qualität der sekundären Filter-β-Strahlung eine HWS für Wasser von

$$\mathrm{HWS}_{\beta_{sec}} = 1{,}25\ \mathrm{mm}.$$

Die Schwächungskurven der sekundären β-Strahlung der Filter sind in Abb. 91 wiedergegeben. Es ist aus den beiden Kurven ohne weiteres möglich, auch über die Menge der Filterstrahlung zahlenmäßige Angaben zu entnehmen. So beträgt beispielsweise die Filter-β-Strahlung eines mit 0,5 mm Pt gefilterten Präparats auf der Oberfläche 125% der γ-Strahlung. Bei 1,0 mm Primärfilterung werden 90% der γ-Strahlung sekundäre β-Strahlen emittiert. Diese Zahlen stehen in guter Übereinstimmung mit den von E. Hasché auf Grund des photographischen Verfahrens gemessenen Verhältnissen. In größeren Abständen ist die Filterstrahlung bedeutungslos, dagegen muß sie in unmittelbarer Umgebung berücksichtigt werden. So beträgt z. B. in 0,25 cm Abstand die r-Menge einer kurzen Nadel 71 r/mgh γ-Strahlen. Dazu kommen 17% β-Strahlen des Filters, so daß die wirklich aufgenommene Strahlenmenge 83 r/mgh beträgt.

Fünfter Abschnitt.

Die in der Praxis verwendeten radioaktiven Substanzen.

Von den drei radioaktiven Zerfallsreihen haben nur wenige Glieder für die Praxis Bedeutung erlangt. Es sind dazu zwei Gründe vorhanden, die allerdings dieselbe Ursache haben. Eine in der Praxis brauchbare Substanz muß eine Lebensdauer aufweisen, die zu den Anwendungszeiten in einem günstigen Verhältnis steht. Von besonderem Vorteil ist es, wenn die Substanz eine möglichst hohe Lebensdauer aufweist. Da nun aber Lebensdauer und Intensität der Strahlung in einem umgekehrten Verhältnis zueinander stehen, so muß die langlebige Substanz eine Reihe von kurzlebigen Folgeprodukten aufweisen, deren Strahlungen dann die gewünschte Intensität aufweisen. Besonders sind in den Folgeprodukten ein oder mehrere intensive γ-Strahler erwünscht. Schließlich muß die Substanz in praktisch brauchbaren Mengen (Größenordnung mg bis g) herstellbar sein. Diese Bedingungen erfüllen von den gesamten Elementen nur deren zwei besonders gut, nämlich das *Radium* und das *Mesothor*, beides Isotope der Kernladungszahl 88. Wichtige praktische Strahlenquellen sind daneben auch noch besonders die *Radiumemanation* (Radon 86), ferner für besondere Zwecke das *Thorium X* (88), das *Radiothor* (90) und schließlich das *Polonium* (84) und das *Thorium B* (84). Betrachtet man diese Zusammenstellung näher, so sieht man, daß die Halbwertzeiten aller dieser Substanzen zwischen 10 Stunden und 1580 Jahren, also innerhalb „praktischer“ Grenzen liegen. Die verwendeten Elemente sollen in der Reihenfolge ihrer Wichtigkeit kurz besprochen werden.

I. Das Radium Ra.

Mit einem Atomgewicht von $A = 226$, einer Kernladungszahl von $Z = 88$ und einer Halbwertzeit von $T = 1580$ Jahren ist das Radium das wichtigste radioaktive Element. Es sendet α- und γ-Strahlen sowie sekundäre β-Strahlen aus und zerfällt dabei in die α-strahlende Emanation ${}^{222}_{86}\mathrm{Em}$. Für die Therapie mit der γ-Strahlung sind die Strahlungen von Ra und Em ohne Bedeutung. Die Em hat eine Halbwertzeit von $T = 3{,}825$ Tagen. Sie steht also nach einer Zeit, die der zehnfachen Halbwertzeit entspricht, also nach etwa 40 Tagen mit der Muttersubstanz Ra im radioaktiven *Gleichgewicht*, d. h. es werden von diesem Zeitpunkt an in der Zeiteinheit aus Radium gleich viele Em-Atome nachgebildet wie solche zerfallen. Em zerfällt in das α- und schwach β-strahlende Element Ra A. Auch dessen Strahlungen sind praktisch bedeutungslos. Ra A zerfällt mit einer Halbwertzeit von $T = 3{,}05$ min in den β- und γ-Strahler Ra B und dieser mit $T = 28{,}6$ min in den α-, β- und γ-Strahler Ra C. Aus letzterem entstehen bei $T = 19{,}5$ min der α-Strahler Ra C' und der β- und γ-Strahler Ra C''. Die weiteren Folgeprodukte sind für die γ-Strahlung bedeutungslos. Die in der Praxis verwendete γ-Strahlung des Radiums ist demnach eigentlich die der Folgeprodukte Ra B, Ra C und Ra C''. Es muß allerdings dafür gesorgt werden, daß das Radium absolut gasdicht verschlossen ist, weil sonst die Em als Gas entweichen kann, und sich so die wichtigen γ-strahlenden Zerfallsprodukte teilweise außerhalb des Präparats bilden würden.

Da alle Folgeprodukte kürzerlebig sind als die Em, ist für das Gleichgewicht nur diese selber maßgebend. Somit ist ein 40 Tage altes, absolut emanationsdicht verschlossenes Radiumpräparat in bezug auf die praktisch verwendete γ-Strahlung im Gleichgewicht. Sein zeitlicher Abfall verläuft dann nach der Zerfallsgeschwindigkeit des Radiums, d. h. die γ-Strahlung nimmt pro Jahr nur etwa $^1/_2\,^0/_{00}$ ab. Sie darf demnach als *zeitlich konstant* angesehen werden.

Aus diesen Tatsachen ergibt sich eine wichtige Konsequenz für die Kontrolle der Ra-Präparate. Zeigt sich, daß die γ-Strahlung eines Präparats merkbar abgenommen hat, so ist in den meisten Fällen das Präparat nicht mehr absolut emanationsdicht.

Die Tab. 29 gibt die Verhältnisse für die handelsüblichen Ra-Verbindungen in Radiumelement und umgekehrt wieder.

Tabelle 29. Ra-Verbindungen.

Verbindung	Ra El.	Verbindung	Ra El.
1,000 mg Ra Br_2 2 H_2O	0,536 mg	1,867 mg Ra Br_2 2 H_2O	1,000 mg
1,000 mg Ra SO_4	0,702 mg	1,425 mg Ra SO_4	1,000 mg
1,000 mg Ra Cl_2	0,761 mg	1,314 mg Ra Cl_2	1,000 mg
1,000 mg Ra CO_3	0,790 mg	1,266 mg Ra CO_3	1,000 mg

II. Die Radium-Emanation (Radon) Em.

Die Emanation hat ein Atomgewicht von $A = 222$ und eine Kernladungszahl von $Z = 86$. Sie ist bei gewöhnlicher Temperatur ein Gas. Ihre Halbwertzeit beträgt $T = 3{,}825$ Tage. Bezüglich der γ-Strahlung gelten für die Em die gleichen Tatsachen wie für Ra. Als γ-Strahler sind praktisch wichtig ebenfalls die Zerfallsprodukte Ra B, Ra C, Ra C″. Es ist deshalb die γ-Strahlung von 1 mc Em (die Emanationsmenge, die mit 1 mg Ra El im Gleichgewicht steht) praktisch dieselbe wie die von 1 mg Ra El. Somit sind auch die Strahlenmengen von 1 mch und 1 mgh bei gleichen Verhältnissen dieselben.

Bei der Em ist es nun aber notwendig, den Zerfall zu berücksichtigen. Da ihre Halbwertzeit nur $T = 3{,}825$ Tage beträgt, so ist eine anfänglich bestimmte Menge schon in kurzer Zeit teilweise zerfallen. Die genauen Zahlen einer ursprünglichen Menge von 100% zur Zeit t sowie die aus einer anfänglich emanationsfreien Ra-Menge von 100% nachgebildete Em-Menge zur Zeit t sind in Tab. 30 wiedergegeben.

Tabelle 30. Zerfall und Bildung der Radium-Emanation.

t	Zerfallen $100\,(e^{-\lambda t})$	Gebildet $100\,(1-e^{-\lambda t})$	t	Zerfallen $100\,(e^{-\lambda t})$	Gebildet $100\,(1-e^{-\lambda t})$
0 h	100,00	0,00	4,5 d	44,24	55,76
1	99,25	0,75	5	40,41	59,59
2	98,50	1,50	6	33,71	66,29
3	97,76	2,24	7	28,12	71,88
4	97,02	2,98	8	23,46	76,54
5	96,30	3,70	9	19,57	80,43
6	95,58	4,42	10	16,33	83,67
7	94,75	5,25	12	11,36	88,64
8	94,13	5,87	14	7,91	92,09
9	93,45	6,55	16	5,51	94,49
10	92,72	7,28	18	3,83	96,17
12	91,34	8,66	20	2,67	97,33
18	87,29	12,71	25	1,08	98,92
24 = 1 d	83,43	16,57	30	0,44	99,56
1,5 d	76,20	23,80	35	0,18	99,82
2	69,60	30,40	40	0,07	99,93
2,5	63,57	36,43	50	0,01	99,99
3	58,06	41,94			
3,5	53,03	46,97			
4	48,44	51,56			

Der Zerfall und die Nachbildung der Emanation sind in Abb. 92 wiedergegeben. Es ist aus Tab. 30 und Abb. 92 sofort möglich, den Gehalt eines Präparats zu berechnen, wenn man dessen Gehalt zu einem bestimmten Zeitpunkt z. B. nach der Füllung gemessen hat und genau weiß, wie alt das Präparat ist. In der Praxis wird man dabei am besten so vorgehen, daß man nach der Herstellung den Gehalt einer Em-Kapillare durch Vergleich mit einem Ra-Standard mißt, nachdem Gleichgewicht eingetreten ist (also nach etwa vier Stunden) und dem zur Therapie verwendeten Präparat diesen Gehalt und den Zeitpunkt der Bestimmung mitgibt. Die Angabe wird dabei etwa lauten:

Messung: 24. 10. 1940. 1600. Gleichgewicht.
Gehalt: 26,5 mc.

Zur Berechnung der Strahlenmenge in mch dient Tab. 19, S. 76.

Die Therapie mit Hilfe von Em bietet einige bemerkenswerte Vorteile. Zunächst ist es nicht notwendig, das Radium selber aus dem Institut herauszugeben, so daß die Risiken für Verlust oder Beschädigung der Präparate auf ein Minimum beschränkt bleiben. Weiter besteht bei gewissen Lokalisationen der Erkrankung, die nicht leicht zugänglich sind, die Möglichkeit, die Em-Kapillaren einfach im Tumor zu belassen, da dieselben nach dem Zerfall der Em im Gewebe eingekapselt und damit unschädlich gemacht werden. Ferner kann man den Em-Trägern jede beliebige wünschbare Form geben.

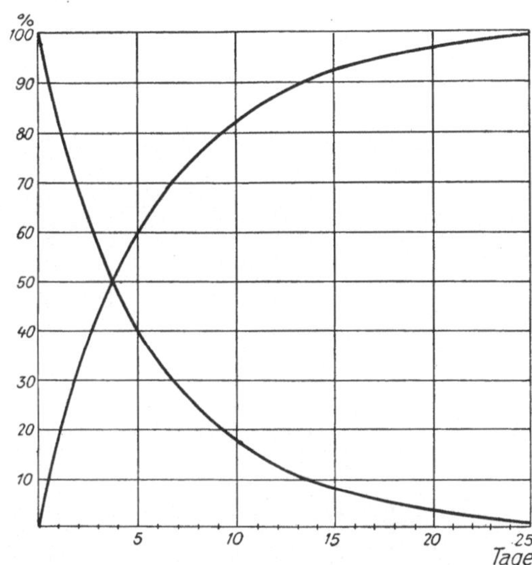

Abb. 92. Zerfall und Bildung der Radium-Emanation in Prozent. Zeit in Tagen.

Es sind deshalb an zahlreichen Stationen große Emanationsanlagen aufgestellt worden, mit denen man in der Lage ist, pro Tag Em-Mengen von einigen hundert Millicurie zu erhalten. Wie aus Tab. 30 hervorgeht, liefert eine Radiumlösung mit einem Gehalt von 1 g Ra El. bei quantitativer Extraktion pro Tag 165,7 mc Em.

Die Extraktionsapparate bestehen im Prinzip aus einem Pumpensystem, mit dem man in der Lage ist, die gasförmige Em aus einer Ra-Lösung abzupumpen und in die Kapillare zu bringen. Als Beispiel sei der relativ einfache Apparat von J. Mund kurz in seiner Wirkungsweise beschrieben. Er ist in Abb. 93 wiedergegeben.

Die Röhren *r* und *d* sind mit einer guten Luftpumpe verbunden (Vakuum 0,001 mm Hg). Im Grundkasten befindet sich eine genügende Menge Quecksilber (zirka 50 kg). Durch die Hähne 1 bis 5 ist es möglich, das Hg in den einzelnen Apparateteilen bis zu beliebigen Höhen aufsteigen zu lassen, wenn durch Hahn 6 Luft in den Grundkasten eingelassen wird. Im Kolben *h* befindet sich die Ra-Lösung gesichert durch die Vorlage *k*. Sie ist durch das Rohr *u* mit dem Apparat verbunden. Die Kappe *b* ist mit Glaswolle gefüllt, um ein Zertrümmern des Rohransatzes beim raschen Emporsteigen des Hg bei falscher Manipulation zu vermeiden.

Zur Extraktion wird der Apparat so mit Hg gefüllt, wie in Abb. 93 angegeben. Er wird durch das Rohr *r* auf 0,001 mm Hg ausgepumpt. Dann wird Hahn 7 geschlossen. Durch Auspumpen des Grundkastens

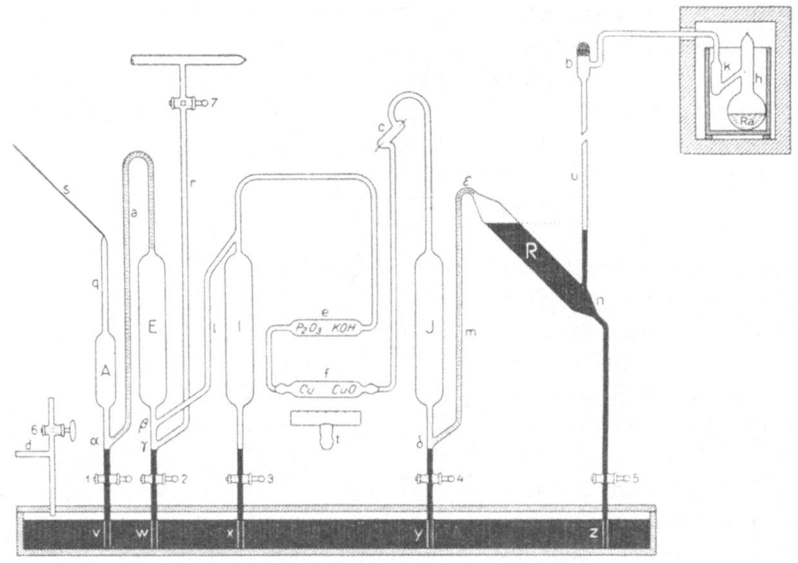

Abb. 93. Apparat zur Extraktion und Reinigung der Radium-Emanation. Erklärung im Text (nach MUND).

senkt man das Hg-Niveau in *R*, bis das Gasgemisch mit der Em in das System eindringen kann. Hierauf läßt man das Niveau in *R* wieder steigen und preßt dadurch das Gas in die Kolben *J* und *I*. *E* ist durch ein Hg-Niveau geschlossen.

Das Gasgemisch enthält neben Wasserdampf (Partialdruck bei 20° C 17,5 mm Hg) Emanation, Helium und ziemlich große Mengen Knallgas, das durch Zersetzung des Wassers entstanden ist. Eine Lösung von 1 g Ra El. (am besten in Form von Chlorid oder Bromid) erzeugt pro Tag etwa:

0,00012 cm^3 Em von 76 cm Hg und 0° C,
0,00048 cm^3 He von 76 cm Hg und 0° C,
50 cm^3 Knallgas von 76 cm Hg und 0° C.

Um die Em auf kleinsten Raum bringen zu können, müssen Knallgas, Wasserdampf, eventuell Spuren von HCl und CO_2 (das letztere vom

Hahnfett) entfernt werden. Das He wird bei der Reinigung für therapeutische Zwecke nicht entfernt. Im Pyrexglasrohr *f* befindet sich ein Gemisch von Cu+CuO. Es dient zur Wegnahme von O_2. Im Rohr *e* wird das Wasser durch P_2O_5 und HCl und CO_2 durch KOH absorbiert. Das Knallgas wird durch die Funkenstücke *c* zu Wasser verbrannt.

Durch gegenseitiges Heben und Senken des Hg in den Kolben *J* und *I* wird das Gasgemisch mehrmals über die Reagenzien und durch die Funkenstrecke getrieben, bis praktisch nur noch Em+He vorhanden sind.

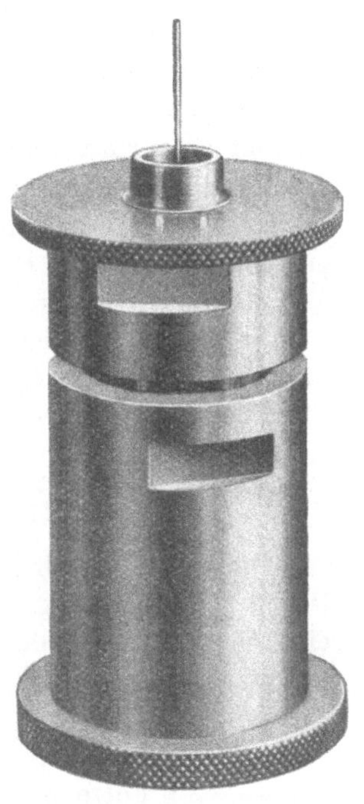

Abb. 94. Einfacher Emanationsapparat der Auergesellschaft „Radonator".

Nach der Reinigung wird die Em durch mehrmaliges Heben und Senken der entsprechenden Hg-Niveaus schließlich in den Kolben *E* und von da in den Kolben *A* gepreßt. Durch Aufsteigenlassen des Hg in *A* drängt man die gesamte Em in die Kapillare *s*. Diese wird abgeschmolzen und mit Hilfe einer Spitzmikroflamme in Einzelkapillaren der gewünschten Länge geteilt.

Einen besonders einfachen Emanationsapparat bringt die Auer-Gesellschaft in den Handel. Er beruht auf der Tatsache, daß die Em durch besonders präparierte Kokoskohle fast quantitativ absorbiert wird. Der Apparat ist in Abb. 94 wiedergegeben. Er besteht aus einem Metallzylinder, der ein hochemanierendes Präparat enthält. In eine Öffnung in der Abschlußplatte wird die mit aktiver Kohle gefüllte Goldkapillare eingesetzt. Dann wird der Apparat mit Hilfe der Bleidichtung mit der Haube durch starkes Anziehen der Schraube luftdicht verschlossen. Die Em diffundiert dann durch die ganze Kapillare hindurch bis an das obere Ende. Dieses wird zweckmäßig mit einem Kollodiumlack verschlossen. Nach einer bestimmten Anreicherungszeit wird die Kapillare abgenommen und in Stücke von gewünschter Länge geschnitten.

Der Apparat hat den Vorteil, daß damit auch sehr leicht andere Trägerformen, die mit aktiver Kohle gefüllt sind, aktiviert werden können. Die fertigen Kapillaren müssen aber vor dem Gebrauch unter allen Umständen einer Messung unterzogen werden, da es zuweilen vorkommen kann, daß die Kapillare nicht durchlässig ist, oder die Dichtung zu wenig satt angezogen war.

Mit einem derartigen „Radonator" mit beispielsweise 100 mg Ra können jeden Tag zirka 16 mc, jeden zweiten Tag zirka 30 mc und jeden dritten Tag zirka 42 mc Emanation gewonnen werden. An vielen Stationen wird er deshalb sehr gute Dienste leisten können.

Das Arbeiten mit Emanationsapparaten erfordert ein geschultes Personal. Das mag in vielen Fällen als Nachteil empfunden werden. Viel ernster ist die Tatsache, daß es nicht möglich ist, so mit großen Em-Mengen zu arbeiten, daß der betreffende Operator vor den Gefahren vollständig geschützt werden kann. Bei dem Zerteilen der Kapillaren und beim Öffnen der Apparate treten immer größere Em-Mengen in den Raum aus, werden eingeatmet und gelangen so in den Blutkreislauf. Konzentrationen von etwa 100 M. E. pro Liter Luft müssen als unbedingt gefährlich bezeichnet werden. Es ist demnach der Raum mit der Em-Anlage nur für diese zu verwenden und nur so weit wie dringend notwendig zu betreten. Ferner ist für eine gute, direkt nach außen gehende Ventilation Sorge zu tragen. Das Personal sollte sich täglich einige Stunden im Freien, am besten auf dem Sportplatz, aufhalten.

Die Messungen der Em-Träger sollen weit von der Anlage entfernt in einem dafür reservierten Raum gemacht werden. Nur so ist Gewähr für eine richtige Gehaltsbestimmung vorhanden.

III. Das Mesothor $M\,Th_1$.

Unter den Zerfallsprodukten der Thoriumreihe nimmt das Radiumisotop $^{228}_{88}M\,Th_1$ infolge seiner Halbwertzeit $T = 6{,}7$ Jahre für die Praxis eine bevorzugte Stellung ein. $M\,Th_1$ ist ein β-Strahler. Sein Zerfallsprodukt $M\,Th_2$ ist β- und γ-Strahler und geht mit einer Halbwertzeit von $T = 6{,}2$ h über in das Thor-Isotop Radiothor $^{228}_{90}R\,Th$. Die Halbwertzeit des R Th beträgt $T = 1{,}9$ Jahre. Es sendet α-Strahlen aus. Die weiteren Folgeprodukte Th X ($T = 3{,}64$ Tage), Th Em ($T = 54{,}5$ sec) und Th A ($T = 0{,}14$ sec) sind alle α-Strahler. Nun folgen im Zerfall die für die Praxis der Therapie wichtigen Zerfallsprodukte Th B ($T = 10{,}6$ h) mit β- und γ-Strahlen, Th C (α- und β-Strahlen, $T = 60{,}8$ min), Th C′ (α-Strahlen, $T = 10^{-11}$ sec) und besonders Th C″ (β- und γ-Strahlen, $T = 3{,}2$ min). Die wichtigen γ-Strahler sind demnach $M\,Th_2$, dann Th B und besonders Th C″. Aus den entsprechenden Halbwertzeiten ergibt sich, daß bezogen auf die γ-Strahlung die Menge von 2,36 mg MTh_1 + Zerfallsprodukte mit 1 g Ra El + Zerfallsprodukte äquivalent ist. Spricht man demnach von 1 mg M Th, so hat man in Wirklichkeit die Menge von 0,00236 mg M Th vor sich, aber die γ-Strahlung dieser viel kleineren Menge ist wegen der viel kleineren Lebensdauer der γ-Strahlung von 1 mg Ra äquivalent.

Durch Messungen von W. Friedrich und R. Schulze ist auch bewiesen worden, daß man zu praktischen Zwecken für die γ-Strahlung des Mesothors dieselbe Dosiskonstante verwenden darf wie für Radium, wenn der Gehalt des M Th-Trägers in Milligramm Radium äquivalent angegeben ist.

Da die Lebensdauer des M Th relativ kurz ist, darf man seinen Zerfall nicht mehr unberücksichtigt lassen, sondern es ist notwendig, das Alter eines M Th-Präparats genau zu kennen. Nach dem emanationsdichten Verschluß enthält das Präparat im wesentlichen nur die beiden Ra-

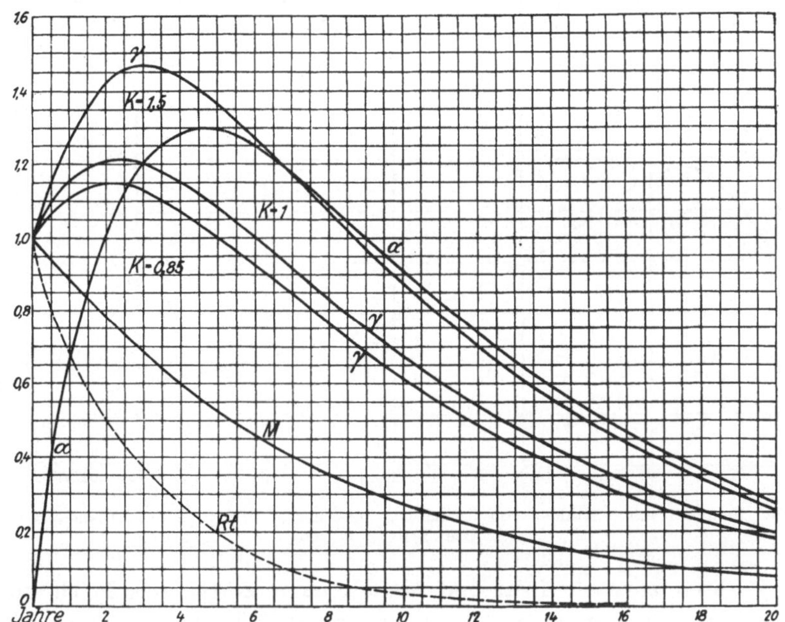

Abb. 95. Anstieg und Abfall der α- und γ-Aktivität von Merothor. M = zerfallendes M Th, Rt = = Radiothor, α = Wirkung der α-Strahlung, γ = Wirkung der γ-Strahlung (nach MEYER und SCHWEIDLER).

Isotope $M\,Th_1$ und Th X im Verhältnis $1:1{,}46 \cdot 10^{-3}$. Aus dem letzteren sind nach etwa einem Monat (zehnfache Halbwertzeit = 36,4 Tage) alle Folgeprodukte im Gleichgewicht nachgebildet, während in dieser kurzen Zeit der für die Praxis ebenfalls wichtige γ-Strahler $M\,Th_2$ aus $M\,Th_1$ nur in geringeren Mengen nachgebildet worden ist. Deshalb nimmt die gesamte γ-Strahlung zunächst zu bis zu einem Maximum, das nach zirka drei Jahren erreicht ist. Der Maximalwert der γ-Strahlung beträgt 147% der γ-Strahlung des Präparats nach der Erreichung des Gleichgewichtes der Folgeprodukte von Th X. Von diesem Zeitpunkt fällt die Intensität der γ-Strahlung gemäß der Halbwertzeit von $M\,Th_1$ (T = 6,7 Jahre) ab und hat bei neun Jahren den Anfangswert von 100% wieder erreicht. Nach 20 Jahren ist die Intensität der γ-Strahlung auf zirka 30% des Anfangswertes abgesunken. Es ist demnach notwendig, M Th-Präparate etwa alle Jahre mit Hilfe eines Ra-Standards zu vergleichen, entsprechend den Angaben in Abschnitt III. Der Verlauf der Strahlungen und des Gehaltes an den verschiedenen Folgeprodukten ist in Abb. 95 wiedergegeben.

Die meisten im Handel befindlichen M Th-Präparate bestehen nicht aus reinem M Th_1 + Th X, sondern sie enthalten noch wesentliche Mengen (etwa 25 bis 30%) Radium. Man bezeichnet diese Isotopenmischung, die auf den Gehalt des Ausgangsmaterials (Monazitsande) zurückzuführen ist, als *technisches* Mesothor. Etwa 30% der γ-Strahlung ist demnach

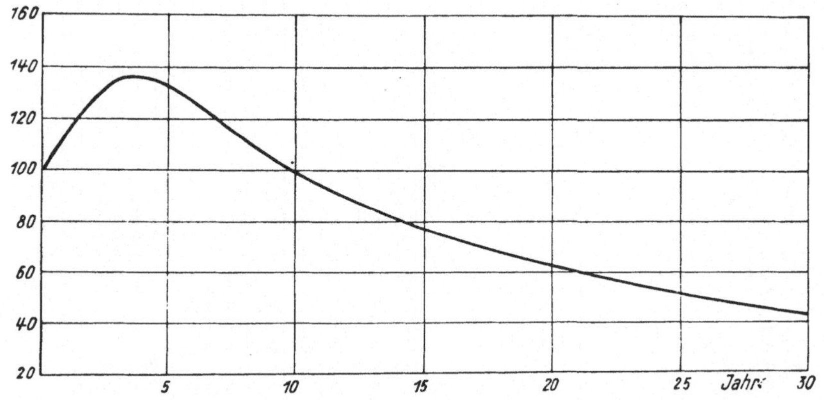

Abb. 96. Emission von γ-Strahlen von technischen Mesothor in Prozenten der Anfangsstrahlung. Abszisse: Zeit in Jahren.

dem Radium zuzuschreiben und deshalb dem Zerfall des M Th nicht unterworfen. Aus diesem Grunde verläuft der Abfall der γ-Strahlung etwas langsamer als bei reinem M Th und nähert sich nicht dem Grenzwert 0 (bei etwa 67 Jahren), sondern dem Grenzwert 30%. Nach neueren Messungen an solchen technischen M Th-Präparaten durch H. RIEHL ist das Maximum der γ-Strahlung von 136% bei 3,5 Jahren erreicht. Nach zehn Jahren erreicht die γ-Strahlung den Anfangswert von 100% und ist nach 20 Jahren auf 65% und nach 30 Jahren auf zirka 45% abgesunken, um sich langsam dem Grenzwert der γ-Strahlung des Ra allein (30%) zu nähern. Abb. 96 zeigt den Verlauf der γ-Strahlung eines technischen M Th-Präparats.

IV. Das Thorium X $^{224}_{88}$Th X.

Dieses Ra-Isotop entsteht als Zerfallsprodukt des Radiothors. Es ist selber ein α-Strahler und hat eine Halbwertzeit von $T = 3{,}64$ Tage. Demnach sind seine Zerfallszeit und damit auch seine Strahlung mit denen der Ra Em fast identisch. Th X ist aber ein fester Stoff, der sich leicht in unlösliche Form (Sulfat) bringen läßt. Aber auch Lösungen sind ohne Schwierigkeiten herstellbar. Th X findet sich nach kurzer Zeit (etwa 24 h) mit seinen Folgeprodukten im Gleichgewicht und sendet nun auch β- und γ-Strahlen aus.

Die Anwendungsformen sind verschieden, je nach dem vorgesehenen Zweck. Zur Bestrahlung der Haut wird Th X in Salben, Lacken oder Alkohol gelöst verwendet. Es wirkt da besonders auf Grund seiner β-Strahlung. Dabei betragen die normalen Dosierungen dieser Substanzen 1000 ESE pro Kubikzentimeter (gemessen auf Grund der α-Strahlung). Das besagt, daß 1 cm³ der Salbe oder der alkoholischen Lösung durch die α-Strahlung einen Ionisationsstrom von 1000 ESE bewirkt. Da einem α-Strahl etwa eine Ionisation von $7{,}5 \cdot 10^{-5}$ ESE entspricht, so besagt die oben angegebene Dosierung, daß von 1 cm³ Th X-Salbe pro sec etwa 14 Millionen α-Strahlen ausgesandt werden. Das entspricht nicht ganz der Hälfte der α-Strahlung von 1 mg Ra ohne Zerfallsprodukte. Th X-Stäbchen, bei denen das Th X in unlöslicher Form in einer Trägermasse enthalten ist, können in derselben Art angewendet werden wie die dünnwandigen Emanationskapillaren. Die Th X-Stäbchen sind mit 0,1 bis 0,3 mm Au gefiltert. Ihr Gehalt wird in Millicurie angegeben, wobei 1 mc Th X in bezug auf die β- und γ-Strahlenwirkung 1 mc Em äquivalent ist. Die Th X-Stäbchen können bei besonderen Anwendungsformen nach dem Zerfall der Substanz im Gewebe belassen werden. Abb. 97 zeigt den Verlauf der α-Strahlung von Th X.

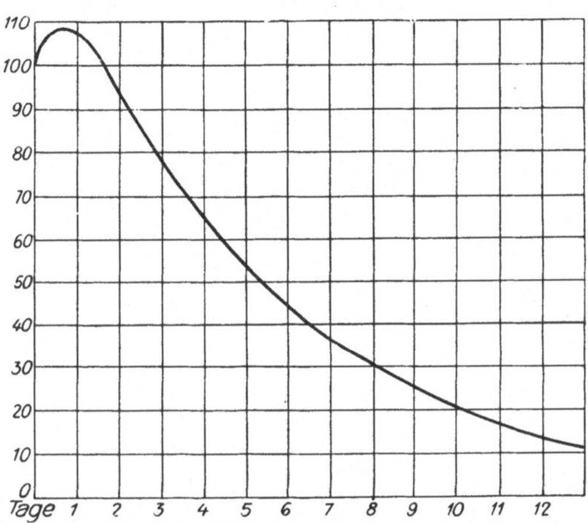

Abb. 97. α-Strahlenwirkung des Th X und der Zerfallsprodukte in Prozenten der Anfangsintensität für die Zeit in Tagen.

V. Radiothor $^{228}_{90}$R Th; Thorium B $^{212}_{82}$Th B; Polonium $^{210}_{84}$Po.

Diese Substanzen sind therapeutisch von wesentlich geringerer Bedeutung. Sie werden gelegentlich zu Injektionen gegen Anämien und rheumatische Erkrankungen verwendet. R Th dient auch gelegentlich zur Herstellung von Th Em, die an aktive Kohle gebunden in kurzer Zeit die β- und γ-strahlenden Folgeprodukte entwickelt; somit haben solche Kohlepräparate dieselbe Verwendungsmöglichkeit wie Th X-Stäbchen. Die Gehaltmessung geschieht in Millicurie.

Po ist verhältnismäßig leicht herstellbar und ein fast reiner α-Strahler. Es dient deshalb in besonderen Maße zu allen Versuchen, bei denen man Wert auf reine α-Strahlung legt. Besonders in der Strahlenbiologie hat es eine gewisse Bedeutung erlangt. Am besten gibt man dabei die pro sec ausgesandte Anzahl α-Strahlen als Maß für seinen Gehalt an. Diese Zahl läßt sich aus der Ionisation und der Konstanten $k = 1{,}5 \cdot 10^5$ (Tab. 17) in einfacher Weise berechnen.

Th B wird wegen der Kurzlebigkeit seiner Folgeprodukte und wegen seiner Tumoraffinität (Bi-Isotop) gelegentlich zu Injektionen verwendet. Es soll auch bei Anämien gute Dienste leisten.

Anhang.

Tabelle 31. Funktion e^{-x}.

x	0	1	2	3	4	5	6	7	8	9
0,0	1,000	0,990	0,980	0,970	0,961	0,951	0,942	0,932	0,923	0,914
0,1	0,905	0,896	0,887	0,878	0,869	0,861	0,852	0,844	0,835	0,827
0,2	0,819	0,811	0,803	0,795	0,787	0,779	0,771	0,763	0,756	0,748
0,3	0,741	0,734	0,726	0,719	0,712	0,705	0,698	0,691	0,684	0,677
0,4	0,670	0,664	0,657	0,651	0,644	0,638	0,631	0,625	0,619	0,613
0,5	0,607	0,601	0,595	0,589	0,583	0,577	0,571	0,566	0,560	0,554
0,6	0,549	0,543	0,538	0,533	0,527	0,522	0,517	0,512	0,507	0,502
0,7	0,497	0,492	0,487	0,482	0,477	0,472	0,468	0,463	0,458	0,454
0,8	0,449	0,445	0,440	0,436	0,432	0,427	0,423	0,419	0,415	0,411
0,9	0,467	0,403	0,399	0,395	0,391	0,387	0,383	0,379	0,375	0,372
1,0	0,368	0,364	0,361	0,357	0,354	0,350	0,347	0,343	0,340	0,336
1,1	0,333	0,330	0,326	0,323	0,320	0,317	0,314	0,310	0,307	0,304
1,2	0,301	0,298	0,295	0,292	0,289	0,287	0,284	0,281	0,278	0,275
1,3	0,273	0,270	0,267	0,265	0,262	0,259	0,257	0,254	0,252	0,249
1,4	0,247	0,244	0,242	0,239	0,237	0,235	0,232	0,230	0,228	0,225
1,5	0,223	0,221	0,219	0,217	0,214	0,212	0,210	0,208	0,206	0,204
1,6	0,202	0,200	0,198	0,196	0,194	0,192	0,190	0,188	0,186	0,185
1,7	0,183	0,181	0,179	0,177	0,176	0,174	0,172	0,170	0,169	0,167
1,8	0,165	0,164	0,162	0,160	0,159	0,157	0,156	0,154	0,153	0,151
1,9	0,150	0,148	0,147	0,145	0,144	0,142	0,141	0,140	0,138	0,137
2,0	0,135	0,134	0,133	0,132	0,130	0,129	0,128	0,126	0,125	0,124
2,1	0,123	0,121	0,120	0,119	0,118	0,117	0,116	0,114	0,113	0,112
2,2	0,111	0,110	0,109	0,108	0,107	0,106	0,105	0,103	0,102	0,101
2,3	0,100	0,099	0,098	0,097	0,096	0,095	0,094	0,094	0,093	0,092
2,4	0,091	0,090	0,089	0,088	0,087	0,086	0,085	0,085	0,084	0,083
2,5	0,082	0,081	0,081	0,080	0,079	0,078	0,077	0,077	0,076	0,075
2,6	0,074	0,074	0,073	0,072	0,071	0,071	0,070	0,069	0,069	0,068
2,7	0,067	0,067	0,066	0,065	0,065	0,064	0,063	0,063	0,062	0,062
2,8	0,061	0,060	0,060	0,059	0,059	0,058	0,057	0,057	0,056	0,056
2,9	0,055	0,055	0,054	0,054	0,053	0,052	0,052	0,051	0,051	0,050
3	0,050	0,045	0,041	0,037	0,033	0,030	0,027	0,025	0,022	0,020
4	0,018	0,017	0,015	0,014	0,012	0,011	0,010	0,009	0,008	0,008
5	0,007	0,006	0,006	0,005	0,005	0,004	0,004	0,003	0,003	0,003
6	0,003	0,002	0,002	0,002	0,002	0,002	0,001	0,001	0,001	0,001

x	7	7,5	8	8,5	9	10
e^{-x}	0,0009	0,0006	0,0003	0,0002	0,0001	0,0000

Literaturverzeichnis.

A. Zusammenfassende Werke.

BEHNKEN, H.: Die Röntgendosimetrie. P. LAZARUS, Handbuch der gesamten Strahlenkunde, Bd. I, S. 196. München: J. F. Bergmann, 1928.

DE BROGLIE, M. et L.: Physique des rayons X et gamma. Paris, 1928.

CURIE, Mme.: Die radioaktiven Substanzen. Braunschweig: Vieweg & Sohn, 1904.

CURIE, Mme. P.: Die Radioaktivität, 2 Bde. Leipzig: Akademische Verlagsgesellschaft, 1911, 1912.

DEGRAIS, P. et A. BELLOT: Traité pratique de Curiethérapie. Paris: J. B. Bailliere et fils, 1937.

DIEBNER, K. und E. GRASSMANN: Künstliche Radioaktivität. Leipzig: S. Hirzel, 1938.

EUGSTER, J. und V. HESS: Die Weltraumstrahlung und ihre biologische Wirkung. Zürich u. Leipzig: O. Füssli, 1940.

FAJANS, K.: Radioaktivität. Braunschweig: Vieweg & Sohn, 1922.

FERNAU, A.: Physik und Chemie des Radium und Mesothor. Wien: Julius Springer, 1926.

GENTNER, W., H. MAIER-LEIBNITZ und W. BOTHE: Atlas typischer Nebelkammerbilder. Berlin: Julius Springer, 1940.

GOCKEL, A.: Die Radioaktivität von Boden und Quellen. Braunschweig: Vieweg & Sohn, 1914.

GRUNER, P.: Kurzes Lehrbuch der Radioaktivität. Bern: P. Haupt, 1911.

HEVESY, G. v. und F. PANETH: Lehrbuch der Radioaktivität. Leipzig: J. A. BARTH, 1931.

HOLTHUSEN, H. und R. BRAUN: Grundlagen und Praxis der Röntgenstrahlendosierung. Leipzig: Thieme, 1933.

KOHLRAUSCH, K. W. F.: Probleme der Gammastrahlung. Braunschweig: Vieweg & Sohn, 1927.

— Radioaktivität. Handbuch der Experimentalphysik, Bd. XV. Leipzig: Akademische Verlagsgesellschaft, 1928.

LAZARUS, P.: Handbuch der gesamten Strahlenkunde. München: J. F. Bergmann, 1928.

LENARD, P.: Quantitatives über Kathodenstrahlen aller Geschwindigkeiten. Heidelberg: C. Winter, 1925.

LIECHTI, AD.: Röntgenphysik. Wien: Julius Springer, 1939.

MARX, E.: Handbuch der Radiologie, Bd. I—VII. Leipzig: Akademische Verlagsgesellschaft, 1913—1926.

MEITNER, L. und M. DELBRÜCK: Der Aufbau der Atomkerne. Berlin: Julius Springer, 1935.

MEYER, ST. und E. v. SCHWEIDLER: Radioaktivität. Leipzig u. Berlin: B. G. Teubner, 1927.

MIEHLNICKEL, E.: Höhenstrahlung. Dresden u. Leipzig: Th. Steinkopff, 1938.
PHILIPP, K.: Kernspektren. Hand- und Jahrbuch der chemischen Physik, Bd. IX. Leipzig: Akademische Verlagsgesellschaft, 1937.
QUIMBLY, E. H. and G. FAILLA: Radiumdosimetry. O. GLASSER, The Science of Radiology. Springfield: C. C. Thomas, 1933.
RUTHERFORD, E.: Radioaktivität. Berlin: Julius Springer, 1907.
— Radioaktive Umwandlungen. Braunschweig: Vieweg & Sohn, 1907.
RUTHERFORD, E., J. CHADWICK and C. D. ELLIS: Radiation from radioactive Substances. Cambridge: The University Press, 1930.
SIEVERT, R.: Eine Methode zur Messung von Röntgen-, Radium- und Ultrastrahlen usw. Acta radiol. (Schwd.), Suppl. 14. Stockholm, 1932.
SOMMERFELD, A.: Atombau und Spektrallinien. Braunschweig: Vieweg & Sohn, 1924.
THIBAUD, J.: Vie et transmutation des Atomes. Paris: Albin Michel, 1937.
VOLZ, F.: Die physikalischen und technischen Grundlagen der Messung und Dosierung der Röntgenstrahlen. Strahlentherap., Sonderband 7 (1921).
ZIMMER, K. G.: Radiumdisometrie. Fortschr. der Röntgenstrahlen, Erg.-Bd. 49. Leipzig: G. Thieme, 1936.

B. Originalien.

AHMAD, N.: Absorption of hard Gamma-rays by Elements. Proc. Roy. Soc. (London), Ser. A **105**, 507 (1924).
ALBRECHT, E.: Über die Absolutbestimmung der r-Einheit im Radiumgebiet. Strahlentherap. **38**, 789 (1930).
— Über die Absolutbestimmung der r-Einheit im Radiumgebiet. I. Strahlentherap. **42**, 328 (1931). II. Strahlentherap. **45**, 365 (1932).
BASTINGS, E.: Coeffizients of absorption in lead of the Gamma rays from Th C″ and Ra C. Philos. Mag. J. Sci. **5**, 785 (1918).
BEHNKEN, H.: Die Vereinheitlichung der Röntgenstrahlendosismessung und die Eichung von Dosismessern. Z. techn. Physik **5**, 3 (1924).
BELL, G. E.: The photographic action of Radium Gamma rays. Brit. J. Radiol. **9**, 688 (1936).
BENNER, S.: On Secondary Beta rays from the surface of Radium containers. Acta radiol. (Schwd.) **12**, 401 (1931).
— Intensity distribution and dosage in Teleradium treatment at Radiumhemmet. Acta radiol. (Schwd.) **14**, 207 (1933).
— The intensity distribution around Radium preparations. Acta radiol. (Schwd.) **15**, 291 (1934).
— The intensity distribution of the new 5 gr. bomb of Radiumhemmet. Acta radiol. (Schwd.) **18**, 297 (1938).
BOTHE, W.: Die Unterscheidung von Radium, Mesothor und Radiothor durch Gammastrahlenmessungen. Z. Physik **24**, 10 (1924).
BRAUN, R. und H. KÜSTNER: Zur Physik der Fingerhutkammer. I. Teil: Strahlentherap. **32**, 555 (1929). II. Teil: Strahlentherap. **32**, 739 (1929). III. Teil: Strahlentherap. **33**, 273 (1929). IV. Teil: Strahlentherap. **33**, 551 (1929).
BUCKY, G.: Universal dosimeter and ultrasensitive tube elektrometer. Amer. J. Roentgenol. **42**, 428 (1939).
CHALMERS, T. A.: A new instrument for the measurement of ionising radiations. Brit. J. Radiol. **7**, 755 (1934).
CLARK, L. H.: The signifiance of the Compton effekt in absolute Gamma-Ray absorption measurements. Philos. Mag. J. Sci. **12**, 913 (1931).

COLIEZ, R.: Dosimétrie Curiethérapique. Acta radiol. (Schwd.) **11**, 505 (1930).
COMPTON, A. H.: A quantum theorie of the scattering of X-rays by light elements. Physic. Rev. **21**, 482 (1923).
— Physical differences between types of penetrating radiation. Amer. J. Roentgenol. **44**, 270 (1940).
DIES, L.: Über die Kapazität von Elektrometern. Physik. Z. **33**, 131 (1932).
DERSHEM, E., L. E. ROVNER and S. P. PERRY: A modified Standard ionisation chamber system. Amer. J. Roentgonol. **37**, 242 (1937).
DORNEICH, M.: Über die Volumenabhängigkeit der Meßangabe der kleinen Ionisationskammer. Fortschr. Röntgenstr. **57**, 189 (1938).
EDDY, C. A.: The experimental realisation of the Roentgen. Brit. J. Radiol. **10**, 408 (1937).
EVANS, W. G. and H. D. GRIFFITH: An easy demontable unit for teletherapy. Brit. J. Radiol. **9**, 390 (1936).
EVE, A. S.: On the number of ions produced by the Betarays and the Gammarays from Radium C. Philos. Mag. J. Sci. **22**, 551 (1911).
— On the number of ions produced by the Gamma-radiation from Radium. Philos. Mag. J. Sci. **27**, 394 (1914).
FAILLA, G., E. H. QUIMBLY, etc.: The relative effects produced by 200 kV. Roentgen-rays, 700 kV. Roentgen-rays and Gamma-rays (Symposium I—VII). Amer. J. Roentgenol. **29**, 293—367 (1933).
FAILLA, G. and L. O. MARINELLI: The measurement of ionisation produced in air by Gamma-rays. Amer. J. Roentgenol. **38**, 312 (1937).
FERNAU, A. und H. SMEREKER: Über das Verbleiben radioaktiver Substanz im Organismus bei Radiumemanations-Trinkkuren. Strahlentherap. **46**, 365 (1933).
FLINT, H. T. and C. W. WILSON: The measurement of the dosage and intensity distribution of the Radium teletherapy unit at Westminster hospital. Brit. J. Radiol. **8**, 426 (1935).
— The physical factors of the new four gramme Radium unit, now in use at the Westminster hospital Radium annexe. Brit. J. Radiol. **11**, 112 (1938).
FOREST LUCAS, CH. DE: The calculation of dosage in the Radium treatment of carcinoma of the uterine cervix. Amer. J. Roentgenol. **34**, 477 (1936).
FRÄNZ, H. und C. WEISS: Die Berechnung der Absorption in hochkonzentrierten Radiumpräparaten. Physik. Z. **41**, 345 (1940).
FRICKE, H. und O. GLASSER: Eine theoretische und experimentelle Untersuchung der kleinen Ionisationskammer. Fortschr. Röntgenstr. **33**, 239 (1925).
FRIEDRICH, W.: Beiträge zum Problem der Radiumdosimetrie. Als Handschrift gedruckt. Berlin: Urban & Schwarzenberg.
— Der heutige Stand der Radiumdosimetrie. Strahlentherap. **54**, 397 (1935).
— The measurement of Gamma-rays. Amer. J. Roentgenol. **40**, 69 (1938).
FRIEDRICH, W. und R. SCHULZE: Neubestimmung der r-Einheit für Gammastrahlen. Strahlentherap. **54**, 553 (1935).
FRIEDRICH, W., R. SCHULZE und U. HENSCHKE: Beiträge zum Problem der Radiumdosimetrie. Strahlentherap. **60**, 22, 38 (1937).
FRIEDRICH, W. und H. SCHREIBER: Medizinische Physik. I. Die Physik **2**, 167 (1934). II. Die Physik **7**, 1 (1939).
GAMOW, G.: Über den heutigen Stand der Theorie des Beta-Zerfalls. Physik. Z. **38**, 800 (1937).
GLASSER, O.: Die kleine Ionisationskammer. Strahlentherap. **52**, 137 (1935).

GLASSER, O.; The physical determination of Radium Dosages. Amer. J. Roentgenol. **33**, 293 (1935).

GLASSER, O. and F. R. MAUTZ: Measurement of the intensity of gamma-rays of Radium in r-units. Radiology **15**, 93 (1930).

GLASSER, O. and L. ROVNER: Dosimetry in Radiation therapy I. Gamma-ray measurements in Roentgens. Amer. J. Roentgenol. **34**, 94 (1936).

GOLDHABER, G. and H. D. GRIFFITH: A valve amplifier for the detailed study of Radium isodose curves. Brit. J. Radiol. **6**, 656 (1933).

GRAY, L. H.: Ionisation method for the absolute measurement of gamma-ray energy. Proc. Roy. Soc. (London), Ser. A **156**, 578 (1936).

— Radiation dosimetry. I. Brit. J. Radiol. **10**, 600 (1937). II. Brit. J. Radiol. **10**, 721 (1937).

GRIFFITH, H. D.: Some defects in Radium needles, their detection and some consequences. Brit. J. Radiol. **9**, 404 (1936).

GRIFFITH, H. D. und K. G. ZIMMER: Die Dosenverteilung beim kreisförmigen Oberflächenapplikator. Strahlentherap. **52**, 671 (1935).

GRIMMETT, L. G.: A five-gramme Radium unit with pneumatic transference of Radium. Brit. J. Radiol. **10**, 105 (1937).

— Contribution to Radium therapy. Amer. J. Roentgenol. **41**, 432 (1939).

GRIMMETT, L. G. and J. READ: The measurement in Roentgens of the distribution in water of intensity of radiation from a 3 gm. and a 4,9 gm. Radium unit. Brit. J. Radiol. **8**, 702 (1935).

GUNSETT, A. et CH. SPACK: La dosimétrie ionométrique au centre anticancéreux de Strasbourg. J. Radiol. **13**, 199 (1929).

GUNSETT, A. und G. F. GARDINI: Messungen in r an Telecurietherapieapparaten. Strahlentherap. **64**, 149 (1939).

HAMANN, A.: Erfahrungen mit der photometrischen Dosierung in der Radiumpraxis. Strahlentherap. **53**, 552 (1935).

— Interstitial Radium dosage expressed in Roentgens. Amer. J. Roentgenol. **44**, 276 (1940).

HASCHÉ, E. und J. BOLZE: Meßanordnung zur Radiumdosierung in Röntgeneinheiten. Fortschr. Röntgenstr. **58**, 271 (1938).

— Die Einführung der allgemeinen photographischen Dosismessung in Röntgeneinheiten. Strahlentherap. **63**, 701 (1938).

HASCHÉ, E., J. BOLZE, L. v. BOZOKY und D. v. KEISER: Beiträge zur Dosismessung an Radiumpackungen. Strahlentherap. **60**, 598 (1938).

HEGELS, H.: Über die zur Erreichung von Sättigungsströmen in Kondensatoren notwendigen Spannungen. Strahlentherap. **46**, 757 (1933).

HENDERSON, G. H.: A simple apparatus for purifying Radon. Amer. J. Roentgenol. **26**, 630 (1931).

HENSCHKE, U.: Über die Abhängigkeit des Ionisationsstroms vom Volumen kleiner Kammern. Strahlentherap. **62**, 414 (1938).

HERZOG, G.: Ein direkt zeigendes Radiumdosimeter mit Wechselstromanschlußgerät. Helv. physica Acta **6**, 237 (1933).

HIRSCH, J. J.: Die Dosenbestimmung bei Radiumbehandlung des Kollunkarzinoms. Strahlentherap. **61**, 48 (1938).

HOLTHUSEN, H.: Vergleichende Untersuchungen über die Wirkung von Röntgen- und Radiumstrahlen. Strahlentherap. **46**, 273 (1933).

— Praktische Erfahrungen in der Radiumdosierung. Strahlentherap. **53**, 543 (1935).

HOLTHUSEN, H. und A. HAMANN: Radiumdosimetrie auf photographischem Wege. Strahlentherap. **43**, 667 (1932).

Jäger, R.: Die physikalische Beziehung zwischen dem „Röntgen" (r) und der sogenannten Radiumdosis-Einheit mgeh/cm. Physik. Z. **35**, 273 (1934).

Jakobson, L. E.: Measurement of the radiation field about sources of Radium in roentgens and photographically. Amer. J. Roentgenol. **28**, 668 (1932).

Johner, W. R.: Über die allgemeinere Definition der Röntgenstrahlendosis. Strahlentherap. **53**, 199 (1935).

Jüngling, O. und H. Langendorff: Biologische Ausdosierung von Radiumpräparaten. Strahlentherap. **48**, 174 (1933).

Karg, C.: Zur Radiumdosimetrie in der ärztlichen Praxis. Strahlentherap. **68**, 530 (1940).

Kaye, G. W. C. und W. Binks: Dosierung von Gammastrahlen durch Jonisationsmessung. Strahlentherap. **56**, 608 (1936).

— The ionisation measurement of gamma radiation. Amer. J. Roentgenol. **40**, 80 (1938).

— The emission and transmission of X and Gamma radiation. Brit. J. Radiol. **13**, 193 (1940).

Kaye, G. W. C., G. H. Aston and W. E. T. Perry: The wall absorption and buckling strength of cylindrical Radium containers. Brit. J. Radiol. **7**, 540 (1934).

Kaye, G. W. C., G. E. Bell und W. Binks: Über die Möglichkeit des Gammastrahlenschutzes bei Radiumarbeiten. Strahlentherap. **55**, 670 (1936).

Keller, F.: Über die Messung von Radiumisodosen in r und ihre Berechtigung durch neue experimentelle Untersuchungen. Strahlentherap. **52**, 403 (1935).

Kessler, E. und F. Sluys: Die Messung der Gammastrahlung in r-Einheiten. Strahlentherap. **31**, 771 (1929).

Kirchhoff, H. und V. Beato: Radiumdosierung in r in der gynäkologischen Praxis. Strahlentherap. **54**, 462 (1935).

Klein, O. und Y. Nishina: Über die Streuung von Strahlung durch freie Elektronen nach der neuen relativistischen Quantendynamik von Dirac. Z. Physik **52**, 853 (1929).

Kohlrausch, K. W. F.: Die Absorption der harten Gammastrahlung von Radium. Jb. d. Rad. u. El. **15**, 64 (1918).

Kohlrausch, K. W. F. und E. Schrödinger: Über die weiche Sekundärstrahlung von Gammastrahlen. Wien. Anz. **14**, 335 (1914).

Kolhörster, W.: Bestimmung der Konstanten, insbesondere der Kapazität von Strahlungsapparaten. Physik. Z. **34**, 280 (1930).

Küstner, H.: Die Absolutbestimmung der r-Einheit mit dem großen Eichstandgerät. Strahlentherap. **27**, 331 (1927).

— Die Rolle der großen und der kleinen Jonisationskammer bei der Röntgenstrahlenmessung. Fortschr. Röntgenstr. **40**, 603 (1929).

Lahm, W.: Über Radiumdosierung. Strahlentherap. **68**, 206 (1940).

Laurence, G. C.: Some problems of Gamma-ray measurements. Amer. J. Roentgenol. **40**, 92 (1938).

Lindemann, F. A.: A new form of Electrometer. Philos. Mag. J. Sci. **47**, 577 (1924).

Love, W. H.: The experimental realisation of the international "r"-unit. Brit. J. Radiol. **8**, 252 (1935).

Lutz, C. W.: Saitenelektrometer neuer Form. Physik. Z. **24**, 166 (1923).

Lysholm, E.: Apparatus for the production of a narrow beam of rays in treatment by Radium at a distance. Acta radiol. (Schwd.) **2**, 516 (1923).

MARKL, J.: Über die Aufnahme von Radium-Emanation beim radioaktiven Heilbade in den Organismus. Strahlentherap. **49**, 92 (1934).

MARTIN, H. E. and E. H. QUIMBLY: Calculations of tissue dosage in Radiation therapy. I. Amer. J. Roentgenol. **23**, 173 (1930). II. Amer. J. Roentgenol. **25**, 490 (1931).

MAYNEORD, W. V.: The measurement in "r" units of the Gamma ray from Radium. Brit. J. Radiol. **4**, 693 (1931).

— The distribution of radiation around simple radioactive sources. Brit. J. Radiol. **5**, 677 (1932).

— Notes on three problems of gamma ray therapy. Brit. J. Radiol. **6**, 598 (1933).

— The radiation field near a flat applicator. Brit. J. Radiol. **8**, 527 (1935).

MAYNEORD, W. V. and J. E. ROBERTS: The ionisation produced in air by X rays and gamma rays. Brit. J. Radiol. **7**, 158 (1934).

MAYNEORD, W. V. and J. E. ROBERTS: An attempt at precision measurements of gamma rays. Brit. J. Radiol. **10**, 365 (1937).

— On depth doses from Teleradium units. Brit. J. Radiol. **11**, 741 (1938).

MEITNER, L.: Experimentelle Bestimmung der Reichweite homogener β-Strahlen. Naturwiss. **14**, 1199 (1926).

MEYER, H. T.: Über Wellenlängenabhängigkeit kleiner Ionisationskammern. I. Strahlentherap. **40**, 576 (1931). II. Strahlentherap. **41**, 185 (1931). III. Strahlentherap. **41**, 309 (1931).

MEYER, ST.: Physikalische Grundlagen von Emanationskammern. Strahlentherap. **58**, 656 (1937).

MIEHLNICKEL, E.: Untersuchungen über den Wirkungsmechanismus der kleinen Ionisationskammer. Strahlentherap. **54**, 348 (1935).

MIEHLNICKEL, E. und H. OSTERWISCH: Zur Frage der Abhängigkeit des Ionisationsstroms von den Dimensionen geschlossener Kleinkammern. Z. Physik **101**, 352 (1936).

MILLIKAN, R. A.: A new determination of e, N and relativ Constants. Philos. Mag. J. Sci. **34**, 1 (1917).

MINDER, W.: Die wichtigsten physikalischen Eigenschaften der Radiumstrahlen mit einigen Angaben über die Dosimetrie der Gammastrahlen. Radiol. Rdsch. **5**, 1 (1936).

— Zur Absolutbestimmung der Gammastrahlendosis. Acta radiol. (Schwd.) **17**, 761 (1937).

— Über die Bedeutung der primären und sekundären Betastrahlung des Präparats bei der Radiumtherapie. Strahlentherap. **62**, 601 (1938).

— Einige Gleichungen zur Berechnung der Gammastrahlendosis geometrisch einfacher Anordnungen. Radiol. Rdsch. **7**, 346 (1938).

MORAN, W. G.: Two simple methods of purifying Radium Emanation. Brit. J. Radiol. **3**, 555 (1930).

MOTTRAM, J. C.: The biological action of secondary Beta-radiation from buried needles or tubes containing Radium. Brit. J. Radiol. **3**, 62 (1930).

MURDOCH, J.: Dosage in Radium therapy. Brit. J. Radiol. **4**, 256 (1931).

MURDOCH, J., S. SIMONS et E. STAHEL: Contribution à l'étude de la dosimétrie en Curiethérapie. Acta radiol. (Schwd.) **9**, 350 (1931).

MURDOCH, J. und E. STAHEL: Über die Dosierung der Gammastrahlen in r-Einheiten. Strahlentherap. **53**, 102 (1935).

MURDOCH, J., E. STAHEL und S. SIMONS: Über die Dosismessung in der Radiumtherapie. Strahlentherap. **57**, 87 (1936).

Murdoch, J., R. Coliez and E. Stahel: A standardized Radium tube, related dosage problems. Amer. J. Roentgenol. **41**, 110 (1939).

Neeff, Th. C.: Zur Technik der Radiumapplikation. Strahlentherap. **44**, 257 (1932).

— Fortschritte in der Vereinheitlichung der praktischen Dosierung der Röntgen-Radium-Behandlung. Strahlentherap. **51**, 650 (1934).

— Zur Strahlenverteilung in der Umgebung von Radiumpräparaten. Strahlentherap. **54**, 507 (1935).

Nishikawa, S., M. Nakardzumi und N. Motida: Die Absolutbestimmung der „r"-Einheit in der Abteilung für Radiologie der Medizinischen Fakultät der kaiserlichen Universität zu Tokio. Strahlentherap. **64**, 477 (1939).

Oddie, T. H.: A method for the routine purification of Radon. Brit. J. Radiol. **10**, 348 (1937).

— The gamma ray measurement of Radon. Brit. J. Radiol. **12**, 686 (1939).

Packard, Ch.: Drosophila eggs in Radium dosimetry. Amer. J. Roentgenol. **33**, 317 (1935).

Palmieri, G. G.: Theoretische Grundlagen eines neuen Verfahrens der Homogenbestrahlung mit Gammastrahlen. Strahlentherap. **40**, 470 (1931).

Paterson, R.: A dosage system of Gamma ray therapy. Brit. J. Radiol. **7**, 592 (1934).

Paterson, R., H. M. Parker and F. W. Syners: A system of dosage for cylindrical distributions of Radium. Brit. J. Radiol. **9**, 487 (1936).

Paterson, R. and H. M. Parker: A dosage system of interstitial Radium therapy. I—II. Brit. J. Radiol. **11**, 252, 313 (1938).

Paterson, R. and W. Mac Vicar: The construction of superficial applicators for Radium therapy. Brit. J. Radiol. **11**, 452 (1938).

Payne-Scott, R.: The wave length distribution of the scattered radiation in a medium traversed by a beam of X or gamma rays. Brit. J. Radiol. **10**, 850 (1937).

Perry, W. E.: The testing and measurement of Radium containers at the National Physical laboratory. Brit. J. Radiol. **9**, 648 (1936).

Piccard, A. und E. Stahel: Die Bedeutung der sekundären Betastrahlen bei Fragen der Gammastrahlentherapie. Strahlentherap. **36**, 347 (1930).

Pickhan, A. und K. G. Zimmer: Beobachtungen über ungleichmäßig gefüllte Radiumpräparate. Strahlentherap. **50**, 516 (1934).

Pomeroy, L. A.: A dosage chart for interstitial Radiumelement needles. Amer. J. Roentgenol. **38**, 590 (1938).

Quimbly, E. H.: A companson of Radium and Radon needles and permemant Radon implants. Amer. J. Roentgenol. **23**, 49 (1930).

— The grouping of Radium tubes in packs or plaques to produce the desired distribution of Radiation. Amer. J. Roentgenol. **27**, 18 (1932).

— Determination of dosage for long Radium and Radon needles. Amer. J. Roentgenol. **31**, 74 (1934).

— Physical factors in interstitial Radium Therapy. Amer. J. Roentgenol. **33**, 306 (1935).

Quimbly, E. H., E. D. Marinelli and J. V. Blady: Secondary filters in Radium therapy. Amer. J. Roentgenol. **41**, 804 (1939).

QUINTON, A.: The effekt of temperature, pressure an humidity of the air on ionisation measurements using small air wall chambers. Brit. J. Radiol. **9**, 313 (1936).

RAJEWSKY, B.: Untersuchungen zum Problem der Radiumvergiftungen. Strahlentherap. **56**, 703 (1936).

RANN, W. H.: A rectangular nozzle for use in Radium beam therapy. Brit. J. Radiol. **11**, 122 (1938).

REES, W. J. and L. H. CLARK: The evaluation of "depth doses" of Gamma and Roentgen rays. Brit. J. Radiol. **6**, 588 (1933).

REINHARD, M. C.: Radiumpackungen. Strahlentherap. **56**, 513 (1936).

REITZ, A. W.: Die EVEsche Konstante. Z. Physik **69**, 259 (1931).

ROBERTS, J. E.: Dosage considerations with Radium surface applicators of small area. Brit. J. Radiol. **11**, 755 (1938).

ROBERTS, J. E. and J. M. HONEYBURNE: The distribution of Gamma rays round a ring source. Brit. J. Radiol. **10**, 515 (1937).

ROOJEN, J. VAN: Radiating surfaces. I—II. Brit. J. Radiol. **10**, 650, 781 (1937).

RUMP, W.: Energiemessungen an Röntgenstrahlen. Z. Physik **43**, 254 (1927).

SARGENT, B. W.: The range of Beta-rays. Trans. Roy. Soc. Canada, Sect. III **22**, 179 (1928).

SCHAPRINGER, G.: Radiumbehandlung mit und ohne Filterung. Strahlentherap. **47**, 386 (1931).

SCHULZE, R.: Neubestimmung der EVEschen Konstante. Ann. Physik **31**, 633 (1938).

SCHULZE, R. und W. MINDER: Experimentelle Beiträge zum Problem der Luftäquivalenz bei der Gammastrahlenmessung. Helv. physica Acta **10**, 403 (1937).

SIEVERT, R. M.: Die Intensitätsverteilung der primären Gammastrahlung in der Nähe medizinaler Radiumpräparate. Acta radiol. (Schwd.) **1**, 89 (1921).

— Einige Untersuchungen über die Intensitätsverteilung bei den mit Radiumelement gebräuchlichen Distanzbestrahlungen. Acta radiol. (Schwd.) **5**, 217 (1926).

— Die Gammastrahlenintensität an der Oberfläche und in der nächsten Umgebung von Radiumnadeln. Acta radiol. (Schwd.) **11**, 249 (1930).

— The methods of testing Radium preparations by the physical laboratory of Radiumhemmet Stockholm. Acta radiol. (Schwd.) **11**, 649 (1930).

— Notes on International units for Roentgen- and Radium-dosage. Acta radiol. (Schwd.) **12**, 300 (1931).

— Über die Anwendung der Kondensatorkammer sowohl für Röntgen- wie Gammastrahlenmessungen. Acta radiol. (Schwd.) **15**, 193 (1934).

— Dosage units and the ionisation methode. Acta radiol. (Schwd.) **18**, 742 (1937).

SIEVERT, R. M. and S. BENNER: On a method for control of Radium preparations, used at Radiumhemmet. Acta radiol. (Schwd.) **15**, 309 (1934).

— On secondary Beta-rays from the surface of Radium containers. Acta radiol. (Schwd.) **11**, 303 (1930).

SIEVERT, R. M. und E. OLSSON: Zur Bestimmung des Mesothor- und Radiumthorgehaltes von eingekapselten Radiumpräparaten. Acta radiol. (Schwd.) **12**, 121 (1931).

SMEREKER, H.: Untersuchung der Strahlenintensität in der Nähe radioaktiver Präparate mit dünnwandigen Ionisationskammern. Strahlentherap. **58**, 267 (1937).

— Dosimetrische Fragen der Radium- und Röntgentherapie. Strahlentherap. **58**, 676 (1937).

— Beiträge zu Fragen der Radiumdosimetrie. Strahlentherap. **64**, 492 (1939).

SMEREKER, H. und K. JURIS: Messung der Beta-Strahlung des Radiums in r-Einheiten. Strahlentherap. **52**, 327 (1935).

— Versuche über die nicht direkte Ionisierung der Gammastrahlen. Strahlentherap. **61**, 161 (1938).

SOUTTAR, H. S.: On fields of radiation from Radon seeds. Brit. J. Radiol. **4**, 681 (1931).

— A Radium dosage calculator. Brit. J. Radiol. **8**, 385 (1935).

— The construction of Radium plaques, with a description of a new calculating appliance. Brit. J. Radiol. **9**, 546 (1936).

SPEAR, F. G. and L. G. GRIMMETT: The biological reponse to gamma rays of Radium as a function of the intensity of radiation. Brit. J. Radiol. **8**, 231 (1935).

STAHEL, E.: Ionisationsmessungen über den Einfluß der sekundären Betastrahlen bei Gammastrahlentherapie. Strahlentherap. **44**, 575 (1932).

— Note on "Radium isodose curves". Brit. J. Radiol. **7**, **437** (1934).

STENSTROM, W.: Physical factors in Teleradium-therapy. Amer. J. Roentgenol. **33**, 296 (1935).

SIUTSUGU, J.: Experimentelle Untersuchungen zur Frage der Radiumsekundärstrahlung. Strahlentherap. **40**, 401 (1935).

TAYLOR, L. S. and G. SINGER: Measurements in Roentgens of the gammaradiation from Radium by the free air ionisation chamber. Amer. J. Roentgenol. **44**, 428 (1940).

TOCH, M. C. and W. J. MEREDITH: A dosage system for use in treatment of cancer of the uterine cervix. Brit. J. Radiol. **11**, **809** (1938).

THOROEUS, R.: Construction and properties of a graphite condensor chamber. Acta radiol. (Schwd.) **18**, 471 (1937).

LA TOUCHE, A. D. and F. W. SPIERS: Dose measurement in interstitial Radium therapy. Brit. J. Radiol. **13**, 314 (1940).

TSCHELNITZ, H.: Über die Bindung der Radiumemanation an fette Adsorbentien bei Zusatz von aktiver Kohle. Strahlentherap. **59**, 157 (1937).

WASSERBURGER, K.: Radiumschwachbestrahlung. Strahlentherap. **58**, 668 (1937).

WEATHERWAX, J. L.: Physical factors in intracavity Radium therapy. Amer. J. Roentgenol. **33**, 302 (1935).

WERNER, R.: Über einen kombinierten Radiumlokalisator. Strahlentherap. **57**, 385 (1936).

— Eine neue Methode zur Gewinnung hochkonzentrierter Emanationspräparate. Strahlentherap. **55**, 185 (1936).

WIEBERING, B.: Instrumente und Apparate für Radiumbestrahlung und Radium-Emanationstherapie. Strahlentherap. **64**, 371 (1939).

WILSON, C. T. R.: Investigation on X-rays and Beta-rays by the cloud method. Proc. Roy. Soc. (London), Ser. A **104**, 192 (1923).

WILSON, C. W.: The depth dose in Radiumteletherapy. Brit. J. Radiol. **9**, 38 (1936).

— Estimation of the quality of depth radiation in gamma ray therapy by means of the ionisation, produced in chambers with wall materials of differant atomic numbers. Brit. J. Radiol. **12**, 231 (1939).

WITTE, E.: Über ein neues Gerät zur Prüfung der Dichtigkeit radioaktiver Präparate. Strahlentherap. **46**, 374 (1933).

WOLF, P. M. und N. RIEHL: Über einen neuen, sehr einfachen Apparat zur Erzeugung von Radiumemanation. Strahlentherap. **40**, 159 (1931).

— Über neuartige Emanationspräparate für Bestrahlungszwecke. Strahlentherap. **48**, 165 (1933).

WRIGHT, E. E.: The measurement of the distribution in water of the intensity of radiation from the five gramme Radium unit. Brit. J. Radiol. **10**, 118 (1937).

WULF, T.: Ein neues Elektrometer für statische Ladungen. I—II. Physik. Z. **8**, 246, 527 (1907).

ZIMMER, K. G. und P. M. WOLF: Photographisches Verfahren zur Dichtigkeitsprüfung von Radiumpräparaten. Strahlentherap. **58**, 174 (1937).

Sachverzeichnis.